现代水治理丛书

现代水治理中的行政法治研究

王国永 著

U0294487

中国水利水电出版社
www.waterpub.com.cn
·北京·

内 容 提 要

　　本书基于我国水治理法规体系以及水法治的特殊性，以行政法理论为指导，初步探讨了水行政法治的内容与发展规律：行政权调整的水事关系和体现水资源外部性的水行政法基本原则；具有行业技术特色的水事法律规范体系是水行政法法源载体；水行政主体不限于由行政组织法产生，流域管理机构与水政监察组织是水治理主体的特殊构成；水行政行为人管理制度应当与水行政权相匹配，以适应专业技术与法律素质的复合性；取水许可权是保护水资源的核心行政权；高频率出现的水行政命令对实现水行政管理目标的价值层次追求，远高于作为保障手段的其他依职权水行政行为；水行政处罚制度需适应流域与区域相结合管理体制，应对水事违法行为的诸多特殊情形；水行政强制措施缺位是水问题成因之一，代履行是一度支撑水治理的法律保障方式；行政机关参与水事纠纷调解居于选择性主体地位，水行政裁决是特殊的内部行政行为。

　　本书可作为水行政主管部门执法与管理人员的参考和培训用书，可作为大专院校水利、法学、行政管理等专业师生教学与研究参考书，也可作为有关部门进行立法和制定政策的参考。

图书在版编目（CIP）数据

现代水治理中的行政法治研究 ／ 王国永著. -- 北京：
中国水利水电出版社，2020.8
　（现代水治理丛书）
　ISBN 978-7-5170-8839-4

Ⅰ．①现… Ⅱ．①王… Ⅲ．①水资源管理－行政执法
－研究－中国 Ⅳ．①D922.664

中国版本图书馆CIP数据核字(2020)第171273号

书　　　名	现代水治理丛书 **现代水治理中的行政法治研究** XIANDAI SHUI ZHILI ZHONG DE XINGZHENG FAZHI YANJIU
作　　　者	王国永　著
出 版 发 行	中国水利水电出版社 （北京市海淀区玉渊潭南路 1 号 D 座　100038） 网址：www.waterpub.com.cn E-mail：sales@waterpub.com.cn 电话：(010) 68367658（营销中心）
经　　　售	北京科水图书销售中心（零售） 电话：(010) 88383994、63202643、68545874 全国各地新华书店和相关出版物销售网点
排　　　版	中国水利水电出版社微机排版中心
印　　　刷	天津嘉恒印务有限公司
规　　　格	170mm×240mm　16 开本　15.25 印张　299 千字
版　　　次	2020 年 8 月第 1 版　2020 年 8 月第 1 次印刷
定　　　价	**80.00 元**

"现代水治理丛书"编纂委员会名单

学术顾问（按姓氏笔画排序）：

朱正威　米加宁　李俊清　何文盛　郁建兴

竺乾威　唐亚林　徐晓林　蔡立辉　薛　澜

主　　　任：刘文锴

副　主　任：何　楠　王国永　贾兵强

编　　　委（按姓氏笔画排序）：

卜　凡　山雪艳　马　宁　王丽珂　王艳成

毕雪燕　刘华涛　李文杰　李世杰　李贵成

李俊利　吴礼宁　吴礼明　张泽中　陈　超

胡德朝　崔玉丽　楚迤斐

总序

　　党的十八大以来，党中央从治国理政的层面对治水作出了一系列重要论述和重大战略部署，形成了新时代治水思路与方针，为我国现代水治理开创治水兴水新局面提供了根本遵循。从"节水优先、空间均衡、系统治理、两手发力"的治水方针，到"要从改变自然、征服自然转向调整人的行为、纠正人的错误行为"，再到"重在保护，要在治理""要坚持山水林田湖草综合治理、系统治理、源头治理""促进全流域高质量发展、改善人民群众生活、保护传承弘扬黄河文化，让黄河成为造福人民的幸福河"等，为明确和把握现代水治理的目标任务和基本内涵提供了根本要求和科学指引。水治理是关系中华民族伟大复兴的千秋大计。我国地理气候条件特殊，人多水少，缺水严重，水资源时空分布不均，旱涝灾害频发，是世界上水情最为复杂、治水最具有挑战性的国家。从某种意义上讲，一部中华民族的治水史也是一部国家治理史。水是基础性自然资源和战略性经济资源，维护健康水生态、保障国家水安全，以水资源可持续利用保障经济社会可持续发展，是关系国计民生的大事。在水治理过程中，上游与下游、干流与支流、左岸与右岸、河内与河外、洪涝与干旱等自然元素，和开发与保护、生产与生态、生活与生态、物质与文化、行政区域与流域单元等社会元素之间，存在着错综复杂、纵横交织的博弈关系，使得水治理成为现代社会治理中最为复杂的方面之一。中国特色社会主义进入新时代，以节约资源、保护环境、生态优先、绿色发展为主要内容的生态文明建设，对包括水资源、水生态、水环境、水灾害等内容的现代水治理提出了更高目标要求。

　　现代水治理的关键是综合性与整体性。山水林田湖草之间相互依存、有机联系。实现治水的综合性，就要突破就水治水的片面性，立足山水林田湖草这一生命共同体，统筹兼顾各种要素、协调各方关系，把局部问题放在整个生态系统中来解决，实现治水与治山、治林、治田等有机结合，整体推进。治水的整体性要求：把握区域均衡、全域统筹、科学调控，改变富水区资源流失和缺水区资源匮乏的不合理现象，实现资源区域均衡利用。自然界的淡水总量是大体稳定的，但一个国家或地区可用水资源有多少，既取决于降水多寡，也取决于盛水的"盆"大小，这个"盆"指的就是水生态。要遵循人口资源环境相均衡的客观规律，坚持经济效益、社会效益、生态效益有机统一的辩证关系，科学把握水资源分布和使用的均衡性，包括区域均衡、季节均衡、时空均衡等，实现区域水生态整体良性循环。科学实施水系连通，构建多元互补、调控自如的江河湖库水系联通格局，采用工程蓄水、湿地积存、湖泊吸纳、林草涵养等措施，增强区域防汛抗旱和水资源时空调控能力。

现代水治理的核心是调整人的行为、纠正人的错误行为。在现代水治理中调整人的行为和纠正人的错误行为，必须牢牢把握好水利改革发展的主调，形成水利行业强监管格局。诸多水问题产生的根源，既有经济发展方式粗放和一味追求 GDP 数量增长等原因，也有治水过程中对社会经济关系调整不到位，行业监管失之于松、失之于软等原因。解决复杂的新老水问题，必须全面强化水利行业监管，必须依靠强监管推动水利工作纲举目张，适应新时代要求。在为用水主体创造良好的条件和环境的同时，有效监管用水的行为和结果；在致力于完善用水和工程建设信用体系的同时，重视对其监管体系的建设，维护合理高效用水和公平竞争秩序；在建立并严格执行规范的监管制度的同时，不断开拓创新，改革发展新的监管方式和措施；在实施水利行业从上到下的政府监管的同时，推动水利信息公开，充分发挥公众参与和监督作用。通过水利强监管调整人的行为和纠正人的错误行为，全面实现江河湖泊、水资源、水利工程、水土保持、水利资金等管理运行的规范化、秩序化，对于违反自然规律的行为和违反法律规定的行为实行"零容忍"，管出河湖健康，管出人水和谐，管出生态文明。

现代水治理的策略是政府主体与市场主体协同发力。生态环境问题，归根结底是资源过度开发、粗放利用、奢侈消费造成的。资源开发利用既要支撑当代人过上幸福生活，也要为子孙后代留下生存根基。要解决这个问题，就必须在转变资源利用方式、提高资源利用效率上下功夫。要树立节约集约循环利用的资源观，实行最严格的耕地保护、水资源管理制度，强化能源和水资源、建设用地总量和强度双控管理；要更加重视资源利用的系统效率，更加重视在资源开发利用过程中减少对生态环境的破坏，更加重视资源的再生循环利用，用最少的资源环境代价取得最大的经济社会效益。水资源节约集约利用是全面促进资源节约集约利用的主要组成。我国水资源的总体利用效率与国际先进水平存在一定的差距，水资源短缺已成为生态文明建设和经济社会可持续发展的瓶颈。要站在水资源永续发展和加快生态文明建设的战略高度认识节约用水的重要性，坚持节水优先、绿色发展，大力发展节水产业和技术，大力推进农业节水，实施节水行动，把节水作为水资源开发、利用、保护、配置、调度的前提和基础，进一步提高水资源利用效率，形成全社会节水的良好风尚。

现代水治理的精髓是塑造中华水文化。调整人的行为和纠正人的错误行为除了监管、法治的刚性约束外，还需要充分发挥水文化的塑造功能。一是法律、法规、条例、规章、制度办法等强制性行为规范，这些都是水文化中制度文化功能的集中体现，不仅规范从事水事活动人们的行为，而且要求全社会的人都要共同遵守。二是人们遵循长期以来在水事活动中形成的基本道德、习惯、行为准则及对水和水利的价值判断标准，这是一种情感、意识的内在强制性的规范功能。在现代水治理中，调整人的行为和纠正人的错误行为，需要多措并举，除了严格法律规制、加强政策引导，还要通过塑造主流的精神文化和开展多种形式的宣传教育等方式，对良好的行为加以倡导，对不良的行为加以鞭笞。在传承原有"献身、负责、求实"的水利行业精神基础上，按照新时代水利改革发展的新要求，从对党忠诚、清正廉洁、勇于担当、科学治水、求真务实、改革创新等方面，打造新时代水利行业新精神；通过加强宣传教育，形成全社会爱水、节水、护水的良好氛围。

总之，在深入贯彻"节水优先、空间均衡、系统治理、两手发力"的治水思路，加快推进水利治理体系和治理能力现代化，不断推动"水利工程补短板、水利行业强监管"总基调的新时代，水利工作者理应肩负起为水利事业改革与发展贡献力量的重任，为夺取全面建成小康社会伟大胜利、实现"两个一百年"奋斗目标提供坚实的水利支撑和保障。组织编写"现代水治理丛书"，对华北水利水电大学而言，既是职责所系，也是家国情怀，更是责任与使命。华北水利水电大学是一所缘水而生、因水而兴的高等学府，紧跟时代步伐，服务于国家水资源管理、水生态保护、水环境治理、水灾害防治，是"华水人"矢志不渝的初心；坚持务实水利精神，致力于以水利学科为基础、多学科深度融合的现代水治理研究，是"华水人"义不容辞的担当。近年来，学校顺应国家战略及水利事业改革与发展的需要，先后成立"河南河长学院""水利行业监管研究中心""黄河流域生态保护与高质量发展研究院"等研发单位，组织开展了一系列专题及综合研究，并初步形成了"现代水治理丛书""国际水治理与水文化译丛"等成果。"现代水治理丛书"包括《现代水治理与中国特色社会主义制度优势研究》《现代水利行业强监管前沿问题研究》《现代水治理中的行政法治研究》《现代城市水生态文化研究——以中原城市为例》《现代生态水利项目可持续发展——基于定价的 PPP 模式与社会效益债券协同研究》5 册。这套丛书在政治学、管理学、法学、经济学等学科与中国水问题的交叉融合研究上进行了有益探索，不仅从行政管理层面丰富了我国水治理理论，而且为我国水利事业改革发展实践提供了方案及模式参考，更是华北水利水电大学服务于黄河流域生态保护与高质量发展国家战略的时代担当。

是为序。

中国科学院院士

2020 年 6 月

前言

  中国特色社会主义进入新时代，水利改革发展也进入了新时代。当前我国社会主要矛盾已经转化为人民日益增长的美好生活需要和不平衡不充分的发展之间的矛盾，治水的主要矛盾也从人民对除水害兴水利的需求与水利工程能力不足之间的矛盾，转变为人民对水资源水生态水环境的需求与水利行业监管能力不足之间的矛盾，并且后一治水矛盾已上升为主要矛盾和矛盾的主要方面，必须通过"水利行业强监管"，不断增强水资源、水生态、水环境承载力的刚性约束作用，更好地满足人民群众对优质水资源、健康水生态、宜居水环境的向往，必须从改变自然、征服自然为主转向调整人的行为、纠正人的错误行为为主。

  在治水中调整人的行为、纠正人的错误行为，就是要用严密的规则体系和严格的执法体系使公民、法人和社会组织的一切涉水行为，不得超越保护开发利用管理水资源、水生态、水环境的科学指标体系和界限。法律是调整社会关系的总和，调整治水中人的行为、纠正治水中人的错误行为，法律因刚性约束的优势，具有不可替代的作用。在依法治国基本方略实施的历史进程中，我国依法治水实践已取得显著成效。新中国成立以来，我国水法规经历了从无到有、不断完善的过程，形成了以《中华人民共和国水法》为核心的较为完备的法规体系，各类涉水活动基本实现有法可依，这也为实施"水利行业强监管"，调整人的行为、纠正人的错误行为，奠定了基本的法治基础。

  水法调整的社会关系具有两个鲜明特征：一是法律关系客体的动态多变性。由于水的流动性以及上下游、左右岸、水量与水质等处于变动状态，各要素相互交织，水资源赖以存在的载体即河流湖泊以流域自然单元的形态而存在，人类生存与发展离不开水资源的开发利用，必须在尊重水生态、水环境客观规律的前提下，构建不同于静态形式存在的土地、矿藏等资源的保护管理法律制度。二是利益博弈关系的多维交叉性。在水治理过程中，上游与下游、干流与支流、左岸与右岸、河内与河外、洪涝与干旱等自然元素，与开发与保护、生产与生态、生活与生态、物质与文化、行政区域与流域单元等社会元素之间，存在着错综复杂、纵横交织的博弈关系，使水治理成为现代社会治理中最为复杂的方面之一。与此相适应，相对于其他部门行政法，水行政法法律规范体系的构建步履维艰，水行政权的运行过程困难重重，亟须深化实践基础上的理论探讨。

本书基于我国水保护管理法规体系的特殊性，以行政法理论为指导，结合我国依法治水实践，初步探讨了水行政法的主要内容：①与水的外部性特质相适应，行政权必须参与水保护管理，水法调整的水事关系表现为水行政法律关系，水行政法需要贯彻一般行政法基本原则和反映水治理实践要求的特殊原则；②具有专业领域特色的水事法律规范体现了水行政法的特殊存在形式；③水行政主体呈现着三类组织并存的格局，既有行政组织法产生的行政主体，还包含了作为事业单位组织的流域管理机构，它以法律法规授权组织或被委托组织的特殊身份参与水的治理与保护，水政监察组织实施水行政执法使得水行政主体构成更显复杂与特殊；④水行政行为人管理制度应当与水行政权相匹配，体现专业技术与法律素质的复合要求以及区域政府与流域管理机构统一协作关系；⑤取水许可是保护水资源的核心水行政许可权，取水权获得程序的特殊性使得信赖保护原则的作用愈显突出；⑥水行政命令在水事法律责任立法中高频率出现，其实现水行政管理目标的价值层次追求，远高于作为保障手段的其他依职权水行政行为；⑦水行政处罚制度要适应流域与行政区域管理相结合体制的要求，应对存在雇佣关系的水事违法行为等一系列特殊情形；⑧水行政强制措施的缺位是水生态问题的主要原因，代履行是一度支撑水治理的水行政强制执行方式；⑨行政机关参与水事纠纷调解居于选择性主体地位，水事纠纷行政裁决是特殊的内部行政行为，不同于作为具体行政行为的行政裁决。

作者多年来在华北水利水电大学从事行政法学和水法教学工作，涉猎了专家们大量与水行政法有关的著作、论文和研究报告，积累了一些素材，有了写一些东西的想法。在本书的写作过程中，参考和引用了大量相关文献，在此向原作者表示衷心感谢。把行政法学原理和水法实践进行有机融合的研究，是一种极富挑战的交叉性学术工作，不仅需要扎实的法学理论基础，而且要熟知专业性很强的水利业务。本书编写只是在前人艰苦研究的基础上，依据水行政法的特殊性，设计了框架体系，梳理整合了学界较分散的内容，限于本书作者的学识和能力，对有争议的问题也只是结合自己的体会进行了还很肤浅的分析。对于本书存在的很多欠妥之处，敬请同仁和读者批评指正。

作者

2020 年 8 月 1 日

目录

第一章

水行政法的地位与水行政法律关系

第一节　水行政法在部门行政法中的定位

一、我国现行水法的调整对象与水行政法律关系的产生

构成我国水行政法的一系列法律规范广泛存在于水法文本中。在水治理实践中，对水法的使用有广义与狭义之分，狭义的水法是指对全国人大常委会通过的《中华人民共和国水法》（简称《水法》）的简称，广义的水法是指对我国现行涉水法律法规的统称，作为这一统称的水法，直接包括《中华人民共和国水法》《中华人民共和国防洪法》（简称《防洪法》）《中华人民共和国水污染防治法》（简称《水污染防治法》）《中华人民共和国水土保持法》（简称《水土保持法》）等4部一般法律和20多部行政法规、50多部部门规章以及数量可观的地方性法规与地方政府规章。如无特别说明，本书所指水法为统称的水法。

从水法内容看，它所调整的社会关系，是以水资源、水工程等为客体的由国家行政权参与的水事关系。这种水事关系内容广泛、形式多样，更多地表现为公民、法人、其他社会组织以及行使国家行政权组织等主体相互之间的关系，这些关系包括经济利益关系与生态保护关系，因此，水法就是调整与水有关的由国家行政权参与的各种社会经济和生态保护关系的法。与水有关的由国家行政权参与的各种社会经济和生态保护关系，简称为水事关系，因而水法就是调整水事关系的法。水法所调整的经济关系是在水资源的开发、利用、节约、保护和防治水害等水事活动中形成的。之所以是经济关系，是因为：水资源作为自然资源，本质上是一种经济资源，任何针对水资源的活动可能有多种目的，也可能为实现多种利益，但归根结底都是为了达到和实现某种社会经济目的和利益；所有针对水资源的活动，不论是合法的还是非法的，都是围绕着某种具体的经济利益而展开的。法理学认为，任何法律和法律关系的产生，归根结底都是源于经济关系和经济利益，且法律和法律关系的内容本质上也是由

物质经济条件和利益决定的。例如，水资源固然能够满足人们的日常生活需要，但它满足社会生产的需要，无论在数量上还是规模上都远大于前者，人们当然不会仅仅为了日常生活需要而开发利用水资源，毕竟人类生存和社会发展的维系，最关键的还是有赖于社会生产，尽管社会生产的最终目的是满足人们的生活需要。再如，人们拦河筑坝、兴修水工程，虽然也有满足生活需要的直接目的，但更多的还是满足社会经济发展的需要，诸如防水害、发电、灌溉、通航等。其次，不论水事关系是不对等的行政关系，还是平等的民事关系，都在于通过这种具体的关系来表现和维护一定的经济利益和关系（国家的、社会的或相对人的）。

生态保护关系由经济关系引发而生，如前所述，与水相关的经济关系实质上肇始于水资源开发利用行为，这种人的行为势必在利益驱动下深度影响水生态自然系统，因此，必须由国家公权力从公共利益出发，进行行政管控与保护，由此产生的法律关系属于公法范畴。在法治国家、法治社会、法治政府全面建设的历史条件下，当法律法规赋予行政权必须对以水为基础的生态系统保护有所作为时，在其作为的疆域与界限内，毫无争议地要按照公权原理进行严密规制和全面规范，由此在法治文明背景下创制的法律关系自然属于行政法律关系。因为与行政权内在关联，称之为行政法律关系，又因为与水治理内在关联，称之为水行政法律关系。

二、水法调整外部纵向水事关系：归属部门行政法表现之一

从水法中的具体法律规范内容可以看出，水法所调整的水事关系主要有两类：外部水事关系和内部水事关系。此处的外部内部之分是相对于行政主体而言的。对此分析有助于理解水法与行政法、民法等部门法的关系。

外部水事关系是指水事关系的主体有一方总是非水行政主体的水事关系，这是最典型的一种水事关系，水法作为行政法中的专业法所调整的主要就是这种水事关系。外部水事关系又分为外部纵向的水事关系和外部横向的水事关系。

外部纵向的水事关系是指发生在水行政主管部门与水行政相对人之间的与水有关的社会经济关系。这是水法着重调整的水事关系，它在水事活动中涉及的范围最大、内容最多，水法之所以归属于行政法，与此有很大的关系。

水法调整这种外部纵向的水事关系，其根本前提和出发点是水资源国家所有制的存在，即水资源属于国家所有。水资源作为一种重要的自然和经济资源，其所有权属于国家，任何组织和个人不论通过何种方式皆不能取得水资源所有权，这是水法的一项基本原则。这意味着国家对水资源拥有最高的管理和调配权，任何组织和个人都必须遵守和服从。一般来说，水资源国家所有权的

实现和保障，是通过国家制定专门的水事法律法规，赋予水行政主管部门相应的职权，并靠其严格执法和相对人自觉守法来实现的，这样就形成了水行政主管部门与公民、法人和其他社会组织（即水行政主体与水行政相对人）之间管理与被管理、命令与服从的行政管理关系。这是一种纵向的水事关系，其实质是基于水资源所有权而形成的经济关系，在法律上通常表现为行政管理性的经济法规，具体体现为水管理方面的基本制度和基本法律规范。如取水许可制度，水费和水资源费征收办法，水资源、水域、水工程管理和保护，等等，都属于行政管理性的经济法规，它们之中体现的都是管理与被管理、命令与服从的关系。调整这种水事关系的基本原则是依法行政，公正执法，严格守法，积极配合和服从管理，维护国家、社会的整体利益和公民、法人的合法权益。

需要说明的是，水法在调整外部横向的水事关系时表明其又部分具有民法部门法属性，但从调整的全部水事关系看，这一属性为次要方面。

外部横向的水事关系是指发生在平等主体之间的水事权益关系，即法人之间、公民之间，以及法人与公民之间产生的与水有关的水事权益关系。这种水事关系主要发生在水行政相对人之间，由于他们之间在法律地位上完全平等，不存在命令与服从、管理与被管理的行政管理关系，故皆为民法上的平等主体，各方享有平等的权利，承担平等的义务。

外部横向的水事关系仍为经济关系，因为这种关系通常发生在水行政相对人之间因水资源的开发利用而形成的经济利益关系和因水而产生的相邻关系中，前者如在水资源的占有、使用、收益中形成的经济关系，后者如在蓄水、取水、排水过程中与相邻方发生矛盾和争议所形成的经济关系。这两种关系分别属民法上财产所有权关系和与财产所有权有关的财产关系。《水法》中所规定的有关单位之间、个人之间、单位与个人之间所发生的水事纠纷，即表现为这种关系，这类纠纷极为普遍。从水法的历史演进来看，水法调整横向的水事关系要早于纵向的水事关系。在古代，农牧业的兴起和发展与土地和水源有密切的关系，在土地和水源的占有、使用、收益、处分（在现代水资源普遍国有的条件下，水行政相对人无权对水资源进行处分，这点与古代水资源私有的条件下不同）以及相邻权上时常发生纠纷，由此便最终产生了调整这种水事关系的水事法律法规即水法。最初很长一段时期，古代水法基本上只限于调整这种小范围的横向水事关系，因此，古代水法的民法性质十分突出。

既然这种外部横向的水事关系属于民法的性质，那么对这种关系进行调整时就必然适用民法的原则，故民法中当事人地位平等，自愿、公平、等价有偿，保护当事人的合法民事权益等原则均可作为调整横向水事关系的指导原则。例如《水法》中的有关规定"国家鼓励单位和个人依法开发、利用水资源，并保护其合法权益"（第六条）、"任何单位和个人引水、截（蓄）水、排水，不得损害公共利益和他人的合法权益"（第二十八条），以及有关损害赔偿的规定等，均体现了上述有关指导原则。

三、水法调整内部水事关系：归属部门行政法表现之二

内部水事关系是指发生在水行政主体内部之间的水事关系。内部水事关系与外部水事关系的主要区别就在于，内部水事关系的所有主体皆为水行政主体，而外部水事关系的主体则必有一方是非水行政主体（即水行政相对人）。由于行政法的制定和实施实质上是行政主体履行管理国家事务和社会事务、保障行政相对人的合法权益的职责，其行政行为的开展与行政相对人密切关联，故行政法主要调整外部行政关系。而内部行政关系则多涉及行政主体之间在管辖范围、层级、权限等内部事务上的分工协调关系，这些关系固然值得重视，但与外部行政关系相比，毕竟属相对次要的关系，故行政法虽调整这种关系，但却不以调整这种关系为主。水法也同样如此。

内部水事关系具体又包括两类关系：一类是指水行政隶属管理关系，另一类是指水行政权属管理关系。水行政隶属管理关系是一种纵向的关系即内部纵向的水事关系，是指发生在上级水行政主管部门与下级水行政主管部门之间的一种水行政隶属管理关系，具体包括国务院水行政主管部门与流域管理机构和地方水行政主管部门之间、地方上下级水行政主管部门之间的水行政隶属关系。调整和处理这种水事关系，主要在于突出水行政管理机构内部的行政隶属关系，强化上级部门对下级部门的指导和约束，规范下级部门的行政管理行为。《水法》第十二条对流域管理和行政区域管理的规定，第十五条对区域规划与流域规划关系的规定等，都体现了这种关系。

水行政权属管理关系是一种横向的关系即内部横向的水事关系，是指发生在不同行政区域的水行政管理机构之间的一种水行政权属管理关系，具体包括流域管理机构之间、不同行政区域的水行政主管部门之间的行政权属关系。与水行政隶属管理关系所体现的纵向关系不同的是，这些水行政管理机构和部门之间并不存在上下级的行政隶属关系，它们之间是一种完全平等的平行关系，故处理这类关系大体上亦可按民法原则来进行。然而必须强调指出的是，由于水资源属国家所有，处理由水资源引起的权属管理关系，并不仅仅是部门之间的事，而是事关国家利益的大事，关系经济发展和社会稳定，因而对这种水事关系的处理并不能完全照搬民法原则，而应按水事法律法规的特殊规定来处理。如《水法》第五十六条对这类水事纠纷的处理规定："不同行政区域之间发生水事纠纷的，应当协商处理；协商不成的，由上一级人民政府裁决，有关各方必须遵照执行。"这里既强调民事协商，又突出行政裁决，是民法和行政法的共同运用。又如《水法》第四十五条中对有关跨行政区域的水量分配和调

度，均强调了上级水行政主管部门在其中的重要支配作用。调整内部横向的水事关系的指导原则是平等互惠、友好协商、互谅互让、团结协作。

综上所述，水法调整的水事关系具有行政关系的属性，从此意义说水法的部门法归属于行政法，依据行政法原理研究水法，就是把水行政法作为部门行政法之一进行考察。

四、水行政法的部门法地位

行政法的调整对象是行政关系，水行政法的调整对象也应该是行政关系，关键是何种行政关系归水行政法来调整，我们可以从部门行政法的定义、调整范围与体系构成三个角度出发对此进行考察。

（一）从部门行政法的定义看

部门行政法是相对于一般行政法而言的。部门行政法是指在行政法体系中调整各个领域行政管理关系，主要为管理相对一方当事人设定权利和规定义务的法律、行政法规以及其他行政管理规范性文件的总称，如经济行政法、军事行政法、教育行政法、公安行政法、民政行政法、水行政法等。

一般行政法是对一般的行政关系和监督行政关系加以调整的法律规范的总称，如行政法基本原则、行政组织法、国家公务员法、行政行为法、行政程序法、行政监督法、行政救济法等。一般行政法调整的行政关系和监督行政关系范围广，覆盖面大，具有更多的共性，所有行政主体必须遵守。其与部门行政管理之间的密切关系，以及以问题为核心的研究特点，很可能会催生出边缘性的、多学科交融的崭新学科。

（二）从部门行政法的调整对象看

水法规体系也称水法体系或水法律体系，是指由调整水事活动中社会经济关系的各项法律、法规和规章构成的整体。它既是水利法制体系建设（水行政立法、水行政执法、水行政司法、水行政保障）的主要内容之一，也是国家法律体系的重要组成部分，是国家制定并以强制力保障实施的规范性文件系统，其实质是水事立法体系。

一般认为，法律体系是由各类法律、法规和规章等共同构成的具有内在联系的综合性法律规范系统。这一综合性系统由以下层次构成：第一层为部门法体系，通常是由若干部门法（如行政法、民法、经济法等）所共同组成。第二层为部门法分支体系，是指各具体的部门法在其各自范围内由一系列法律、法规、规章等所构成的法律系统，例如环境行政法、教育行政法、卫生行政法等都属于这一系统中行政法的分支，称之为部门行政法，水行政法就属于这种分支。第三层为部门法分支子系统，水行政法作为行政法的分支，它是由一系列法律、法规和规章组成的子系统，这个子系统就是水法体系。

众多部门法体系共同组成了庞大的法律体系，然而它们在整个法律体系中所处的地位和作用却并不相同，彼此间存在很大的差异。认识和了解这些差异，给出水法体系在整个法律体系中的准确定位，有助于我们进一步理解和把握水法体系。一般来说，依据立法机关、修改程序和具体内容的不同，法律体系中各部门法的排序依次为宪法、基本法律、法律、行政法规、规章、地方性法规等。其中宪法由全国人民代表大会制定，具有最严格的修改程序，以规定国家和社会生活中最重要、最基本的方面为内容，是国家的根本大法，因此是具有最高法律地位和效力的部门法。基本法律亦由全国人大制定，但修改的程序不如宪法严格，亦是事关国家和社会基本的和主要的方面的法律，其地位和作用仅次于宪法。法律则由全国人大常委会制定，它以规定国家和社会生活中的某一方面为内容，具有仅次于基本法律的法律地位和效力。行政法规是由全国人大及其常委会授权国务院制定的贯彻执行宪法和法律的法律形式，其法律地位和效力又低于法律。规章是由国务院各部委根据法律和行政法规的规定，在各自权限范围内发布的规范性文件，它的法律地位和效力又低于行政法规。地方性法规则是由地方行政区内的人大及常委会制定，只在本地区适用。此外，法律体系中还有自治条例和单行条例、特别行政区法，以及国际条约等，它们亦都具有相应的法律地位和作用。就水法体系中的各类法律来看，《水法》《水污染防治法》《水土保持法》等水事法律，都是由人大常委会制定，都是以规定国家和社会生活中的某一方面（即水资源的开发利用和管理保护）为内容，因此处在法律体系中的第三层。而水法体系中的其他法律部门，即行政法规、规章、地方性法规等根据上述分析，亦有各自相应的地位和作用。

行政法的调整对象即行政关系。作为行政法调整对象的行政关系主要包括四类：①行政管理关系；②行政法制监督关系；③行政救济关系；④内部行政关系。在上述四种行政关系中，行政管理关系是最基本的行政关系，行政法制监督关系和行政救济关系是由行政管理关系派生的关系，而内部行政关系则是从属于行政管理关系的一种关系，是行政管理关系中的一方当事人——行政主体单方面内部的关系。水行政法主要调整的是水行政管理关系，主要表现在水资源管理、防汛抗旱、水土保持、河湖岸线管理、水工程建设与管理等行政活动中，水行政主体与取水权人、占用河道者、水工程建设人等相对方之间的关系，作为外部纵向的水事关系，属于水行政法调整的主要内容；同时，上下级水行政机关之间、水行政主管部门与流域机构之间及水工程管理之间、水行政主管部门与水行政执法人员之间等关系，作为内部水行政关系，也属于水行政法的调整范围。

在研究部门行政法的调整对象时，一般认为，在以上的行政关系的范畴中，部门行政法不侧重于调整政府之间及其与公职人员的内部行为，它调整的是有关行政管理的业务性、技术性事项以及因此而引发的社会关系。但是，我们通过考察认为这一现象并不完全适用于水行政法。在我国水管理行政活动中，有一些重要管理行为所产生的管理关系，属于内部行政关系，主要表现有：流域管理与行政区域管理相结合的水资源管理体制所衍生的一系列水行政管理活动，例如，水量在省区分配、区域水资源利用规划对流域规划的服从、主河道采砂区划分等；河道管理中水利部门、自然资源部门、交通运输部门等多部门之间合作与配合；水事纠纷处理中县级以上人民政府对行政区域之间水事纠纷的裁决。这些管理行为属于内部行政行为，或者发生在平行的行政部门之间，或者发生在上下级行政部门之间，或者发生在中央和地方政府之间，不论何种，均为内部行政关系。对此关系的调整和规范是水行政法不同于其他部门行政法的一大特色。

（三）从部门行政法体系构成看水行政法的定位

在中国，以职权行使主体为标准构架部门行政法符合行政事务管理实践。行政法学界根据职能部门设立的状况进行构架的观点都是不可取的，因为它忽视了部门行政法的相对稳定性，只有在行政机构科学分类并稳定设置的基础上，以行政机构体系构架才是合理的。

早在九届人大一次会议上，第一次以比较科学的标准把国务院的行政职能机构分成四个部分：第一部分是宏观调控部门；第二部分是专业经济管理部门；第三部分是教育科技文化、社会保障和资源管理部门；第四部分是国家政务部门。这一分类方式不一定达到十分科学的地步，却为我们提供了一个分析问题的思路，就是必须在以职权行使主体进行科学的综合以后才能确定相关的部门法规范，才能给部门行政法体系一个合理构架。据此，部门行政法可以包括下列部分：一是行政调控法，即以履行若干经济调控为综合主体的部门行政法；二是经济管理行政法，即以直接管理经济事务的主体并由其适用的那些法律规范；三是科教行政法，就是以科技、教育行政职能部门为主体并适用的那些法律。以前的教育行政法、科技行政法的提法在一定意义上讲是不科学的，因为它人为地将二者割裂开来，而从世界各国的情况看二者是不能割裂的；四是信息产业行政法，即以信息主要机构为主体的那一部分行政法；五是社会行政法，即与社会保障机构有着联系的那一部分行政法规范；六是治安行政法，包括司法、安全、公安等主体的那些法律规范；七是外事行政法，即以外事管理机构为主体的行政法规范；八是军事行政法，即以国防行政机构为主体的那一部分法律规范；九是市场管理行政法，就是以工商、税务、物价等为主体的那些法律规范。上述九个方面可以使部门行政法有九个范畴、有九个相对确定的内涵，而不是设立一个行政机构就有一个部门行政法与之对应，也不是一个行政机构只对应某一个部门行政法，两者的关系应取决于各具体行政领域实践。从水行政管理的实践看，水行政法应归属于行政调控法和经济管理行政法。

第二节　水行政法律关系

一、水行政法律关系的含义与特点

人类社会存在着各种各样的社会关系，如经济关系、政治关系、道德关系、婚姻关系、友谊关系、家庭关系、宗教关系等。法律关系是社会关系的一种，是指人们在法律的规定和调整下所形成的一种权利与义务关系或者权力与义务关系。历史唯物论将社会关系划分为物质社会关系与思想社会关系、经济基础与上层建筑。法律关系属于思想社会关系和上层建筑现象。法律关系具有三要素，即法律关系的主体、法律关系的客体、法律关系的内容。

水行政法律关系，是指由我国水法（此指广义的水法，包括与水相关的法律法规）所规定（确认）或调整的，在水行政主体和相对人之间所结成的以权利-义务、权力-义务为内容的社会关系。它包括以下几层含义：第一，水行政法律关系是在实现国家水资源管理行政职能过程中发生的，与行政主体的水行政活动有密切的联系；第二，水行政机关在履行行政职能过程中所形成的社会关系，并非全部都是水行政法律关系，只有那些受水行政法律规范确认和调整的行政关系才能形成水行政法律关系；第三，水行政法律关系是发生在水行政主体与行政相对人之间的权利义务关系，具有法律关系的一般特征，即包括权利义务的主体与客体和法律关系之间的权利义务等基本要素。

水行政关系是水行政法律关系产生的基础，而水行政法律关系是水行政法律规范调整行政关系的结果，两者有密切的联系。但是，行政关系并不等同于行政法律关系，它们之间存在着严格的区别：第一，两者的性质不同。行政法律关系属于思想意识范畴，体现国家的意志，而行政关系属于物质社会关系。第二，两者与行政法的关系不同。行政关系是行政法的调整对象，而行政法律关系是行政法调整的结果。第三，两者内容的范围不同。从严格依法行政的角度上讲，无法律即无行政，所以一切行政关系都应变成行政法律关系。但从各国行政实践来看，行政法只规范和调整部分行政关系，除此之外的其他行政关系无需或无法以行政法律规范调整，不具有权利义务内容，因而不是行政法律关系。所以，行政法律关系只是行政关系的一部分。

水行政法律关系的特点主要有：第一，水行政主体多层次执法的不平衡性。虽然和其他行政主体一样，在水行政法律关系双方当事人中，必有一方是水行政主体，即必有一方是作为水行政管理主体的行政机关或得到授权的组织。但是，与公安、工商等行政主体相比，水行政主体中的七大流域机构作为法律法规授权组织在水行政执法中地位明显，水行政主体的执法权大部分委托水政监察组织行使，乡镇一级基层派出机构不如公安派出所、工商所等完善，更谈不上承担执法职能。第二，水行政法律关系的不对等性。水行政法律关系的不对等性，是指水行政法律关系主体双方的权利义务不对等。不对等性是行政领域的法律关系区别于其他部门法律关系的重要特征。第三，水行政法律关系内容的法定性、不可分割性和不可自由处分性。法定性，即水行政法律关系内容的法定性，是指水行政法律关系主体之间既不能相互约定权利义务，也不能自由选择权利和义务，而必须依据法律规范取得权利并承担义务，例如保护河流大堤的权利和义务。不可分割性，即水行政法律关系的内容具有不可分割性，是指水行政法律关系主体的权利义务往往相互渗透、交叉重叠，就水行政主体而言，对水资源实施行政管理时体现为权利主体，而相对于国家则体现为义务主体。不可自由处分性，即水行政法律关系当事人权利的法定性、不可分割性，决定了其在行政法上的权利义务不可自由处分，如黄河流域机构不得放弃河流干流的水量调度职责。第四，水行政法律关系争议处理方式的行政性。水行政法律关系引起的争议处理方式往往具有专业性强、技术性高、层次复杂等特点，仅靠法院难以满足解决行政争议的需要，例如水事纠纷裁决方式。

二、水行政法律关系主体及其包含流域管理机构的特殊构成

水法律关系的主体，是指水法律关系的当事人或参与者。在我国，水法律关系的主体包括两方面：

（1）水行政主体。水行政主体是指享有国家水行政权，能以自己的名义行使水行政职权、并能独立地承担因此产生的相应法律责任的组织。包括最高国家水行政机关即国务院水行政主管部门——水利部、国务院与水管理相关的其他职能部门，地方各级人民政府水行政机关以及与水管理相关的其他政府职能部门、法律法规授权的组织（例如流域管理机构和水工程管理组织）等。国家是特殊意义上的行政法律关系的主体。

（2）水行政相对方。水行政相对方是水行政法律关系的参与者，是指在水法律关系中接受水行政主体的管理并依法享有权利、负有义务的相对于水行政主体一方的当事人。包括自然人（公民）、法人（包括企业法人和事业单位、社会团体法人、外国企业或组织）、非法人组织、外国人和无国籍人。我国公民是指具有我国国籍的人。公民作为法律关系的主体应当具有权利能力和行为能力。根据我国法律规定，公民的权利能力始于出生、终于死亡。外国人是指具有外国国籍的人。无国籍人是指由于国籍的法律冲突，而导致的某人不具有任何一个国家的国籍。外国人、无国籍人在我国，适用我国法律；但法律另有

规定的除外。法人（包括企业法人和事业单位、社会团体法人、外国企业或组织）、非法人组织从其成立时起，具有权利能力和行为能力。

流域管理机构是构成水行政主体的特殊部分。水治理离不开流域管理。长江、黄河、淮河、海河、珠江、松花江和辽河、太湖是国家确定的重要江河、湖泊。水资源的载体在河流湖泊，水管理的基础在河流湖泊，河湖在客观上形成了一个个大小不同的流域单元，有效的水治理必然以流域系统为支撑，水治理的这种客观秉性在实践上就形成了七大流域机构代表国家管理水资源的体制格局。与水资源空间分布相适应，我国设立了长江水利委员会、黄河水利委员会、淮河水利委员会、海河水利委员会、珠江水利委员会、松辽水利委员会和太湖流域管理局等流域管理机构，它们作为水利部派出机构，代表水利部行使所在流域的水行政主管职责。根据各自的管理权限，各流域机构内设的水政水资源局（处）负责本流域的水资源规划、管理和保护工作，负责流域内跨省和省际边界河流、湖泊的水资源管理工作。各流域管理机构在所辖区域内行使法律、行政法规规定的和水利部授予的水资源管理与监督职责，由于这些机构是属于具有行政职能的事业单位，不是行政组织法法定的行政主体，而它们在国家的水治理全局中举足轻重，这就使得水行政主体构成体系呈现出较为复杂的局面，这也正是水资源有别于诸种自然资源行政管理的特殊性体现。

三、水行政法律关系客体的特殊性及其保护利用的法律诉求

（一）以行为和特定物为主要元素的水行政法律关系客体

水行政法律关系的客体，是指水行政法律关系主体的权利-义务、权力-义务所指向的对象。一般来讲，法律关系的客体一般包括物、行为和精神财富等方面的内容。

物是指现实存在的人们可能控制、支配的、有经济价值的一切自然物（有形物），如水流、森林、矿藏和人们劳动创造的各种具体之物。水事法律关系中的物主要指水资源、水域、水工程以及其他与水有关的物，如水中的矿藏、砂石、水利物资等。

行为包括作为（积极行为）与不作为（消极行为），是指水行政法律关系主体的有目的有意识的活动。作为的水事行为指的是水事法律关系的主体因一定的目的而积极主动实施的行为，又包括正当的水事行为和不正当的水事行为。正当的水事行为是指符合水事法律、法规、规章且产生积极结果的行为，不正当的水事行为则是指不符合水事法律、法规、规章的行为；有些行为虽符合法律、法规、规章，但却产生了不良后果，这种行为亦归于此类中。正当的水事行为包括水行政主管部门的合法行政行为和水行政相对人的合法行为，不正当的水事行为则包括水行政主管部门的违法行政行为和水行政相对人的违法

行为。不作为的水事行为指的是水事法律关系的主体不履行法律义务的消极漠然的行为，包括水行政主管部门的不作为和水行政相对人的不作为，前者如水行政主管部门无正当理由的不审批、不许可、不征收、不纠正等，后者如水行政相对人的不遵守、不执行等。

人身是指水事法律关系主体的人格和身份权利，即人格权和身份权。在水事法律关系主体中，水行政主管部门、法人的人格权主要有名称权、名誉权；身份权主要有荣誉权，在著作中的署名权、修改权、发表权。公民的人格权主要有生命健康权、姓名权、肖像权、名誉权等；身份权则有荣誉权，在著作中的署名权、修改权、发表权等。

智力成果是人类脑力劳动的成果，属精神财富，在水事法律关系中主要指在水事活动中存在或产生的与人身有关的科研成果、发明创造、技术资料等。这里所说的产生，是指在水事活动中，适应实际需要新创造出的各类智力成果；这里所说的存在，是指既已存在的并在特定的水事活动中发挥作用的智力成果。

（二）作为水行政法律关系客体最主要部分的水资源及其法律诉求

由于水资源是水行政法律关系客体的最主要的部分，在此，从水资源的特点出发，分析在开发、利用、节约、保护其过程中的法律诉求以及由此可能形成的水行政法律关系的具体表现。从水行政法律关系客体中最具代表性的物——水资源出发，在全面分析其特殊性基础上，提出要构建的相应的法律关系，与此同时，法律关系的内容即保护利用该物的权利义务需求也得以体现，因此，不再专门分析水行政法律关系内容这一在水事法律规范中以条文形式大量存在且本书后面章节将大量涉及的要素。

1. 水资源的含义与范围

狭义上的水资源是指人类能够直接使用的淡水，是指自然界水循环过程中，大气降水落到地面后形成径流，流入江河、湖泊、沼泽和水库中的地表水，以及渗入地下的地下水。广义上的水资源是指人类能够直接或间接利用的地球上的各种水体，包括天上的雨雪、河湖中的地表水、浅层和深层的地下水（包括土壤水）、冰川、海水等，能作为生产资料和生活资料的天然水，在社会生产中具有使用价值和经济价值的水都可称为水资源。水资源指属于地球水圈的淡水部分，也包括了大气圈中的水汽，其本身又分为大气水、地表水和地下水三类，构成陆地淡水系统。水资源是自然界未开发、处于天然状态的动态资源，是有限的、不可替代的、基础性的自然资源与战略性的经济资源。对水资源的定义主要有两个：第一，在特定地区内有利用可能的具有一定量和质的气态、液态和固态的淡水来源；第二，地球上一切可利用和潜在可利用的水。从资源的本质出发，我们认为第二个界定（即 1977 年联合国教科文组织的定义）更为合适。可利用具有一种直接性，潜在可利用是指间接性，即要有一定的条件，包括经济、技术、生态的条件等。总之，水资源可以理解为人类长期生存、生活和生产过程中所需的各种水，既包括它的数量和质量，又包括它的使用价值和经济价值。

2. 水资源的特点及其作为法律关系客体的诉求

水资源不同于土地资源和矿产资源，水资源有其独特的性质，只有充分认识它的特性，才能合理、有效地利用和依法保护。在厘清水资源的特点及其保护利用规律的基础上，可以看出，只有从水资源的特殊秉性出发满足其一系列法律保障需求，只有形成符合水资源特殊要求的各类行政法律关系并依法确认与调整，才能在建立法治国家、法治社会、法治政府的新时代实现依法治水、依法管水、依法行政的目标。作为客体的物，水资源的不同特点使之具有不同的法律关系诉求。

（1）水资源是基础性的自然资源，需要构建完善的水行政许可法律关系。资源是人类可能利用的自然界物质。目前讲的资源是指自然资源，不包括信息资源、技术资源和人力资源等。自然界是指客观世界，而资源则指人可利用的自然界部分。因此，资源将随着人们对自然界利用的广度和深度而发生变化。地球上的自然资源有亿万种，有人从生态系统的观点把其分为土地资源、水资源、森林资源、草原资源、矿产资源、能源、海洋资源、物种资源、气候资源和旅游资源十大类，或者称为 10 个生态系统。考虑到各方面的因素，任何一种分类都有其缺陷，这种分类法存在的问题是：第一，能源与多种资源互融，但按国际惯例列为一种；第二，旅游资源则包括自然景观和人文景观，在分类上有交叉。同时，从对可持续发展的支持来看，对资源又有一个意义重大的分类，就是可再生资源和不可再生资源。对可再生与不可再生资源的分类又有其相对性、可变性和多重性。相对性表现在如煤、铁和石油等矿产在人类经济发展的长周期内（如 10 个世纪）是不可再生的。可变性表现在生物资源是可以再生的，而生物资源的根源物种资源又是不可再生的；然而在未来人类又可能克隆已经灭绝的物种。多重性表现在水资源中的大气水、地表水和浅层地下水是可再生的，而深层地下水又是不可再生。上述按类别和性质的分类为人类可持续利用资源提供了认识基础。水资源是支撑可持续发展的土地、水、森林、草原、矿产、能源、海洋、气候、物种和旅游等十大资源中的母体资源，是基础性的自然资源。这一特点表明，水资源开发、利用和保护具有鲜明的公益性和公共性，因而要求必须构建完善的水行政许可法律关系，目前正在推行的最严格水资源管理制度，其最终实现需要这一法律关系"实然状态"（即法律关系的内容得以落实）调整和保障。

（2）水资源具有循环性和有限性，使得以用途管制为核心的水行政许可法律关系更为复杂。水圈中的水并不是静止不变的，而是处于不断的运动之中，存在着明显的水文循环现象。水文循环可以分为大循环和小循环两种基本形式。水文大循环就是水在陆地、海洋、大气中的相互转化。小循环就是上述三种介质中任意两种之间的水相互移动。但不同的淡水和海洋正常更新循环的时间是不相等的。水圈的水由于相互之间不断循环，使得地表水和地下水不断得到大气降水的补给，开发利用后可以恢复和更新，这是地球上水资源具有的特征。陆地上各种水体都处于水循环过程中，不断得到大气降水的补给，通过径流、蒸发而排泄，并在长时期内保持水量的收支平衡。在多年均衡状态下，水体的储存量称为静态水量，水体的补给量称为动态水量，前者与后者的比值即为更替周期。更替周期长的水体，如湖泊为 17 年，深层地下水为 1400 年，取用后难以恢复，一般不宜作为长期稳定的供水水源；更替周期短的水体，如河水为 16 天，浅层地下水约为一年，取用后容易恢复，是人类开发利用的主要对象。但各种水体的补给量是不同的和有限的，为了可持续供水，多年平均的利用量不应超过补给量。循环过程的无限性和补给量的有限性决定了水资源在一定数量限度内才是取之不尽、用之不竭的。

（3）水资源的部分不可再生性，要求严格的节水行政法律关系与之适应。地球上的水资源总量达 13.86 亿 km^3，极其丰富。其中 96.54％是海水，约覆盖地球总面积的 71％，但因含盐量高，通常不能作为淡水资源直接被利用。可恢复的淡水资源仅有 4.7 万 km^3。由此可见，尽管地球上的水是取之不尽的，但适合饮用的淡水水源则是十分有限的。水资源总量有 30.1％以上是地下水，其中大部分是浅层地下水，可以和地表水互相转换，但超采也会产生不同程度的地面沉降等生态蜕变，而且有的需较长的时间才能补给，因此对人生命周期和生产周期而言是不可再生的。这一特点和前述有限性特点均要求国家在上层建筑层面设计节水法律制度，特别是完善地下水保护法律法规，形成节水行政法律关系和地下水开采管制法律关系。

（4）水资源时空分布的不均匀性，使得跨区域调水工程应运而生，由此构建区域调水法律关系成为必然。水资源在地区分布上很不均匀，年际年内变化大，给开发利用带来许多困难。地球表面淡水资源分布的不均匀性，表现为降水多的地区，淡水资源比较充足；反之，淡水资源则很贫乏。为了满足各地区、各部门的用水要求，必须修建蓄水、引水、提水、水井和跨流域调水工程，对天然水资源进行时空再分配。因兴修各种水利工程要受自然、技术、经济、社会条件的限制，只能控制利用水资源的一部分或大部分。由于排盐、排沙和生态系统的需要，河流应保持一定的入海水量，对地下水要适度开采。水圈是由地球地壳表层、表面和围绕地球的大气层中液态、气态和固态的水组成的圈层，它是地球的岩石圈、水圈、大气圈和生物圈中最活跃的圈层。在水圈内，大部分水以液态形式存在，如海洋、地下水、地表水（湖泊、河流）和一切动植物体内存在的生物水等，少部分以水汽形式存在于大气中形成大气水，还有一部分以冰雪等固态形式存在于地球的南北极和陆地的高山上。地球上的水量是极其丰富的，但水圈内水量的分布是十分不均匀的，大部分水储存在于低洼的海洋中，占96.54%，而且97.47%（分布于海洋、地下水和湖泊水中）为咸水，淡水仅占总水量的2.53%。在淡水资源中，冰川与永久积雪中储存的水量最多（占68.70%），它们分布在地球上的南、北两极和高山、高原地区，目前能够利用的还很少，只有一些高山冰川的融水，流到山麓平原地区，可以供人饮用或灌溉田地；地下水占30.36%。现在人们大量利用的淡水资源，主要是河水、湖泊水（淡水湖的水）和部分地下水。它们只占全球水的总储量的$7/10^5$，淡水总储量的0.4%。如果考虑现有的经济、技术能力，扣除无法取用的冰川和高山顶上的冰雪储量，理论上可以开发利用的淡水不到地球总水量的1%。实际上，人类可以利用的淡水量远低于此理论值，主要是因为在总降水量中，有些是落在无人居住的地区（如南极洲），或者降水集中于很短的时间内，由于缺乏有效的水利工程措施，很快地流入海洋之中。水是随时间变化明显的资源。由于水资源的再生主要依靠降雨，因此水资源在人类经济活动的短周期内不是恒定的资源，依不同地区在年内和年际有不同程度的变化，有时甚至十分剧烈。针对这一特点，为推动各地区经济社会的平衡发展，国家必择机实施大规模的跨区域调水工程，例如南水北调中线工程，由此产生的新的社会关系需要法律的调整，形成调水法律关系、水源地保护法律关系、流域管理法律关系等，这些法律关系从性质上看属于行政法律关系。

（5）水资源在经济上的两重性，要求构建防洪抗旱法律关系、水工程建设保护法律关系。水既可兴利，又可为害。不适当的水量和不合格的水质可能酿成非常严重的灾害。由于降水和径流时空分布不均，形成因水过多或过少而引起洪、涝、旱、碱等自然灾害，洪水会导致工农业设施和人民生命财产的巨大损失；由于水资源开发利用不当，也会造成人为灾害，例如水资源污染造成环境恶化、生态破坏及其他公害，此外，还有垮坝事故、土壤次生盐渍化、海水入侵和地面沉降等。水害主要由水资源的自然属性和人类社会对水的需求之间的矛盾所引起。水的可供利用及可能引起灾害，决定了水资源在经济上的双重性，既有正效益也有负效益。水资源的综合开发和合理利用，应达到兴利、除害的双重目的。

（6）水资源具有不可替代性。世界各国国民经济的各部门和人民生活都离不开水。科学技术发展到今天，人类虽然已能人工合成胰岛素、化学纤维、人工心脏，但从实用意义上说，却还不能人工造水，因此水资源是没有任何其他物质可替代的资源。随着人口的增长，经济的发展以及人类物质文化生活水平的提高，人类社会对水的需求日益增长，水资源已经成为经济发展的一个重要的制约因素。在没有正常能源甚至没有交通工具的情况下，一个城市还可以维持一定时间的正常运转，然而没有水，这个城市很快就会成为一座死城。工业也离不开水，水参与了工业生产的一系重要环节，在制造、加工、冷却、净化、洗涤等方面都发挥着重要的作用，被誉为工业的血液。因此，水是社会进步和经济发展不可替代的战略资源。这一特点也同样要求构建节水管理法律关系。

（7）水资源有固、液、气三相，水的跨区域流动性和水量的季节变动性，是其区别于土地、森林等资源的鲜明特点，需要构建相对复杂的流域管理法律关系和水资源管理内部行政法律关系。水资源是十大资源中较少见的有固、液、气三相的资源。其中气相，即在大气中的水蒸气，人类目前还无法自由利用。水资源中有 69.5% 以冰川和永久性积雪存在，其中绝大部分还难以利用。可利用的水体呈液相，因此，水又是一种流动性的资源。仅占淡水总量不到 0.4% 的江河湖库水资源又具有流动性，给按地域的权属界定和管理造成了很大的困难。这一特点要求构建流域管理法律关系、明确不同行政区域在水资源管理上的职权，由此需要构建与水资源管理相关的内部行政法律关系。

（8）水资源状态脆弱且难以恢复，需要形成严格的水污染防治法律关系。与其他自然资源相比，水是一种质量十分容易改变、容易被侵害的资源，人类可以在 0.1s 的时间内，轻易地使水变质。水生态系统脆弱，水环境十分容易受到取水过度、超量污染等人类活动的破坏，而且自恢复能力很弱。此特点要求不断完善水污染防治法律制度，构建排污口管理、产业发展调控等方面的行政管理法律关系。

此外，水资源是难以跨区域和国际交换的资源，显而易见，由于对水资源使用量大，并以液相使用，运输十分困难，再加上使用的经常性，使之难以跨区域交换和进行国际交换。水资源还具有用途广泛性的特点，在国计民生中，水资源的用途十分广泛，各行各业都离不开水，水不仅用于农业灌溉、工业生产和城乡生活，而且还用于水力发电、航运、水产养殖、旅游娱乐等。这些用途又具有较强的竞争性。随着人们生活水平的提高、国民经济和社会的发展，用水量不断增加是必然趋势，不少地区出现了水源不足的紧张局面，水资源短缺问题已成为当今世界面临的重大难题之一。在地球上，哪里有水，哪里就有生命。离开了水，生命将不复存在，地球将像亿万颗其他星球一样杳无人烟。人体内发生的一切化学反应都是在水中进行。人的身体 70% 由水组成，哺乳动物含水 60%～68%，植物含水 75%～90%。没有水，植物就要枯萎，动物就要死亡，人类就不能生存。川流不息的江河、碧波荡漾的湖泊、飞流直下的瀑布、一望无际的海洋，它们赋予大自多姿多彩的壮丽景观。水是自然环境和生态系统中最为重要和活跃的因子。这些从不同角度总结的特点，进一步表明了完善水资源利用、开发与保护法律制度、在法律上确认前述一系列相关法律关系的客观性和必然性。

第二章

基于水治理实践的水行政法原则

以流域为自然单元的水治理要求水行政法既要贯彻行政法基本原则，又要坚持符合其特别法内在规律的特殊性原则。水治理过程中交织着人与水的复杂关系，是人与自然辩证关系的基础性的、经典性的模式。有水必有流域，水管理的实质就是流域管理。生活、生产、生态等一切活动均在流域之上进行。流域是一个复杂的巨系统，要按照新时代治水方针中"系统治理"的根本要求，从流域自然系统的客观规律出发，结合水治理实践中的突出问题，确立符合水资源保护开发利用目标的水行政法原则。流域是自然形成的地表水及地下水分水线所包围的集水区域，是一个具有层次结构和整体功能的复合系统。水作为一种自然资源和环境要素，是以流域为单元构成的统一体。随着水文地理和生态学等学科的不断发展，人类具备了大规模全面开发流域水资源的能力，使得以流域为单元进行统一管理成为现实的需要。世界上流域管理模式的成功实践，反映了水资源自然特性的要求。我国水法确定的水资源管理体制既符合自然规律，也符合我国政治、经济与社会实际。只有从流域管理出发，明确水治理的特殊性并充分贯彻于水行政法律法规的制定与实施过程中，才能实现人水和谐，以水资源的持续利用保障经济社会的持续发展。

第一节　水治理实践：确立水行政法原则的基础

20世纪以来，世界各国水资源开始朝着多目标综合开发利用与保护相结合的方向发展。世界各国政府普遍接受以流域为基本单元进行水资源规划、实施多目标综合开发的思想，并在管理体制和制度上作出安排，纷纷建立起流域机构，以加强流域水资源的统一管理。即使在没有建立流域机构的国家，也在立法中强调按流域进行综合开发利用的原则和按流域进行统一规划，并通过具体的法律和行政措施保证流域规划的组织实施。水的管理是政府行为，政府要依法行政，我国《水法》第十二条规定："国家对水资源实行流域管理与行政区域管理相结合的管理体制。"流域反映的是自然规律,区域反映的是政治、经济与社会规律,在这一科学基础上,《水法》中规定:"国务院水行政主管部门负责全国水资源的统一管理和监督工作。""流域管理机构在所辖的范围内行使法律、行政法规规定的和国务院水行政主管部门授予的水资源管理和监督职责。"

一、流域与流域系统

第一次全国水利普查数据显示,我国流域面积超 50km² 的河流 45203 条,流域面积超 100km² 的河流 22909 条,流域面积超 1000km² 的河流 2221 条,流域面积超 10000km² 的河流 228 条。其中全国性的重要流域有 7 个,即长江、黄河、淮河、海河、珠江、松花江和太湖流域,流域面积总和达 437 万km²,径流量占全国的 57%,分布在 29 个省、自治区、直辖市。

流域的概念可以界定为:水系(包括地表水和地下水)形成的一个地理区域,区域内的水流向一个共同的终点。在流域内,地表水和地下水之间,水量和水质之间,土地和水之间,以及上游和下游之间,都存在着密切的关系。这些相互关系把流域由一个地理区域变成一个统一的生态系统。

流域是一个开放的体系,它的边界有时是很模糊的。系统内的河流可以拥有一个共同的三角洲,流域的分水线在平原地区一般是很模糊的,是人为的,例如依行政区划边界划分;而且流域常常与地下分水线的范围不完全一致。同时,流域持续不断地与大气(降水、蒸发、大气污染)以及水源(包括海水或湖水)相互作用。此外,流域的利用如调水工程也往往超出流域界限的范围。

尽管流域具有开放和有时界限不甚明确等特性,但目前它是共识的、非常重要的生态系统。该系统发挥着许多重要作用,是人类生存和可持续发展的基础。

流域管理涉及的领域比传统的水管理广泛,它远不仅限于水的管理,它涵盖了诸如土地使用规划、社会经济发展、农业政策、生态系统保护、环境管理以及其他政策领域在内的使用和影响淡水系统的一切人类活动领域。

流域系统是非平衡态超复杂巨系统。水,作为该系统中许多种组分之一,在系统中的作用是基础的,但仍是有限的。流域系统是开放式的,受到外界的影响,如气候变化、污染物的长途传输、国际市场的变化等,对这些因素必须加以考虑。流域系统是一个动态系统,变化随时随地都在发生,它的平衡是暂时的、非线性的、动态的。流域系统内的所有组分都是互相依存的,人类活动是该体系的一个组成,人不是该系统的主宰,其活动应受系统的制约。流域系统中的资源主要包括以下几种:自然资源,包括土地、水、森林、草原、矿产、能源、小气候、物种和自然遗产等;人力资源,包括人、科学技术、法规、机构和组织等；财产，包括农田及其灌溉系统、水坝、堤防、城市、工矿企业、医院、学校、娱乐设施和人文遗产等。

二、基于流域系统的水资源管理目标和内容

（一）管理的目标

管理的目标是确保人类当前用水的供求平衡和子孙后代对流域水资源的可持续利用。首先必须确保人类的基本需求，即饮用水和基本卫生用水的供应。同时，自然界目前的人类活动已超出自然生态系统的自我修复能力，因此要进行生态系统建设。

分层次的主要目标如下。

（1）保证流域居民的饮用和卫生用水。生活用水是人类最基本的需求，必须优先予以确保，并要优先解决没有基本保障的人畜饮水问题。

（2）保证流域的防洪安全。洪灾直接威胁人民的生命财产安全，防洪安全必须确保。但应从生态学和经济学的规律全面考虑防洪，包括避水建城和扩城、退田还湖、恢复湿地等非传统水利工程措施。

（3）为国家粮食安全做出应有的贡献。流域应按国家要求，从发展的眼光，根据自己的具体情况对国家的粮食安全做出贡献。

（4）保证流域经济的可持续发展。要为流域的第二、第三产业，尤其是高新技术产业的可持续发展做出水资源供应保证。

（5）保证流域水资源的自净能力。通过防治污染、产业结构调整、节水和清洁生产等一系列手段，保证流域水资源的自净能力。

（6）保证流域生态系统的良好平衡。水是生态系统中的基础要素，要保证生态用水，严禁超采地下水，保证适当的人工植被用水，从水资源方面保证流域生态系统的良好平衡。

当然，上述目标的达到绝不是流域机构一家能实现的，要与政府各部门和全社会合作共同完成。

（二）管理的内容

流域水资源管理主要是通过以下多个方面的内容来实现流域机构的决策、指挥和监督三大功能的。

（1）流域的涉水法规。流域机构的首要任务是依法进行管理，在中央政府水行政主管部门指导下制定流域内的实施细则，同时清理流域内的涉水法规，制定统一的法规体系。

（2）流域水资源综合规划。在水资源科学评价的基础上，与经济、国土资源、城建和环保等有关部门合作，制定水资源综合规划，并组织逐步实施，是流域机构的重要任务，其中包括水资源保护规划、节水规划、防洪规划、供水

规划和生态系统建设规划等。

（3）流域水权的分配与调度。《水法》第四十五条规定："应当根据流域规划和水中长期供求规划，以流域为单元制定水量分配方案。"第四十六条规定："国家确定的重要江河、湖泊的年度水量分配方案，应当纳入国家的国民经济和社会发展年度计划。"水权的分配是流域机构工作的关键，要在科学合理配置水权的基础上，制定水量分配计划和调度方案，对地表水和地下水实行联合调度、统一管理。

（4）流域水资源保护。流域机构应与环保部门合作，根据水资源评价和经济社会发展状况划分水功能区，据此定出纳污总量，实行总量控制，并对向水体排污的大型排污口实行重点控制。

（5）流域水资源节约。流域机构应与经济生产和城市建设等部门合作，在宏观上对用水实行总量控制，在此基础上与经济发展规划密切结合，制定行业用水定额，狠抓节水、清洁生产和资源综合循环利用。

（6）流域水生态系统建设。流域水生态系统建设是水资源可持续利用的长远大计，应该是流域机构的重要工作内容，应与经济发展、环境、国土资源和林业部门合作，保证良好的流域水生态系统。

（7）流域的水信息管理。信息管理是流域机构管理的重要内容，主要是通过包括水质监测在内的水文手段，做出水资源状况的监测、评价与公报。进一步建立流域的数字模型，为社会、经济和生态等各方面提供信息资料。目前的主要任务是建立自动化的监测系统和发展巡测。流域水信息的提供应是无偿服务。

（8）流域的防洪抗旱和减灾。我国是个多暴雨洪水的国家，历史上洪水灾害频繁。防洪抗旱是关系到国计民生的大事，应列为流域水资源管理的重要内容。流域管理部门要根据流域防洪规划，制定防御洪水的方案，落实防洪措施，筹备抢险所需的物资和设备。除了维护水库和堤防的安全外，还要防止用于行洪、分洪、滞洪、蓄洪、治涝的河滩、洼地、湖泊等被侵占或破坏。同时流域机构应组织对旱、涝等各种涉水自然灾害的防治。

（9）流域水经济政策与水价制度。流域的水经济政策是调节流域水资源供求平衡和进行生态系统建设的经济杠杆，应建立包括污水处理费和中水有偿回用在内的合理水价制度，同时考虑水环境改善带来的经济效益，通过经济手段调动各方面的积极因素。

（10）流域水事纠纷的调解。流域内经常发生争水、水污染和水市场中的各种水事纠纷，依照法律和规章调停和解决这些问题是流域机构的职责，为此应在不同级别的行政区域建立相应的用水户委员会，参与管理，许多纠纷可以通过用水户委员会自行解决。

（11）流域机构之间的协调。流域机构的另一职能是促进流域机构之间的协调与合作。

（12）流域机构自身的能力建设。流域机构自身的人员培训、基础设施和仪器设备等能力建设是完成上述任务的保证。

三、与流域系统相适应：水管理体制的确立

（一）我国流域管理体制在治水实践中的发展

我国很早就懂得而且十分重视按流域治水、管水。自秦始皇起，中央政府就有派出机构或官员专职督办江河治理。20 世纪 30 年代前后，民国政府在主要江河设置了具有现代意义的流域管理机构：扬子江水利委员会、黄河水利委员会、导淮委员会、华北水利委员会、珠江水利局、太湖流域水利委员会，并着手编制流域综合规划。但由于经济、技术落后及长期战乱，各流域综合规划不是没完成，就是没得到实施，绝大多数江河流域未得到治理、开发，水旱灾害频繁逼得民不聊生。新中国成立后，人民政府开展了大规模的水利建设，为了全面规划、实行江河治理和管理，中央设置了水利部，并在重要江河设置了流域管理机构，实行高度集中的江河治水管理模式，各流域治理取得了显著成效。后因种种原因，流域管理机构几经调整变化，但是人们在实践中越来越认识到按流域治水、管水的必要性和重要性。改革开放以来，经济大发展，要求流域治理开发加快步伐。与之相适应，流域管理也逐步加强。到 20 世纪 80 年代初形成了七大流域管理机构分管七大流域片的按流域管理水资源的局面。

我国水资源严重短缺，以不到全球水资源总量的 2% 的水资源量来维持世界 1/4 人口的可供水，相对人口和社会经济可持续发展的需求，水资源明显不足，由水资源短缺引发的供需矛盾的势态十分严峻，成为妨碍社会经济发展的重要因素，通过法律手段来解决水资源供需矛盾应运而生。

水资源统一管理越来越受到重视，水资源管理体制改革持续推进。九届人大常委会第 29 次会议通过的新《水法》，把改革水资源管理体制作为重点，强化水资源的统一管理，规定水资源实行流域管理与行政区域管理相结合的体制，这是由我国国情决定的，是我国社会经济发展、水资源紧缺、水污染严重形势下的必然选择，也是多年来水资源管理经验的总结。从法律上确立我国流域管理机构水行政主体地位及其管理职权经历了逐步认识的过程。

在 1988 年颁布实施《水法》时，基于"随着国民经济的发展、城市人口的增长和人民生活水平的提高，水资源的管理已成为国民经济和社会发慌的重要问题"这一认识，《水法》强调了对水资源的行政管理，确立了"国家对水资源实行统一管理与分级、分部门管理相结合的制度"。但是，1988 年《水法》对于流域管理机构的法律地位与管理职权没有任何规定。同年，国务院进

行机构改革，在批准水利部的"三定"方案时，明确指出七大江河流域机构是水利部的派出机构，国家授权其对所在流域行使《水法》赋予水行政主管部门的部分职责。

1994年水利部在批准长江水利委员会（简称长江委）的"三定"方案中，更加详细地规定：长江委是水利部在长江流域和西南诸河的派出机构，国家授权其在上述范围内行使水资源行政管理职能。

1996年水利部向国务院报送了《关于取水许可制度实施情况的报告》，国务院办公厅针对此报告提出的问题发文指出："我国水资源十分紧缺，各级人民政府要加强对水资源管理，各级水行政主管部门要加强对水资源的统一管理，切实负起《水法》所赋予的责任"。"《取水许可制度实施办法》由水利部负责解释。水利部、国务院法制办应商有关部门，对涉及水资源管理的文件进行清理。各部门发文内容涉及水资源管理问题时，发文前须征求水利部的意见"（《国务院办公厅关于取水许可制度实施有关问题的通知》，国办通〔1996〕7号）。

1997年颁布的《防洪法》中，规定流域管理机构在所管辖范围内行使法律法规和国务院水行政主管部门授权的防洪协调和监督管理职责。这是涉及水的基本法律中第一次明确授予流域管理机构在防洪方面的管理职责。1997年12月27日在第八届人大常委会第29次会议上作了"全国人大常委会执法检查组关于检查《中华人民共和国水法》实施情况的报告"，提出"我们认为，鉴于目前我国水资源的严峻形势，必须尽快改变水资源分割管理体制，实行统一管理。水资源只宜统一管理和分级管理，不宜分部门管理。这是强化国家对水资源实行权属管理的根本保证"。

1998年国务院在批准水利部的"三定"方案中，进一步规定长委为水利部派出的流域机构，代表水利部行使所在流域的水行政主管职责。

1999年6月21日，黄河治理开发工作座谈会上指出，"要坚持依法治水的原则，研究制定有关法规，依法调整和规范黄河治理开发与管理工作中各方面的关系，统一规划、统一管理水资源，严格监督执法，逐步建立起符合中国国情，适应21世纪治理开发要求的新型流域管理体制"。

2001年国务院颁布的《长江河道采砂管理条例》是国家第一次为一条河流（长江）的一个具体事情（采砂）所制定的法规，也是第一次强调和突出流域管理机构（长委）执法地位和水行政管理职权的法规。

2002年中编办批复流域管理机构的"三定"方案（中央编办发〔2002〕39号）中更加明确地指出流域管理机构代表水利部行使所在流域及授权区域内的水行政主管职权，为具有行政职能的事业单位。

《水法》从法律上确定了流域管理与行政区域管理相结合的管理体制，从根本上确立了流域管理机构在水资源统一管理方面的法律地位，流域管理机构可以在所管辖范围内行使法律法规规定的和国务院水行政主管部门授予的水资源管理和监督职责。我国水资源管理理念和改革实践既符合也丰富了国际水资源管理的先进理论和经验。水法确定流域管理与行政区域管理相结合的管理体制，符合世界水管理体制的发展方向，具有鲜明的时代特征。

（二）内涵与适应性

摒弃"国家对水资源实行统一管理与分级部门管理相结合的制度"，代之以"国家对水资源实行流域管理与行政区域管理相结合的管理体制"，其基本内涵：一是明确了流域管理水资源的地位，按流域管理水资源，是国家对水资源统一管理的重要形式，流域管理机构依据法律授权行使国家对流域水资源统一管理的职责；二是明确了行政区域管理水资源的地位，县级以上地方人民政府水行政主管部门在国家（含以流域为单元）对水资源统一管理的前提下行使行政区域水资源统一管理的职责；三是明确了相互关系，流域管理与区域管理的关系是相结合，既不是相排斥也不是相取代，流域管理机构与县级以上地方人民政府水行政主管部门都是根据规定权限待命水资源管理和监督职责；四是明确了水资源管理与部门按分工进行开发、利用、节约、保护的关系，在水资源统一管理的前提下，水资源开发、利用、节约、保护的有关工作可按职责分工由有关部门负责。

流域管理与行政区域管理相结合体制与水资源自然系统的适应性表现在以下几方面。

（1）强化流域管理既符合水资源的自然特性，又与我国行政管理体制一致。流域的集水区域即地表水集水面积的界限是自然形成的，不是人为划定的。水作为一种自然资源和环境要素，其形成和运动具有明显的地理特征，它是以流域为单元构成的统一体。随着水文地理和生态学等学科的不断发展，使人们逐步认识到，以流域为单元，对水资源实行综合管理，顺应了水资源的自然运动规律和经济社会特征，可以使流域水资源的整体功能得以充分发挥。流域是具有层次结构和整体功能的复合系统，流域水循环不仅构成经济社会发展的资源基础、生态环境的控制因素，同时也是诸多生态问题的共同症结所在。以流域为单元对水资源实行统一管理，已成为目前国际公认的科学原则。水的流动性和循环性决定了水资源具有流域性，即以流域为单元表现出自身的特点，使上下游、左右岸、支干流、水质与水量、地表水与地下水等形成相关联的有机整体。水的多功能性又使水资源的兴利除害、开发利用必须以流域为单元整体规划、统筹考虑。因此，按流域统一管理是人类尊重自然规律、尊重科学、实现人水和谐的必然要求。

行政区域是国家为分级管理而划分的地方。行政区域的划分往往有其历史渊源，但总与人们的经济、社会活动相关。因此，行政区域的划分与流域界限不可能一致。较小的流域可能在一行政区内，较大的流域则是跨行政区域甚至跨国界的。我国的重要江河都是跨行政区域的，长江流域就跨越和伸展到 19 个省、直辖市、自治区，流域面积达 180 万 km^2。我国地域辽阔，国家不可能直接管理所有社会行政事务，而是按中央、地方分级管理社会的行政事务。行政区域是国家政治、经济、社会生活的基本单元，地方人民政府要对本行政区域的经济社会发展负责，必然要管理本行政区域的自然资源，包括统一管理本行政区域的水资源。一方面国家要对跨行政区域的水资源实行流域统一管理，另一方面行政区域又要统一管理本行政区域的水资源。如何处理好中央与地方的关系？《中华人民共和国宪法》规定："中央和地方的国家机构职权的划分，遵循在中央统一领导下，充分发挥地方的主动性、积极性的原则"，这是处理好水资源管理中中央和地方关系的基本原则。《水法》规定流域管理与行政区域管理相结合的管理体制，符合上述的基本原则，既遵循了水的流域性，又与行政管理体制相一致。

（2）流域管理与行政区域管理相结合是我国行之有效的水资源管理模式。流域管理与行政区域管理相结合的水资源管理体制是《水法》修订后确定的。其实流域管理与行政区域管理相结合作为一种管理模式、一种管理权制度，人们并不陌生。特别是 1988 年《水法》诞生后，随着水资源统一管理的加强，水管理改革的深化，流域管理与行政区域管理相结合有效管理水资源的实践和经验不断出现。目前我们已实施的流域综合规划制度、取水许可制度、水量分配和水量调度制度、河道管理范围内建设项目审批与行政区域管理相结合的思路建立的管理制度。建立健全并实施这些相关制度正是建立流域管理与行政区域管理相结合的水资源管理体制的重要内容。这些制度的实施强化了国家和地方水行政主管部门对水资源的有效管理，保障了经济社会发展对水资源的基本需求。

遵循自然规律是《环境资源法》的一项基本原则，作为《环境资源法》分支的水法也应遵循水循环规律，但 1988 年《水法》却忽视了水资源流域动态循环的整体性规律，对水资源流域管理未做规定，流域管理机构无相应法律地位和职权，致使水资源处于"多龙管水"、部门分割、城乡分割及地表水和地下水分割的管理状态，混乱的管理体制严重影响了水资源的合理配置和综合效益的发挥，并造成污染加剧，环境明显恶化。在各地区、各部门强调依法管理水资源的实践中形成水资源管理地区分割现象而无视流域水资源整体开发、利用、保护，职权交叉、多元分割、政出多门、"多龙管水"的水资源管理体制，是导致黄河、塔里木河、黑河等出现断流的重要原因。如黄河流域的断流问题，20 世纪 70 年代就开始出现。1988 年《水法》的实施不但未能遏制住黄河断流问题，断流现象反而更加严重，在 1997 年断流达到 226 天。残酷的现实和黄河上中游过量用水、黄河中下游用水不足或无水可用导致的沿黄省（自治区、直辖市）之间用水的尖锐矛盾形成巨大压力，为有效化解矛盾，国务院水行政主管部门高度重视水资源的流域整体性动态循环规律，强化流域水资源整体开发、利用、保护观念，决定从 1999 年 3 月 1 日起由黄河水利委员会对黄河水资源进行统一协调，取得了明显效果，在基本保证了沿黄省（自治区、直辖市）城乡居民生活用水和工农业生产用水的情况下，至 1999 年年底，黄河仅断流 8 天，而来水相近的 1996 年同期断流时间为 106 天。可见对黄河流域水资源整体协调管理，可有效地缓解黄河流域水资源开发、利用、保护中形成的人与人、人与水之间的矛盾。

黄河不断流的实现，塔里木河、黑河向下游成功输送生态用水，黄淮河流域引黄济津、济青，太湖流域引江治太，漳河上游、太湖流域、淮河流域等一系列水事纠纷的查处等，无一不是流域管理与行政区域管理相结合取得的成效。协调机制、联手打击非法采砂的执法行动的每一管理环节都体现了流域管理与行政区域管理的结合。可以说长江河道采砂管理是按《水法》改革水资源管理体制的范例。可见，实行流域管理与行政区域管理相结合的水资源管理体制对流域管理机构和各级水行政主管部门而言应是有实践、有经验、有基础的。在水行政主管部门主持下，2002 年修改完善后的《水法》遵循了水资源流域整体性规律，确立了"国家对水资源实行流域管理与行政区域管理相结合的管理体制"，《水法》的修订是将这一体制确定为国家对水资源的管理体制，并上升为法律规定。

（3）流域管理与行政区域管理相结合是国际社会上的发展趋势。如前所述，世界各国普遍建立了各类型的流域机构，按照其组织和任务主要有三种：以美国田纳西流域为代表的高度集中的流域管理模式；以协调和规划为主要任务的水议会的流域管理模式；负责流域治理和水资源统一管理的综合性流域管理模式。在以自然流域管理为基础的一些国家里，流域机构大多是水管理和水资源开发的主体，并实行按行政区划的水管理要服从流域管理或通过流域机构进行协调。莱茵河流域的瑞士、法国、德国和荷兰四国还建立了莱茵河管理委员会，共同规划、协调莱茵河治理、开发与控制浸染物排放问题。1992 年在巴西里约热内卢召开的联合国环境与发展会议，全世界 102 个国家元首或政府首脑通过并签署的《21 世纪议程》中，要求按照流域一级或子一级对水资源进行管理。以流域为单元对水资源实行管理已成为当前世界水资源管理的共识。

四、水治理中的核心博弈：流域全局与区域局部的复杂关系

按流域管理水资源和按行政区域管理水资源，都是长期存在的水资源管理

方式，国内外均有管理实践。在许多国家，江河、水资源主要由流域机构管理，有些国家地方政府甚至不设专门的水资源管理机构。也有许多国家江河、水资源主要由地方政府管理，流域管理机构只起协调作用。我国的水资源管理体制与国外比较有明显不同之处，自然条件决定了兴修水利、防治水害在我国有特殊重要性，是一项重要的政府职能，我国各级地方政府在水资源管理中具有重要的职责和完整的管理体系，多年来在水资源管理和水资源开发、利用、节约和保护中发挥了重要作用。因此，行政区域对水资源实行统一管理是我国水资源统一管理的基础。随着经济社会的发展，我国水资源短缺和水污染严重的问题日益突出，国家必须加强以流域为单元的水资源统一管理，甚至跨流域进行水资源配置，以保证国家整体的利益。在流域管理与行政区域管理不可互代的情况下，实现二者的有机结合便是正确的抉择。从这个意义上讲，实行流域管理与行政区域管理相结合的水资源管理体制是符合我国国情的法律规定。下一步要研究和实践的是如何实现结合。

（一）流域和区域的动态平衡原则

以流域为基础的水资源管理目前已经成为国际上的共识，联合国的一系列有关会议与文件，区域性的国家集团和大多数国家政府，都认同这一管理原则。同时，鉴于目前一个流域有若干个不同国家、一个国家的省区经常在不同流域的现实情况，实际上，又只能实行流域与区域相结合的水资源管理办法。这一管理办法有如下基本原则。

（1）流域与区域系统划分的原则。以流域为管理的母系统，如这一母系统中包括几个行政区域，再按行政区域划分子系统，对按区域划分的子系统依城市人口比例、经济发达程度和行业耗水的情况分类。

（2）区域服从流域的原则。在流域母系统内，区域的水管理服从流域水资源管理。在水资源管理体系中，流域水资源管理高于行政区域的水管理，流域水资源管理体系对区域实行统一协调和分类管理。与此同时，流域管理也应充分重视区域历史形成的、现实存在的和发展带来的具体情况。

（3）行业服从流域的原则。在流域母系统内，部门的专业性水管理要服从流域水资源综合管理，流域水资源管理体系，对行业进行以区域为基础的分类管理。流域管理应以产业结构调整的原则鼓励高新技术产业的发展，促进生态型农业和工业的形成。

只有实现了上述三个原则，才能使流域水资源系统尽快达到且能较好地维持系统的良性动态平衡，以水资源的可持续利用保障可持续发展。

流域管理与行政区域管理相结合的总原则应是充分发挥两个积极性，管好水资源。也就是要按照《水法》和其他水法律、法规的规定及国务院水行政主管部门的授权，流域管理机构和地方水行政主管部门各负其责，相互配合、相互支持，共同管理水资源，实现流域水资源统一管理和有效管理，为流域内的经济、社会发展服好务。实行流域管理与行政区域管理相结合的管理体制。流域管理是龙头，行政区域管理是基础。因此，流域管理机构应重点抓好流域内全局性的、省际之间的地方政府难以办好的事项，并为流域内的行政区域实现水资源统一管理创造条件，提供优质服务。行政区域对水资源的管理与用水户的利益、经济社会的发展联系更直接、更密切，应重点抓好水法律法规规定的具体的水管理在本行政区域内的实施，从而管好本行政区域的水资源，为实现全流域水资源统一管理奠定基础、提供保障。长江河道采砂管理正是在全面贯彻实施《长江河道采砂管理条例》的基础上，建立了流域管理与行政区域管理相结合的管理体制和机制，长江水利委员会与沿江省市各负其责、相互配合、相互支持，实现了由乱到治的阶段性转变。

（二）在服从、合作、分工与监督的复杂关系中实现结合

流域管理与行政区域管理相结合的水资源管理体制，是以国家对水资源统一管理与地方行政区域分级管理为基础的。由于《水法》规定国务院水行政主管部门负责全国水资源的统一管理和监督工作，流域管理机构行使法律、法规和国务院水行政主管部门授予的水资源管理和监督职责，县级以上地方水行政主管部门按规定的权限负责本行政区域内水资源的统一管理和监督工作。因此，对流域管理与行政区域管理相结合既要规范管理事项如何结合，又要规范管理机构如何结合。例如，区域规划应当服从流域规划，就是规定了两项水资源规划的结合关系，而跨省江河、湖泊的综合规划由流域管理机构会同省级地方水行政主管部门编制就规定了水资源管理机构之间的结合关系。《水法》规定中涉及流域管理与行政区域管理相结合的方式大致可以归纳为四种。

（1）服从关系，主要规范的是以流域为单元水资源宏观管理事项中流域管理与行政区域管理的关系，即分级管理服从统一管理。如流域范围内的区域规划应当服从流域规划；在省际边界河流上建水资源开发、利用项目，应报流域机构批准；开发、利用水资源，必须服从防洪的总体安排；建设水工程，必须符合流域综合规划等。

（2）合作关系，主要规范的是涉及上下游、左右岸各方利益，须由流域管理机构与有关省级行政区域的水行政主管部门共同完成的事项中二者的关系。例如，流域管理机构会同省级水行政主管部门编制规划、拟定水功能区划；国务院水行政主管部门或流域管理机构商省人民政府划定工程管理和保护范围；跨省水量分配方案和水量调度预案由流域管理机构商有关省人民政府制定等。

（3）分工关系，主要规范的是实施各项水资源管理制度和直接管理水资源的具体事项中，流域管理机构与省水行政主管部门之间的关系。如实施取水许可制度，审批河道内建设项目，对资源的动态监测，对设置排污口审批等。

27

　　（4）监督关系，主要规范的是省际边界水事活动和水事纠纷调处中，流域管理机构与地方行政区域的关系。如省级边界河流上建设水资源开发、利用项目要由流域管理机构批准，流域管理机构依据职权对违法建水工程的查处等。

　　由于水资源管理与开发、利用、节约、保护涉及面广，因此流域管理与行政区域管理之间的关系会以各种形式表现出来。特别是随着水资源管理体制的改革，各种管理制度、机制在不断探索创新，因此新型的流域管理与行政区域管理相结合的方式也在不断出现。例如，为了团结治水、共同发展、实现水资源可持续利用，海河水利委员会与海河流域各省、区、市水利厅局共同发表《海河流域协作宣言》；为了协调地方性法规、规章与部门规章的关系、地方水行政主管部门与流域管理机构职责之间的关系，珠江水利委员会邀请广东、广西法制办研讨建立流域管理与行政区域管理相结合的水资源管理体制中的有关问题，促进了地方立法与流域管理关系的调整；为了预防省际边界水事纠纷，淮河水利委员会建立了省际边界水事纠纷协调机制，每年会商，研究预防措施；太湖流域管理局从制定边界河流规划入手，成功地调处了浙、闽边界因建大岸坑水电站而引发的水事纠纷。以上都是流域管理与行政区域管理相结合的范例。

第二节　水行政法的原则

　　水行政法的基本原则，是指水行政主体在水行政执法过程中必须遵守的，贯穿于水行政执法全过程中，对水行政执法行为具有普遍指导意义的根本性准则。依法行政是行政法的基本原则，水法作为行政法同样必须以此原则作指导。对水法而言，依法行政就是水行政主管部门必须依照法律规定行使水行政管理职权。依法行政原则具体包括行政合法性原则和行政合理性原则。水行政法的基本原则包括两个层面的内容即体现行政法制内在要求的合法性原则、合理性原则、公正为本兼顾效率原则、公开与参与原则，以及体现水治理实践中自然与社会复杂关系即反映治水特殊性要求的一系列原则。

一、体现行政法治内在要求的基本原则

　　合法原则是水行政执法的首要的基本原则。所谓合法性原则，是指在水行政主体的一切执法活动都必须有法律的依据，符合法律的规定，不得与法律相抵触。具体地讲，就是要求水行政执法的主体、权限、内容以及程序都要合法。

　　行政合法性原则的要求是：第一，行政职权必须依法授予。没有法律授权，行政机关便不得进行行政管理活动。第二，行政职权必须依据法律制度。法律对行政职权运用的范围、方式、程序等都有一定的限制，行政职权的行使

只能按照法律的规定具体为之，不能超越法定限度。水行政职权的存在和行使同样必须符合上述规定。如水行政机关在行使处罚权时，应按照法定的处罚种类，调查、取证、审查、听证、制作处罚决定书并送达当事人等行政行为，均必须依据严格的法定程序做出，不得随意增减程序。

行政执法合理性原则是现代行政法治的一个重要组成部分。所谓合理性原则，就是指水行政执法活动的内容要客观、适度，符合人类的理性要求，尊重事物的客观规律，体现社会发展的主流道德价值取向。行政合理性原则是指行政机关行使行政职权做出的行政行为，必须客观、适度、符合公平正义的法律理性。行政合理性原则的产生是基于行政自由裁量权的存在。自由裁量权是指行政机关在法律规定的范围与幅度内，根据行政管理的具体实际，自行选择如何行使行政职权、作出行政行为的权利。由于自由裁量权在水行政管理中亦大量存在，因此在水行政职权行使的过程中同样必须贯彻行政合理性原则。例如，《水法》在水费的征收上规定，供水价格的确定"由省级以上人民政府价格主管部门会同同级水行政主管部门或其他供水行政主管部门依据职权而定"。这一规定即体现了自由裁量权的思想，具体就是，供水价格应当按照"补偿成本、合理收益、优质优价、公平负担"的原则来确定。再如《水法》对许多水事违法行为的处罚，在罚款金额上确定了具体的额度即上限和下限，即是给了水行政主管部门作出自由裁量的权利。

贯彻合理性原则，关键是控制和规范行政自由裁量权的行使。行政自由裁量权，是指行政执法机关的自行决定权，即对行政执法行为的方式、范围、种类和幅度等的选择权。尽管从性质来说，行政执法机关应当是实施和执行法律的机关，其行政执法行为皆应依法实施，但由于行政管理和行政执法的广泛性、复杂性，立法机关不可能通过严密的法律规范完全规范和约束行政执法行为。因而不得不在事实上和法律上承认行政执法机关具有一定程度的行为选择权，即自由裁量权。行政自由裁量权被滥用或行政裁量显失公正，都是对行政法治的破坏，都是违法行政行为。因此，确立行政执法合理性原则极为必要。

公正为本兼顾效率原则，这个原则既包括公正和效率两个子原则，同时也是正确处理公正与效率两个范畴之间关系的一个基本准则。公正原则是指水行政执法主体在实施行政执法行为时，平等地对待行政相对人，排除可能造成不平等或偏见的因素。效率原则就是指在水行政执法活动中应遵循法律的规定，减少水行政执法的成本，增加水行政执法的社会效果或社会效益。在水行政执法过程中，当公正和效率发生矛盾甚至彼此相冲突时，应首先考虑公正，以公正为本，同时兼顾效率，即坚持公正为本、公正优先兼顾效率的原则。

公开与参与原则，公开透明作为水行政执法的一项原则是指水行政机关在实施水行政执法行为时，除涉及国家机密、职业秘密或者个人隐私外，应当一律向水行政权利享有人和社会公开。参与原则，是指水行政权利享有人或其他利害关系人，在水行政执法主体的水行政执法过程中，有权对水行政执法发表意见，并且使这种意见得到应有重视的原则。参与原则在水行政执法中的价值，在于使水行政权利享有人在水行政执法过程中成为具有独立人格的主体，而不致成为水行政执法权随意支配的、附属性的客体。

二、体现水治理实践中自然与社会复杂关系的原则

水行政法的基本原则贯穿于水行政活动的全过程，体现在行政命令、行政处罚、行政强制等行政行为行使的各环节，能够反映《水法》的特殊性，有效指导水事法律规范的制定和水治理实践中复杂关系的处理。水行政执法不仅要坚持依法行政等行政法治的基本原则，还要集中体现水资源管理的基本思想和精神。

（一）水资源国家所有原则

《中华人民共和国宪法》（简称《宪法》）第九条规定"矿藏、水流、森林、山岭、草原、荒地、滩涂等自然资源，都属于国家所有，即全民所有；由法律规定属于集体所有的森林和山岭、草原、荒地、滩涂除外。国家保障自然资源的合理利用，保护珍贵的动物和植物。禁止任何组织或者个人用任何手段侵占或者破坏自然资源。"《中华人民共和国民法典》（简称《民法典》）第二百四十七条规定"矿藏、水流、海域属于国家所有。"第二百四十九条规定"城市的土地，属于国家所有。法律规定属于国家所有的农村和城市郊区的土地，属于国家所有。"《水法》第三条贯彻了上位法的规定："水资源属于国家所有。水资源的所有权由国务院代表国家行使。农村集体经济组织的水塘和由农村集体经济组织修建管理的水库中的水，归各该农村集体经济组织使用。"这些法律规定表明，第一，宪法和民法典中的"水流"和《水法》中"水资源"所指向的物是相同的，即国家所有权的客体是相同的，《水法》中之所以称为水资源，这是其作为专业特别立法，对接行业行政管理的需要；第二，水资源与土地资源是密切相关的两大自然资源，在国家经济制度中具有十分重要的地位，国家所有权制度对它们进行了不同规定，符合社会主义公有制要求，由于二者在客观上的不可分割关系，在依法进行保护开发利用时，就要充分关注所有权规定差异带来的管理上的复杂性。

为实现水资源的国家所有权，充分发挥水资源作为生命之源、生产之要、生态之基的不可替代的作用，《水法》第六条规定："国家鼓励单位和个人依法开发、利用水资源，并保护其合法权益。"第七条规定："国家对水资源依法实行取水许可制度和有偿使用制度。但是，农村集体经济组织及其成员使用本集体经济组织的水塘、水库中的水的除外。国务院水行政主管部门负责全国取水

许可制度和水资源有偿使用制度的组织实施。"在水资源国家所有的前提下，国家立法机关通过一系列法律规范，构建了水资源规划制度、水量分配制度、水资源节约保护制度、水权制度以及与水资源管理相关的河道岸线管理制度、河道采砂制度等，依法赋予了水行政主体的管理职权，即水行政执法权。水行政法治完善的重要标志就是水行政执法权的严格规范行使，判断的标准则是水行政执法权在行使过程中是否不折不扣地贯彻了水资源国家所有权原则。

（二）水资源最大刚性约束原则

把水资源作为最大的刚性约束，合理规划人口、城市和产业发展，坚决抑制不合理用水需求，这是经济社会发展对新时代水治理的要求，水行政法治建设必须服务于这一要求。"刚性约束"就是必须这么做，而不能那么做。对一个地区来说，可用水量就是"刚"，不能突破可用水量就是"刚性约束"；对一个行业来说，用水定额就是"刚"，把用水量控制在定额以内就是"刚性约束"。落实最大刚性约束的核心要义是"以水而定"，促进经济社会"量水而行"。不能把水当作无限供给的资源，必须做到以水定需，也就是以水定城、以水定地、以水定人、以水定产，防止和纠正过度开发水资源、无序取用水等行为，倒逼发展规模、发展结构、发展布局优化，促进经济社会发展与水资源水生态水环境承载能力相协调。

水资源最大刚性约束的实现，需要水行政法治的坚强有力保障。第一，可用水量的明确和划定需要依法实施行政决策，以决策的法治化、科学化避免失误。在全国可用水总量的框架下，统筹考虑自产水和外调水、调出区和调入区，明确各地可用水量的控制范围。按照确有需要、生态安全、可以持续的原则，在充分节水的前提下，谋划优化水资源配置的战略格局，依据法定程序确定能否调水、调多少水。第二，健全用水定额清单制度，必须与水资源规划、取水许可等已有法律制度衔接，依法保护行政相对人权益。按照务实管用、全面覆盖要求，确认不同区域条件下每个用水单位所需要的用水量，如一个人一年最高用水量、不同企业单位产值一年最高用水量，不同作物单位面积一年最高用水量，从而作为约束用水户用水行为的依据。第三，切实贯彻以水定需必须严格实施规划约束制度和水资源保护惩罚制度，需要公平公正的法治环境。按照确定的可用水总量和用水定额，结合当地经济社会发展战略布局，依据法定程序提出每个区域城市生活用水、工业用水、农业用水的控制性指标，确保人口规模、经济结构、产业布局与水资源水生态水环境承载能力相适应。对水资源超载地区暂停审批建设项目新增取水许可，对临界超载地区暂停审批高耗水项目取水许可，坚决抑制不合理用水需求，真正实现以水定需、空间均衡。

（三）维护生态系统自然平衡原则

水是生态之基。水作为一种重要的自然资源，是生态系统中最活跃的基本要素，对维持生态平衡起着不可替代的重要作用。水资源是一种可再生资源，但这并不意味着它可以取之不尽，用之不竭，相反，由于水资源在空间和时间分布上的极不均衡，加之人类不合理的开发利用，致使水资源供需矛盾成为全球性的问题，水资源短缺和匮乏正困扰着世界许多国家和地区，严重影响经济发展和人民生活。此外，水循环过程中带来的水害，以及工业化带来的水污染，也是十分突出的问题。这些问题如果得不到高度重视和有效解决，必将导致既影响当代人的生存发展更制约后代人的生存发展的严重后果。

生态系统自然平衡是水资源可持续利用的前提和保障。通过水事立法对水生态实施保护，最根本的目的就在于以水资源的可持续利用支撑社会经济的可持续发展，以健康的生态系统保障人类的永续生存与发展。早在1980年国际自然保护联盟制定的《世界自然保护大纲》中就第一次提出了"可持续发展"的概念，对包括水资源在内的重要资源的保护，作了明确规定。1992年6月在巴西里约热内卢召开的联合国环境与发展大会，通过了全球《21世纪议程》等文件，明确将可持续发展作为人类社会共同发展的战略，并将水资源的可持续利用作为人类可持续发展的先决条件。1996年我国将可持续发展与科教兴国一道并列作为实现国民经济和社会发展的两大基本战略而提出。所谓可持续发展，是指既能满足当代人的需求，又不对满足后代人需求的能力构成危害的发展。

水法作为水资源的专门法律，实质上就是水资源的保护法。水法对水资源的保护，并不仅仅表现在它把水资源当作一种重要的生活资源、经济资源，也表现在还把它当作是一种维持生态系统平衡的重要的自然生态资源。水法对此有多方面规定：

首先，《水法》第九条指出："国家保护水资源，采取有效措施，保护植被，植树造林，涵养水源，防治水土流失和水体污染，改善生态环境。"第二十一条第二款规定："在干旱和半干旱地区开发、利用水资源，应当充分考虑生态环境用水需要。"第二十二条规定："跨流域调水，应当全面规划和科学论证，统筹兼顾调出和调入流域的用水需要，防止对生态环境造成破坏。"第四章对水资源和水域的保护的诸多条款，均反映出水法对生态环境保护的重视。《水法》作为水事法律系统中的基本法律，在水资源的生态作用上给予了足够的重视，确定了多项保护性条款。

其次，其他水事法律法规也有相关的内容。自1988年我国第一部《水法》颁布以来，国家和地方各级立法机关和水行政主管部门，根据实际需要制定了多部水事法律、法规和规章，其中有不少是专门针对水生态保护的，如《水土保持法》《水土保持法实施条例》《水污染防治法》及《水污染防治法实施细则》等法律法规，此外，还有《开发建设晋陕蒙接壤地区水土保持规定》《淮河流域污染防治暂行条例》《黄河水量调度条例》等行政法规，都对水资源的生态保护、生态流量等制度作了具体规定。

（四）全面加强监管原则

把水资源作为最大的刚性约束，实现水资源的可持续利用，都需要调整人的行为、纠正人的错误行为，并形成与之相匹配的水利行业强监管格局，构建完善的水法规体系及其执法体系。水是文明之源，治水是生态文明建设的重要组成，将"从改变自然征服自然转向调整人的行为和纠正人的错误行为"等生态文明思想贯穿到治水全过程，是推进生态文明建设的应有之义。人与自然的平衡关系，因为高水平生产力的强力介入而严重扭曲，即水生态系统出现严重混乱。因此，我国的治水手段与方向必须转换，要从科技生产力高度发展过度改变人与水的关系、掠夺式用水、粗放型开发，转变为制度生产力高度发展严格管控人与水的关系、有序化用水、精准性开发，与新时代生态文明建设框架下的我国治水任务相适应，现代水治理必然需要从改变自然、征服自然转向调整人的行为和纠正人的错误行为。

解决复杂的新老水问题，必须全面强化水利行业监管。在为用水主体创造良好的条件和环境的同时，有效监管用水的行为和结果；在致力于完善用水和工程建设信用体系的同时，重视对其监管体系的建设，维护合理高效用水和公平竞争秩序；在建立并严格执行规范的监管制度的同时，不断开拓创新，改革发展新的监管方式和措施；在实施水利行业从上到下的政府监管的同时，推动水利信息公开，充分发挥公众参与和监督作用。

抓实抓细用水监管，应把具体的取用水行为管住管好，实现从水源地到水龙头的全过程监管。实现可监控，加快水资源监测体系建设，将江河重要断面、重点取水口、地下水超采区作为主要监控对象，完善国家、省、市三级重点监控用水单位名录，建设全天候的用水监测体系并逐步实现在线监测，强化监测数据分析运用。实行严监管，将用水户违规记录纳入全国统一的信用信息共享平台，纠正无序取用水、超量取用水、超采地下水、无计量取用水等行为。强化取水许可管理和水资源论证，完善对水资源超载、临界超载地区禁限批取水许可制度，全面推行取水许可电子证照。严格水资源管理监督检查，做好最严格水资源管理制度考核，充分发挥激励约束作用。以上这些技术监管、制度监管措施不折不扣的贯彻，必然依靠严密的法治、严格的执法，现代水行政法治建设要适应时代的需要，加快完善相关的制度体系和法律实施体系。通过水利强监管调整人的行为和纠正人的错误行为，全面实现江河湖泊、水资源、水利工程、水土保持、水利资金等管理运行的规范化、秩序化，对于违反自然规律的行为和违反法律规定的行为实行"零容忍"，管出河湖健康，管出人水和谐，管出生态文明。

第三章

水行政法体系与水行政立法实践

1988 年《水法》颁布实施，标志着我国开发利用水资源、保护管理水资源和防治水害开始走上法制的轨道。以 2002 年修订后的《水法》为契机，我国现代水治理全面进入法治化阶段，水法规体系不断健全、水行政执法体系不断完善。截至 2019 年 12 月，已相继出台了《水法》《水污染防治法》《水土保持法》《防洪法》等 4 部水法律，水行政法规和法规性文件 23 件，部门水行政规章 53 件，地方性水法规和政府水行政规章近千件，初步形成了与现代水治理实践相适应的水法规体系，基本做到了生态文明建设中的各项水事活动有法可依。

第一节 水 行 政 法 体 系

一、水行政法的渊源

（一）水法规体系建设进程不断推进

我国具有通过制定水事法律规范来规范和调节水事行为，维护正常水事活动秩序的悠久历史传统。早在周朝初期即有《代崇令》这一包含相关水事法律规范条款的文献；到唐代，更制定了中国历史上第一部较为完备的水事法典——《水部式》；其后各代，都制定过不少水事法律规范文件。新中国成立后，我国的水法体系建设进入到一个新的历史时期，为适应社会主义条件下水事实践的需要，中央和地方各有关部门制定了大量的水行政管理的规范性文件。然而我国大规模的水法体系建设则是在改革开放时期。

自 20 世纪 80 年代末，水利法制建设步伐加快，取得了显著成绩。就水法规体系而言，除出台了水的基本法律外，还陆续出台了专项的行政法规、部门规章、地方性法规和政府规章以及大量规范性文件，逐渐形成符合我国国情、具有中国特色、比较完整、初步配套的水管理的法规体系，各项水事活动基本做到了有法可依。尤其值得指出的是，《水法》的制定和颁布实施，以及其后所进行的重大修改，当属我国水法体系建设中最突出的事件，对推动我国的水法制建设，提高水管理水平，起了关键的作用。

依法治国理念深入人心，加快依法治水进程更为明显，水利立法取得丰硕成果，为推进可持续发展水利提供了有力的法制保障。以 2006 年为例，该年度是新中国成立后水行政法规颁布实施最多的一年，也是审议通过部规章较多的一年。

（1）国务院先后颁布实施了《取水许可和水资源费征收管理条例》《大中型水利水电工程建设征地补偿和移民安置条例》《黄河水量调度条例》3 部行政法规，对于促进水资源的科学管理、合理配置和节约利用，做好移民工作，开发利用好黄河水资源等具有十分重要的意义。

（2）水利部已经公布或即将公布 5 件部规章，它们是：《水行政许可听证规定》《水利工程建设监理规定》《水利工程建设监理单位资质管理办法》《水利工程建设项目验收管理规定》和《水量分配暂行办法》。

（3）各地在法规建设中也不断取得新进展，根据水利改革与发展的实际需要，通过认真开展立法调研和论证，制定出台了一批有重要影响的地方性法规或者政府规章，例如，河南、天津、陕西、湖北等省（直辖市）的水法实施办法、《江西省水资源条例》《重庆市水利工程管理条例》《湖南省水文条例》《新疆维吾尔自治区坎儿井保护条例》《浙江省建设项目占用水域管理办法》《青海省取水许可和水资源费征收管理办法》等地方性法规和政府规章的相继颁布施行，使相关地方的水法规体系更趋完善。

（4）水利立法基础工作和前期工作得到了加强。水利部修订出台了《水法规体系总体规划》，用于规范和指导水利立法工作，配合国务院法制办基本完成了《水文条例》的审查工作。《抗旱条例》通过部务会议审议后已报送国务院，《水土保持法（修订）》等法律法规的起草和研究论证有了很大进展，《取水许可管理办法》和《水工程建设规划同意书管理办法》等部规章已完成了起草工作。

（5）水行政许可配套制度基本完备，贯彻实施《行政许可法》的工作重心由制度建设转向规范管理。水利部对绝大部分涉及行政许可的规章和规范性文件进行了清理，根据实际需要分别修改或者废止。同时，进一步加强了水行政许可配套制度建设。水利部又颁布实施了《水行政许可听证规定》《关于印发水利部实施行政许可工作管理规定的通知》和《关于印发水行政许可法律文书示范格式文本的通知》，进一步规范水行政许可的实施，推进水行政许可的规范化管理。

多年来，每年都在"世界水日"和"中国水周"期间，广泛开展水法规的宣传教育活动，广大公民的水法制观念和法律意识明显增强。水利法制建设，尤其是水利法规体系建设，为推进依法治国、依法治水起到了重要作用，对维护改革、发展、稳定局面发挥了重要的保障作用。

（二）我国水法的具体表现形式

如前所述，水行政法法律规范存在于水法之中，因此水行政法渊源也即水法法源，是指水法的各种具体表现形式。我国水法的具体表现形式主要有八类：宪法、基本法律、水事基本法律、水事专门法律、水行政法规、部门水行政规章、地方性水法规、地方性水行政规章。

（1）宪法。宪法是国家的根本大法，它规定着国家的根本性质和制度，具有最高的法律地位和效力，是其他法的立法依据，因而是包括水法在内的所有法的重要渊源。宪法中关于水资源所有权和管理权的规定（如"水流属国家所有"），关于国家行政机构的职权和组织活动原则的规定，关于公民基本权利和义务的规定等，是制定水法的重要原则和依据，水事法律法规和规章则通过更为具体详细的法律规范来体现这些原则和要求。同时水事法律法规和规章的制定还必须符合宪法精神，不得与其相抵触。

（2）基本法律。在一般法律体系中，由于基本法律通常规定国家和社会生活中某些基本的和主要方面的内容，具有仅次于宪法的法律地位和效力，因此也是水法的重要渊源。行政法的基本理论和原则；民法中关于财产所有权、人身权、知识产权的规定，关于相邻关系的规定，以及责任年龄、代理等规定；刑法中对众多的罪种如侵犯财产罪、侵犯公民人身和民主权利罪、妨害社会管理程序罪。渎职罪及其处罚的规定，对水事法律关系的各方主体，对维护正常的水事活动，都具有指导和约束作用，水法必须体现这些内容和要求。

（3）水事基本法律。水事基本法律就是指《水法》，在水法体系中，《水法》是基本法、"母法"，处于核心的地位，起着最为突出的作用。我国现行《水法》是在1988年《水法》的基础上经过全面修改于2002年10月正式施行的。现行《水法》是一部较为完备的水法法典，它对水资源管理的目的、宗旨和基本原则，水资源管理的组织机构、职权范围、监督检查及法律责任等都作了具体明确的规定，是制定其他水事法律规范的立法依据。当然正如前面所强调的那样，《水法》的这一地位和作用仅仅是就其内容而言的，在实际中，水事基本法律（即《水法》）与下面第四层水事专门法律在具体施行上并无高低先后之分。

（4）水事专门法律。水事专门法律是指按照水事基本法律的原则和要求，适应特定的水管理活动的需要所制定的专门水事法律。这类法律由于针对特定的水事管理活动而制定，其内容一般都比较具体和详细，有较强的专业性和可操作性，是进行具体水事管理活动的直接法律依据。由于为同一机关制定，故水事专门法律与水事基本法律在法律效力上只有某种形式上的区别，并无实质上的区别。迄今为止我国已制定的水事专门法律有三部：《水污染防治法》《水土保持法》《防洪法》。

（5）水行政法规。水行政法规是国务院根据宪法和法律的要求制定的进行水行政管理的规范性文件，它对于贯彻执行宪法和法律，保障水行政的组织和管理工作起着重要的作用。同其他行政法规一样，水行政法规通常以"条例""办法""实施细则"等形式出现。水行政法规的法律地位和效力低于法律。我国现行的水行政法规主要有《河道管理条例》《水库大坝安全管理条例》《防汛条例》《取水许可制实施办法》《水土保持法实施条例》等多部。

（6）部门水行政规章。部门水行政规章是国务院各部、委根据法律和行政法规的规定，在各自权限范围内发布的贯彻落实法律和行政法规的规范性文件，其法律地位低于水行政法规。部门水行政规章以国务院水行政主管部门即水利部制定的最为普遍，数量也最多，也有其他部、委制定的少量的水事规章，以及水利部和其他部、委联合制定的水事规章。如水利部制定的《河道堤防工程管理通则》《水闸工程管理通则》《水库工程管理通则》《水利水电工程管理条例》等规章；其他部、委如国家环保局制定的《中华人民共和国水污染防治实施细则》；水利部和其他部委联合制定的水事规章，如《河道采砂收费管理办法》（水利部、财政部、国家物价局）、《河道管理范围内建设项目管理的有关规定》（水利部、国家计委）等。

（7）地方性水法规。地方性水法规是由各省、自治区、直辖市以及省、自治区人民政府所在的市和经国务院批准的较大的市的人民代表大会及其常务委员会，依据宪法、水事法律、水行政法规的规定，在职权范围内制定的水资源管理规范性文件。地方性水法规只在各地区适用，其适用范围要比部门规章小，但它与水事部门规章具有同等的法律效力，都在各自的权限范围内施行。如北京市颁布的《北京市实施水污染防治条例》、武汉市颁布的《武汉市实施水污染防治条例》等。

（8）地方性水行政规章。地方性水行政规章是指各省、自治区、直辖市人民政府制定的水行政规章，以及省会市和经国务院批准的较大市、自治州、盟人民政府制定的水行政规章。地方性水行政规章同样只在本地区适用。

除上述八类具体形式外，水法的表现形式还包括与水有关的自治条例和单行条例，还有国际水条约，以及水事规范性文件等。这里就水事规范性文件作点说明。严格来讲，水事规范性文件只是水法的潜在的或待确认的表现形式，只有当它得到合法确认后才可上升为现实的水法具体形式。由于水事实际的多变性、复杂性，现行水法不可能涵盖水事活动的各个方面，也不可能因客观实际的变化迅速作出修改，通常的做法就是由地方行政部门颁布水事规范性文件来适应实际需要，等时机成熟时再上升为水法的正式表现形式。

二、行业特色的水事法律规范：水行政法的特殊存在形式

在前文水行政法的部门法界定中，已经把水法体系作为部门法律体系放在整个法律体系中分析了定位和效力的问题，在此，还可以从水法体系自身内部的构成了解水行政法的具体存在形式。水法体系是以《水法》为基本法的由众多水事法律、行政法规、规章和地方性法规等构成的法律系统。在这一系统中，《水法》因内容最广泛、全面而成为水事基本法，是水法体系中的主导法；其他水事法律则是《水法》的具体表现，在全面性上都不如《水法》，如《水污染防治法》《水土保持法》《防洪法》等水事法律，都是对《水法》众多内容中某一方面内容的具体展开。不过要特别强调指出的是，上述有关《水法》是水事基本法的阐述仅仅是针对内容而言的，实际中这几部水事法律由于制定的部门完全相同，在法律效力和实际履行上并无主次之分。在水法体系中排在其他水事法律后面的是水行政法规；部门规章再次之；接着是地方性法规；最后是地方性规章。还必须强调的是，宪法作为国家的根本大法，也在水资源所有权、行政机构及其责权等方面作出某些原则性的规定，因此在水法律体系中当然包括宪法在内，其法律地位和效力自然也在《水法》之上，但这丝毫不影响《水法》在水事法律体系中的基本法的地位和作用。

水法体系是由各类水事法律、法规、规章所构成的庞大的法律规范系统，由于各类水事法律规范调整的范围各不相同，为了全面认识和把握这一复杂的法律系统，对各类水事法律规范进行分类无疑是十分必要的。水法渊源实质上也是对水事法律规范进行分类，由于是依据法律地位和效力来划分，故是一种纵向的分类。按水事法律规范调整的内容来进行分类，水法体系可分为七类：水资源开发利用和保护，水土保持，防洪、抗旱，工程管理和保护，经营管理，执法监督管理，其他。这是一种横向的分类，这种分类法与其说是按水事法律规范调整的内容来划分，不如说是按水利行业的业务内容来划分，具有业务性和详实的特点。从横向上根据水事法律规范调整内容的不同进行分类，也有不同的角度，既可以如上面那种以行业中的具体业务类别来进行划分，也可以根据水事法律规范所涉及的法律部门的类别来进行划分。依据后者，可以把水法体系分为四类：水资源保护类法、水行政管理类法、水事经济类法和涉外水事法律。

（1）水资源保护类法。这是把水资源作为自然资源加以保护而制定的法，属自然资源类法和环境保护类法，与森林、大气等资源保护法属同一类型法。作为一种重要的资源，水资源首先应被视作自然资源加以对待，其次才是经济资源，因此理应特别强调水资源在人类所处的生态环境中所起的关键作用，必须在水事立法中突出这一点。在现行水法体系中水资源的这一性质、地位和作

用得到了应有的重视，《水法》和其他水事法律法规规章中均有大量条款予以反映和体现，如水资源规划、水资源配置和节约、水土保持、水污染防治、防洪等方面的法律规范都属这一类。

（2）水行政管理类法。水法总体上属行政法，因此水法系统中有关水行政管理性的法律、法规和规章不仅数量最多，而且地位也最为重要，是水事立法和水法体系的核心。从根本上讲，对水资源这一自然资源的保护最终要通过行政法律法规的制定和实施才能实现，故自然资源类法多属行政法。水行政管理类法主要包括两方面的内容：一是明确各水行政主管部门（包括流域管理机构）的职责权限和管理范围，以实现对水资源的有效管理；二是对各种具体水行政行为进行规定，强调依法行政，以保障各方主体的合法权益。诸如水行政许可、水行政征收、水行政监督检查、水行政强制和水行政处罚等具体水行政行为的各项法律规范都属这类法。

（3）水事经济类法。这是指针对水事活动中的各类经营管理行为所制定的法律、法规和规章。水资源也是一种重要的经济资源，针对水资源的开发利用活动，大多为着一定的经济利益与目的，这点在现今市场经济条件下尤为普遍和突出，故加强此类立法愈益显得必要和重要。无疑，对于水事活动中的经济行为，既要按市场经济的要求进行操作，又要通过立法加以有效规范和约束。制定水事经济类法，其目的正是为了规范该领域的市场经济行为，维护和保障各方的合法经济利益。这类法通常有水工程建设及质量监督评估，水工程经营管理、水利行业的多种经营管理，水利物资经费管理和监督等。

（4）涉外水事法律。在大多数情况下，水事立法通常是一国内部的事，但对于与周边国家和地区存在着水资源共享实际的国家来说，情况就不是这么简单了。从世界范围来看，周边国家和地区之间，国际区域组织内部的成员国之间，甚至全球性国际组织的成员国之间，就水资源的归属、保护管理以及具体的水事活动等签订各类国际条约或协定，是常有的事。对任何一个国家或地区来说，接受了某一条约或协定，就意味着这些国际条约或协定便具有了与国内法或内部法同等的效力，因此，涉外水事法律同样是一国水法律体系中重要的组成部分。我国是一个与周边许多国家存在水资源共享实际的国家，历史上因水引发的国际争端也是存在的，因此，加强与周边有关国家的磋商与协作并制定相应的法律，是十分重要的。

以上对水法律体系的分类只是相对的，事实上各类水法律之间并无绝对的界限，而是相互包含和渗透的，比如水资源保护类法实际也是一种水行政法，而涉外水事法律亦是一种水资源保护法，等等。此外，以水法规调整的内容进行分类，可分为水资源的开发利用类，水资源、水域和水工程管理与保护类，水资源配置和节约使用类，防洪和抗旱类，水土保持水利经营管理类，监督检查类等方面。

三、作为行政规范性文件的水利规划地位与效力

水行政执法不仅要依据水法规，还要依据与水法规相关联的可操作性强的规划。根据水法规的有关规定和全面规划、统筹兼顾、可持续利用等基本原则，面对大江大河大湖的水管理手段主要是规划编制和实施。全国水资源战略规划、流域规划和区域规划等，这些具有行政规范文件法律性质的水资源规划，与其赖以形成的上位法规范相结合，具有相应的普遍性强制拘束力。各类水资源规划的法定效力，使其成为水资源开发利用和防治水害活动的基本依据。违反规划的行为就是违法行为。

（一）水行政规范性文件的法源地位

行政法上的行政规范性文件（即俗称的红头文件），在水法中可称之为水行政规范性文件。对法定解释性文件，理论上并无异议，一直认为是法的渊源，可以作为具体水行政行为和司法裁判的依据，但对法定解释性文件以外的水行政规范性文件是否具有法源地位却存在争议。从效力标准上说只有当一个行为规范能够拘束法官或法院时，才是法的具体表现形式。以此为前提，并非所有水行政规范性文件都是法源。

1. 具有法源地位的水行政规范性文件

根据《行政法规制定程序条例》第三十一条规定，水行政法规的解释与水行政法规具有同等效力。无论是从《立法法》还是从《行政诉讼法》的规定上来看，水行政法规对法院都是具有强制性拘束力的。国务院对水行政法规的解释既然与水行政法规具有同等法律效力，那么也应该对法院发生强制性拘束力。

根据《规章制定程序条例》第三十三条的规定，规章制定主体对规章的解释与规章具有同等的法律效力。然而，根据《行政诉讼法》的规定，规章对人民法院审理水行政案件来说只是"参照"。但笔者认为，行为规范对法院的拘束力应该是统一的。既然规章在民事诉讼和刑事诉讼中是有拘束力的，那么在水行政诉讼中对法院也应具有拘束力。何况，《立法法》已经将规章纳入其调整范围，即给予其法的渊源地位，并在第八十八条明确规定了有权改变或者撤销规章的机关；《规章制定程序条例》本身也是对法院具有拘束力的水行政法规。因此，与规章具有同等效力的解释即对规章的法定解释性文件，对法院也应当具有强制性拘束力。

与此相适应，在《立法法》《行政法规制定程序条例》和《规章制定程序条例》生效以前，水行政机关根据《全国人民代表大会常务委员会关于加强法律解释工作的决议》，以及根据单行法律、法规和规章的规定，对法律、

法规和规章进行解释所形成的法定解释性文件，也应具有对法院的强制性拘束力。

2. 与法律规范相结合而具有法源地位的水行政规范性文件

水行政规范性文件可因与准用性法律规范相结合而具有普遍性强制拘束力。也就是说，在准用性法律规范存在的情况下，因准用性法律规范内容的不确定性，拘束力并不完整，而需要与其所指向的水行政规范性文件相结合，才共同构成普遍性强制拘束力。依授权的创制性文件都属于这种情况。但属于这种情况的不限于依授权的创制性文件，也可以是水行政规范性文件。水资源规划多属于此类，例如，防洪规划与《防洪法》中规范相结合而获得与《防洪法》同样的法律效力。

3. 不具有法源地位的水行政规范性文件

水行政规范性文件对不特定公众和所属水行政机关及其工作人员具有拘束力。但它对不特定公众的强制拘束力是通过具体水行政行为来实现的；对所属水行政机关及其工作人员的强制性拘束力，也并非源于水行政规范性文件本身，而是源于下级服从上级原则和首长负责制。但因此而具有的拘束力不能当然地推及水行政系统以外的法院或法官，而应当考察我国实定法的规定。根据《立法法》的规定，对法院具有强制拘束力的，是法律、法规和规章（包括它们的法定解释），而并不包括法定解释性文件以外的水行政规范性文件。因此，法定解释性文件以外的水行政规范性文件对法院不具有拘束力，不是法的渊源。

（二）水行政规范性文件都是"依据"

首先，"法源"与"依据"是两个不同的概念。作为法源的行为规范，无疑是具体水行政行为和司法裁判的依据，但不具有法源地位的事实、国家机关和仲裁机关所制作的法律文件、水行政惯例、有关社会组织的规章制度，也可以作为水行政行为和司法裁判的依据。非法源性的水行政规范性文件也不例外。其次，在法律规范没有作出规定或者规定不具体的情况下，或者是以水行政规范性文件为依据，或者是以非国家机关制定的行为规则作为依据，或者是以水行政主体或法院自己的理解、判断作为依据。在这三者中，水行政规范性文件比非国家机关的规则更具权威性，比水行政主体、法院在个案中的自行理解、判断更具可预测性。因此，以水行政规范性文件为依据也是理所当然的选择。再次，反对把水行政规范性文件作为依据，主要是为了反对水行政随意性和保障公民的合法权益。但是，依职权的创制性文件仅限于给付水行政领域，是一种没有相应法律规范规定时的替代性规则。如果一个以此为依据的具体水行政行为被认定为没有法律依据而予以撤销，实际受害的是相对人。解释性文件是为了向水行政主体提供一个更明确具体的裁量基准。如果法院不以这些水行政规范性文件为依据，也就是意味着反对水行政主体以这些水行政规范性文件为依据，意味着允许水行政主体抛开水行政规范性文件按自己的理解和判断裁量，那么这只能导致水行政随意性增加，水行政准确性丧失。最后，就我国现实而言，法官的整体法律素质高于公务员。法官做出的所有职务行为都应当有明确的法律依据，即使其自由裁量行为也是在法定范围内实施，并没有因为他们的高素质就可以给予其更多的主观裁定机会，凡行为必有条文依据，于是人们把法官的这种职业特点，称为"条文崇拜主义"现象。在公务员队伍中，经过法学专门训练的人员虽不能说凤毛麟角，但肯定不能与法官队伍相提并论。如果离开水行政规范性文件，水行政执法在没有明确的可操作性依据的情况下进行，水行政的统一性、公正性很难得到保障。

具体水行政行为和司法裁判可以以其他水行政规范性文件为依据，是以其他水行政规范性文件的合法有效为前提的，而不能把违法的水行政规范性文件也作为依据，尽管我国其他水行政规范性文件的制定在逐渐完善，但毕竟不需要经过立法程序或没有按立法程序论证，在民意的表达、利益的体现和符合法律方面，往往都存在着这样那样的缺陷。如果说水行政规范性文件的大量存在可以有效遏制具体水行政行为的随意性，那么水行政规范性文件本身的随意性不能完全避免，至少曾经如此。这就不仅仅需要完善水行政规范性文件的制定程序，还需要确立对水行政规范性文件的事后补救机制。由法院在审理案件中对水行政规范性文件一并予以审查，是为水行政规范性文件建立最后一道"防火墙"。

（三）水资源规划是水资源开发利用和防治水害活动的基本依据

《水法》总结了过去普遍存在的不严格按照水资源规划进行建设和对规划实施缺乏有力监督管理的弊端，在第十四条规定"开发、利用、节约、保护水资源和防治水害，应当按照流域、区域统一制定规划"，第十八条规定"规划一经批准，必须严格执行"，第十九条规定"建设水工程，必须符合流域综合规划"，第三十一条规定"从事水资源开发、利用、节约、保护和防治水害等水事活动，应当遵守经批准的规划"，并规定了规划同意书制度，以加强对规划实施的监督。因此，经批准的全国水资源战略规划、流域综合规划和流域专业规划、区域综合规划和区域专业规划，是开发、利用、节约、保护和防治水害等各项水事活动的基本依据。各级政府和水行政主管部门应采取有效措施，做好规划实施中的协调与监督工作，使江河治理和水资源开发利用建设能够依照水资源规划特别是流域综合规划进行，各类基本建设项目和城市建设都要符合流域综合规划和防洪、水资源、水土保持等专业规划的要求，严禁任何违反规划的建设行为。

第二节　流域水治理中行政立法的理论与实践

如前所述，从调整社会系统与自然系统的关系出发，水治理就是流域管理，流域管理法规体系是水行政法体系的主要组成部分。水资源的自然属性使得以流域为单元进行管理成为必然，卓有成效的流域管理要以完善的体制为保障，流域管理体制的完善决定于国家的行政管理体制。国家的管理体制可以分为相互制约的一些层面：国家政治体制制约着行政管理体制，行政管理体制制约着自然资源管理体制，自然资源管理体制又制约着水资源管理体制，进而水资源管理体制又制约着流域管理体制。考察改革开放以来流域管理立法的进程，可以发现流域管理立法的每一步推进，首先源于实践的需要，同时又是对相应体制的某种突破。在水资源水环境的部门分割和地区分割行政管理格局依然存在的背景下，2002年《水法》规定的流域管理和行政区域管理相结合的水资源体制是来之不易的成果。以此为契机，流域管理立法不断推进，通过法律手段弥补行政管理体制改革滞后所带来的问题逐步付诸实施，在流域管理机构的性质和地位没有改变的情况下，取得了水资源管理的显著成效。中国和日本的实践均表明，依靠立法可有效协调水资源的多部门分管。加快推进流域管理立法可及时弥补体制改革滞后的不足，实现水资源的可持续发展，为体制走向完善奠定基础。国家行政体制改革滞后及流域管理机构作为流域水行政主管部门不能确立的情况下通过加强流域管理立法可促进流域管理目标的实现。

一、流域管理制度框架的确立是来之不易的立法成果

《水法》规定了流域管理与行政区域管理相结合的水资源管理体制，它所确立的流域管理制度是原则性的，只是为流域管理制度构建提供了基本支架，即使这样，也经历了激烈的观念交锋与权力配置的剧烈冲突，已经是来之不易的成果。

(一) 行政管理体制对流域统一管理立法的制约

在水资源水环境的部门分割和地区分割管理格局依然存在的背景下，《水法》确立了新的水资源管理体制。第一，水资源水环境的部门分割，阻碍着协调型的水资源综合管理体制的形成。在1989年之前，我国尚未确立统一的水资源管理部门，水资源由水利、国土资源、环境保护等部门分割管理。在水资源管理上，水利部虽然是国务院水行政主管部门，是水资源的统一管理机关，但是，湿地仍由林业部门主管，一些地方的地热水、矿泉水仍由自然资源部门主管，海水资源淡化由海洋部门主管。此外，水污染治理主要由生态环境部主

管，造成了水量与水质管理的分割等。部门之间在水资源水环境利益上的分割，使得在开展流域水资源、水环境管理立法时，难以按照流域统一管理的实际需求进行规范，进而导致了流域统一管理制度的滞后。第二，水资源水环境存在着地区分割现象，区域在水资源的管理、开发、利用等方面的决策表现出了以己为中心的分散化状况，导致了区域水资源管理、开发、利用政策的自利性和违背流域管理原则的趋势，进而在上下游、左右岸水资源、水环境、水生态统一管理中难以形成合力。区域水资源利益分割，使得水资源开发、利用、配置、调度、节约、保护等问题，难以按照流域的客观要求进行，流域统一管理的立法滞后。

（二）水资源管理体制对行政管理体制改革滞后的一定突破

改革开放初期，在我国计划经济的一整套体制、机制仍然存在的条件下，国家采取一系列政策、措施发展市场元素，这个过程虽十分艰难，但当市场元素不断积累，形成一定冲击力的时候，计划体制的某些部分就慢慢地退出，让位于与市场元素相符合的体制。这就是世人称道的大获成功的中国渐进式改革。实践证明，中国各个领域的改革都不约而同地沿着这一轨迹向前推进。

水利事业的改革和发展也不例外。市场机制形成的利益分配格局，使得对水资源的掠夺性开发利用日益加重，在很多的灾难性事件中，最让人关注的是黄河的断流从一年 1 次恶化到一年 11 次。经济发展与水资源的矛盾激化，反映到制度层面，就是《水法》在体制的夹缝中第一次从法律上确认了流域管理和行政区域管理相结合的水资源管理体制。从解决水资源日益严重的危机看，实行这一体制是适时的。在中国的政治体制改革还没有全面展开，其他领域的体制改革依然滞后，部门之间的利益和权力关系、中央和地方的关系还没有理顺的当时，实行这一体制又是超前的。

《水法》确立的水资源管理体制，一定程度上改变了行政管理体制改革滞后对水资源管理的不利局面。实践证明，这一体制对解决市场经济背景下中国日益恶化的水问题发挥了重大作用。水法对这一体制尽管是框架性的规定，但它本身的合理性（即对流域自然规律的反映），又为弥补其不足提供了很大空间，其突出表现就是为进一步立法提供了可能。这些年来，中国突出的水问题正是在这个框架下逐步得到了解决，解决的有效方式之一就是针对流域的突出问题，进行单流域单事项立法（即针对某个流域的某个特殊问题进行专门立法）。以《水法》关于流域管理的原则规定为契机，《长江河道采砂管理实施办法》《黄河水量调度条例》《三峡水库调度和库区水资源与河道管理办法》《海河独流减河永定新河河口管理办法》等法律制度得以先后出台。通过法律手段弥补管理体制改革滞后所带来的问题逐步付诸实施。

二、流域管理行政立法对管理体制改革滞后的弥补

《淮河流域水污染防治暂行条例》《长江河道采砂管理条例》《黄河水量调度条例》是事关流域管理重大事项的三部行政法规。它们的颁布实施弥补了流域管理体制的不足。这三部行政法规在解决流域问题时，并没有改变现行流域管理机构的性质和地位，而是在现行流域管理体制框架下，通过一系列法律规范的设计，通过对流域机构的合理授权，通过对流域和区域权利义务关系的合理调整，实现了依法管理流域事务的特定目标。依法管理流域特定事项的实践，又必然为下一步完善流域管理体制积累经验、奠定基础。

（一）流域管理体制的缺陷

流域管理体制是指流域管理的机构体系及其对流域水资源实施开发、利用、节约、保护和管理的运行制度。一般而言，建立和健全流域管理制度，首要的是根据流域管理的实际需要，结合国外流域管理制度建设的经验，确立流域机构的行政管理主体地位，赋予流域机构足够的行政管理职责权，建立解决和平衡不同利益主体诉求的平台和机制。

在《水法》规定的流域管理与水行政区域管理相结合的水资源管理体制下，流域管理机构的功能发挥受到限制。第一，流域机构的行政主体地位不够明确。按照水利部"三定"方案，流域机构只是水利部派出的享有一定行政管理权的事业单位，不是一级行政机关和独立的行政管理主体，在流域水资源的综合管理中缺少应有的独立性和权威性。第二，授予流域机构的管理职权不足。流域管理的目标是统筹流域内的不同利益诉求，实施流域统一规划、统一调配，实现水资源效益的最大化以及人水和谐。但是，一方面流域管理的一部分职权被相关的部门和地区分割，另一方面相关部门与地区在流域管理的职权上又与流域机构交叉和重叠，造成管理的冲突、低效甚至缺位。第三，部门间、地区间的利益平衡缺乏法律依据。现行的流域机构是没有委员的委员会，缺乏有关部门和地方的共同参与，这就大大削弱了它的议事、协调和决裁能力。

（二）短时期内难以改变流域管理机构的性质和地位

《水法》颁布之前，关于流域管理机构的改革已引起关注，当时由水利部组织的"江河流域管理法立法研究"项目，曾对此进行过深入的研究，并在立法草案里提出流域管理机构是流域水行政主管部门，国家在重要的江河湖泊可以设立流域管理委员会，其办事机构设在流域管理机构，这种立法设计并没有被《水法》所采用。新水法仅原则性地规定了流域管理和行政区域管理相结合的水资源管理体制，这是改革开放二十多年后，经过了权力配置的冲突而确立下来的，已经是来之不易的成果。至于如何实施流域管理，仅规定由水利部设

立派出机构，之后在"三定"方案中对流域派出机构的职权、性质进行了安排，形成了延续至今的流域管理体制。

现行流域管理体制在流域水资源统一管理中发挥了积极作用，但当人们在总结水管理中存在的问题时，都会直接或间接地从流域管理体制的不足分析原因。多年来不断地以不同方式呼吁完善流域管理体制，但并没有取得什么效果和进展。针对某个流域多个事项的立法《长江法》《黄河法》虽在两会上有多次提案，但至今在立法程序上无太大进展。其关键仍然在于，这种形式的流域综合立法，势必触及流域管理体制问题。究其原因，应该认识到：第一，我国现在实行的政体是人民代表大会制度。《宪法》规定："中华人民共和国一切权力属于人民，人民行使国家权力的机关是全国人民代表大会和地方各级人民代表大会。"国家并没有设置介于中央与各省（自治区、直辖市）之间的行政层次，更谈不上流域管理机构具有全方位的立法权、财政权与司法权。第二，无论是《宪法》还是《水法》《水污染防治法》等法律法规，均规定水资源是属于国家，即全民所有。水资源的所有权、处置权等是属于国家的、全民的，只有国务院才能代表国家行使对水资源的所有权，而作为流域管理机构是无权直接处置的，即使对流域水资源行使有限的处置权，也需要国务院及其水行政主管部门从政策法规层面赋予或委托。第三，流域水资源管理体制受制于国家行政体制的构架，而国家行政体制的改革进程又取决于国家的政治体制改革，这将是一个漫长的过程。

（三）行政法规层面的立法使流域管理取得明显成效

在流域管理体制改革难以推动的情况下，通过加强流域立法也可以实现流域管理的目标。针对不同流域所面对的不同的突出问题，制定相应的行政法规，如《长江河道采砂管理条例》等行政法规的制定，取得了行政管理体制既定状态下难以取得的成效。

《长江河道采砂管理条例》明确了长江干流河道采砂由各级水行政主管部门分级主管，水利部及其长江水利委员会进行统一管理和监督检查，长江水利委员会具体负责长江干流河道省际边界重点河段采砂的审批许可，交通海事、航务、公安等部门予以配合，并实行地方人民政府行政首长负责制。这种管理体制明确了采砂管理行政责任主体，解决了部门冲突和多头交叉。《黄河水量调度条例》规定了国务院水行政主管部门和发展改革主管部门、黄河水利委员会及所属管理机构、11个省（自治区、直辖市）的地方人民政府和水行政主管部门、水库主管部门或者单位等主体的权力、义务和责任；根据条例构建的体系，国务院处于黄河水量调度的最高层，具有最终决策权；水利部和国家发展和改革委员会负责黄河水量调度的组织、协调、监督、指导；黄河水利委员会负责黄河水量调度的组织实施和监督检查；有关地方人民政府水行政主定部门和黄河水利委员会所属管理机构，负责所辖范围内黄河水量调度的实施和监督检查；条例还划分了水利部、国家发展和改革委员会、黄河水利委员长会、有关地方人民政府在黄河水量分配方案、年度水量调度计划等方面的职责和权限。对流域、区域、部门等相互关系的合理界定，形成了结构合理、权责明晰的黄河水量调度体系。

在长江流域，湖北省仅在 2019 年第一季度就立案查处非法采砂案件 86 起，查获非法采运砂船舶 155 艘次，查处非法移动船舶 58 艘次；集中监管采砂船舶 468 艘，强制遣返外省籍采砂船 30 艘，清除"三无"采砂船 243 艘，拆除采砂机具 145 台（套）。在黄河流域，2019 年 4 月至 6 月流域机构依法实施水量调度，黄河各断面流量均达到预期指标，入海水量 69.70 亿 m^3，比 2010 年以来同期均值偏多 25.61 亿 m^3，塑造了维持河道生态廊道功能的流量过程；黄河实现了从 1999 年 8 月以来连续 20 年不断流，200 多平方公里河道湿地得到修复，社会、经济、生态效益明显。

三、现代水治理实践中行政立法与管理体制改革的互动

相对于水资源管理体制而言，流域管理行政立法有超前趋势且取得明显成效，但从流域生态环境保护的终极目标看，流域管理法规体系仍然严重缺失，亟须法律界和水利界加强合作联动，适时解决面临的一列问题。

流域立法法规体系建设是解决我国目前流域立法在法律层面出现的问题的必然要求。我国目前的流域管理中存在着整个体系衔接不顺畅，甚至有些法律法规相互冲突和矛盾、诸多立法空白、管理体制不健全，管理权限不清、法律条文规定过于原则，缺乏可操作性等问题。如前所述，现行流域管理机构的性质和地位是在行政管理体制改革滞后的背景下确立的，确实存在与现代流域管理不相适应的地方。因此，长期以来，人们总认为流域管理存在的很多问题是流域管理机构的职权受限所致。实际情况并非完全如此。实践表明，诸如取水许可、河道管理范围内建设项目的审批、水资源论证等都是关乎流域管理成效的重大事项，目前影响这些管理事项依法开展的并不是因为流域管理机构缺乏应有的法律地位，而是因为法律法规的不完善。我们可以在不改变流域管理体制现状的情况下，通过构建完善的流域管理法规体系，扭转流域立法缺失严重影响流域管理成效的不利局面。此仅列举一些主要表现。

法律文件中重要概念界定不清晰，影响执法效果。中国社会主义法制建设几乎是与改革开放的历史相一致的，现有的 200 多部国家法律，其中大部分是在改革开放后制定的。历史的局限性影响着现行法律法规的操作性和实际符合度。水利法制起步相对落后，法律规定粗犷、配套制度欠缺更难以避免，在流域管理方面也有突出的表现。已有的涉及流域管理的水法规，因为规定笼统，

重要概念界定不清晰，使得流域机构或无所适从，或与区域形成职能交叉。

（1）对"大中型建设项目"缺乏明确的权威界定。大中型建设项目的界定问题，取水许可、水资源论证、河道范围内建设项目审批均有涉及，对流域管理影响很大。水利部依照《水法》以规章的形式授予流域机构取水许可、河道管理范围内建设项目、水资源论证等相关的审查权限，同时规定此审查权限于"大中型建设项目"，但对于什么是大中型建设项目没有明确界定。在实际操作中，造成了两种倾向：①流域机构疏于管理。有关水利行业的项目可以根据2008 年水利部 36 号文件确认，但是对于综合性项目、涉及其他行业的项目，是否属于大中型项目则无认定依据。在此情况下，流域机构只好采取折中的办法，即水利部审批的就认为是职权范围内的，不是水利部审批的则不予管理。②区域越权，流域全局利益受损。本属于流域机构审查的项目，区域认为不属于大中型建设项目而由自己审查的情况。区域的这种越权审批，因地方利益驱动，难以确保从流域整体出发所设计的水资源开发利用、河道管理等制度预期目标的实现。

（2）"水土保持设施"和"水土流失补偿"概念模糊，定义不清晰，导致执法时出现争议。水利部曾经对水土保持设施做出了解释，流域机构在执法时仍认为有些牵强，同时因为水土保持法中表述的是水土流失补偿，不是水土流失补偿费，导致征收时建设单位的质疑和反对。

各司局出台的一些管理办法相互交叉，流域机构难定其从。水利部各司局出台的一些办法存在交叉的地方，使前置后置的顺序难以明确。例如，与河道管理内建设项目有关的就有工程规划同意书、洪水影响评价等，相关制度出于不同的司局，内容交叉很多，管理对象（建设单位）认为混乱不清，无从遵守执行。因此，亟须加大相关法规的梳理整合工作。

地方立法越权构成对流域机构行使职权的干扰。区域有权部门针对流域管理的立法本属于流域管理法规体系的组成部分，并与其他部分相辅相成，共同保障流域管理目标的实现。实际情况并非如此，而是存在着地方立法内容越权越位的现象。地方立法对流域机构的干扰主要表现在超前立法、越权立法两个方面。

对流域管理机构的法律授权存在缺陷。主要表现有：第一，流域管理机构有法律授权也有职能，但是具体职责不明确，如省际边界河流的管理职能、流域水资源保护等；第二，流域管理机构有法律授权，但在职能划分上与地方存在争议，如长江口滩涂圈围工程等涉河建设项目管理、吹填造地的采砂管理、鄱阳湖区的建设项目管理等；第三，流域管理机构在管辖范围上有水利部的授权，但具体管理事项的权限未划定，如对西南诸河的管理，除取水许可管理权限有明确界定外，其他管理事项均未明确。以上不足与缺陷导致水资源管理行政执法混乱，大大削弱了水资源法律体系对水资源的整体调整功能。因此，亟须通过建立和完善流域立法法规体系，通过梳理现行流域立法之间的关系，查漏补缺，发现法规之间的矛盾冲突，予以修订完善从而建立一个系统性的、协调统一的、和谐的流域立法法规体系，为我国流域管理提供一个好的法律环境。

体制的滞后与立法的超前在一定条件下可以实现。因为行政管理体制的约束使得流域管理体制改革受阻，进而使流域综合立法（例如《长江法》《黄河法》）难以推进，但这并不意味着流域管理立法不能进行。如果等到行政体制改革完成后，再来着手进行流域管理法规体系建设，是社会经济的可持续发展对水利可持续发展的要求不能容许的，也不符合社会发展的一般规律。如前所述，已有的流域立法，从水资源管理实践的需求看，立法是滞后的；从相关体制所给予的立法空间看，这种立法又是超前的。滞后是一般法律具有的共性，而这种超前则表明加快推进流域管理法规体系建设，可以弥补体制改革滞后的不足，以水资源的可持续发展支持社会经济的可持续发展。在一个特定时期，对社会经济持续发展起制约作用的往往是为数不多的具有瓶颈效应的基础条件。水资源条件已成为我国社会经济持续发展的瓶颈之一。解决了瓶颈问题，即使体制的某些方面不合时宜，社会经济仍然会获得发展，发展的成果积累会反过来推动体制的改革。

水行政主体：三类组织并存格局

水资源越来越成为紧缺的战略资源。人类通过实施水资源管理，实现水资源持久开发和永续使用，满足社会可持续发展的需要。水资源管理需要行政、经济、法律多种方法的综合适用。依法建立适合本国实际的水资源管理体制是现代国家的共同追求。我国现行水法规定了流域管理与行政区域管理相结合的管理体制，在水资源管理领域基本解决了中央和地方的职权划分，赋予了我国水行政主体新的内涵。

我国水法以水行政主体理论为基础，科学处理了水行政机关、法律法规授权组织、派出机构以及被委托组织之间的关系，初步形成了水行政管理过程中职责明确、权限清晰、运行畅通的体制机制，使得以水资源可持续利用促进经济社会可持续发展的现代水治理目标的实现，具备了管理体制基础。城乡水资源的统一管理、涉水事务的一体化管理，反映了自然规律的客观要求和社会发展的需要，要在借鉴国外经验的基础上，在不断完善我国水资源管理体制的同时，构建适合我国现代水治理需求的水行政主体框架体系。

第一节　水行政主体的构成及职权

一、水行政主体概述

行政主体指享有国家行政权，能以自己的名义行使行政权，并能独立承担因此而产生的相应法律责任的组织；还有学者认为，行政主体是指能以自己的名义行使国家行政职权，做出影响公民、法人和其他组织权利义务的行政行为，并能由其本身对外承担法律责任，通常作为被告应诉的行政机关和法律、法规授权的组织。行政主体并非法律术语，而是学术用语。有些国家，如法、德、日等在法律上使用该概念，而有些国家如英、美并不使用该概念。在法国，行政主体指实施行政职能的组织，即享有实施行政职能的权利、义务和责任的主体。在德国，行政主体是指在行政法上享有权力，承担义务，具有统治权,并可设置机关以便行使统治权,借此实现行政任务的组织体。在日本,行政主体为行政权的归属者。即使在国内,学者观点也不尽相同。有学者认为,行政主体是指能够独立地组织公务,享有行政权力,负担行政义务的组织,其具有行政能力和责任能力,能通过意思自治,通过其设立的组织独立对内对外活动并承担行为产生的法律后果。

依据国内大多数学者的理解,水行政主体是指在水事管理活动中依法承担水行政管理职责的组织,它包括各级水行政管理机关和依法授权的组织。根据这一概念,水行政主体有以下两方面的特征:一是水行政主体的职责是承担水事行政管理活动。这是从其职责的内容方面来说的,若一个组织的职责范围不包括水事行政管理方面的内容,其一定不是水行政主体。二是水行政主体是承担水事行政管理活动的组织。这一组织包括各级水行政管理机关和依法授权的组织。个人不能成为水行政主体,尽管各级水行政组织和授权的组织的所有职责都是通过具体的个人来完成的,但个人在完成这一职责的过程中必须以所在的组织的名义来完成。

我国水行政主体的有两类:一是各级水行政机关,包括水利部,县级以上的水利主管部门,即水利局、水利厅。二是重要的流域管理机构及其他涉水组织。在我国现在已有七大流域管理机构获得了水行政主体资格,即长江水利委员会、黄河水利委员会、淮河水利委员会、海河水利委员会、珠江水利委员会、松辽水利委员会、太湖流域管理局。这是《水法》强化水资源的统一管理,实行流域管理与行政区域管理相结合的体制的结果。上述七大流域管理机构在其流域内有关水事管理方面享有《水法》所授予的水行政管理的职权。其他涉水组织(例如水库管理单位)在法规授权条件下也可成为行政主体。

二、行政组织法产生的水行政主体

依据《中华人民共和国国务院组织法》和《中华人民共和国地方各级人民政府组织法》,各级水行政主管部门以及生态环境等涉水的行政主管部门是法定的水行政主体。按照《水法》和其他有关法律、行政法规以及国务院机构"三定"的规定,国务院发展改革主管部门和水行政主管部门负责全国水资源的宏观调配。各级发展改革主管部门负责审查批准本地区中长期水供求规划、会同同级水行政主管部门制定年度用水计划;经济综合主管部门负责淘汰落后的、耗水量高的工艺、产品和设备制度的实施;生态环境主管部门负责对水污染防治实行统一监督管理;自然资源主管部门负责管理水文地质,监测、监督地下水的过量开采与污染;建设部门负责指导城市供水节水以及城市规划区内地下水开发、利用和保护。在处理部门关系上,各部门必须明确统一管理的必要性和紧迫性,划清职责,明确各自的责任、权限,并使权力与责任挂钩、权力与利益脱钩。分工负责、团结协作是做好水资源工作的保证，在这方面各级水行政主管部门要主动和有关部门多沟通，团结合作共同把水资源管好。

水利部是国务院水行政主管部门。《水法》第十二条规定："国务院水行政主管部门负责全国水资源的统一管理和监督工作。"1988 年国务院机构改革中，明确水利部为国务院水行政主管部门，并规定原地质矿产部承担的地下水行政管理职能，也交由水利部承担。开采矿泉水、地热水，只办理取水许可证，不再办理采矿许可证；原由建设部承担的指导城市防洪职能、城市规划区地下水资源管理保护职能，交由水利部承担。建设部门负责指导城市采水和管网输水、用水用户的节约用水工作并接受水利部门的监督。

按照 2018 年中共中央印发的《深化党和国家机构改革方案》，水利部贯彻落实党中央关于水利工作的方针政策和决策部署，在履行职责过程中坚持和加强党对水利工作的集中统一领导。主要包括以下职责。

（1）负责保障水资源的合理开发利用。拟订水利战略规划和政策，起草有关法律法规草案，制定部门规章，组织编制全国水资源战略规划、国家确定的重要江河湖泊流域综合规划、防洪规划等重大水利规划。

（2）负责生活、生产经营和生态环境用水的统筹和保障。组织实施最严格水资源管理制度，实施水资源的统一监督管理，拟订全国和跨区域水中长期供求规划、水量分配方案并监督实施。负责重要流域、区域以及重大调水工程的水资源调度。组织实施取水许可、水资源论证和防洪论证制度，指导开展水资源有偿使用工作。指导水利行业供水和乡镇供水工作。

（3）按规定制定水利工程建设有关制度并组织实施，负责提出中央水利固定资产投资规模、方向、具体安排建议并组织指导实施，按国务院规定权限审批、核准国家规划内和年度计划规模内固定资产投资项目，提出中央水利资金安排建议并负责项目实施的监督管理。

（4）指导水资源保护工作。组织编制并实施水资源保护规划。指导饮用水水源保护有关工作，指导地下水开发利用和地下水资源管理保护。组织指导地下水超采区综合治理。

（5）负责节约用水工作。拟订节约用水政策，组织编制节约用水规划并监督实施，组织制定有关标准。组织实施用水总量控制等管理制度，指导和推动节水型社会建设工作。

（6）指导水文工作。负责水文水资源监测、国家水文站网建设和管理。对江河湖库和地下水实施监测，发布水文水资源信息、情报预报和国家水资源公报。按规定组织开展水资源、水能资源调查评价和水资源承载能力监测预警工作。

（7）指导水利设施、水域及其岸线的管理、保护与综合利用。组织指导水利基础设施网络建设。指导重要江河湖泊及河口的治理、开发和保护。指导河湖水生态保护与修复、河湖生态流量水量管理以及河湖水系连通工作。

（8）指导监督水利工程建设与运行管理。组织实施具有控制性的和跨区域跨流域的重要水利工程建设与运行管理。组织提出并协调落实三峡工程运行、南水北调工程运行和后续工程建设的有关政策措施，指导监督工程安全运行，组织工程验收有关工作，督促指导地方配套工程建设。

（9）负责水土保持工作。拟订水土保持规划并监督实施，组织实施水土流失的综合防治、监测预报并定期公告。负责建设项目水土保持监督管理工作，指导国家重点水土保持建设项目的实施。

（10）指导农村水利工作。组织开展大中型灌排工程建设与改造。指导农村饮水安全工程建设管理工作，指导节水灌溉有关工作。协调牧区水利工作。指导农村水利改革创新和社会化服务体系建设。指导农村水能资源开发、小水电改造和水电农村电气化工作。

（11）指导水利工程移民管理工作。拟订水利工程移民有关政策并监督实施，组织实施水利工程移民安置验收、监督评估等制度。指导监督水库移民后期扶持政策的实施，协调监督三峡工程、南水北调工程移民后期扶持工作，协调推动对口支援等工作。

（12）负责重大涉水违法事件的查处，协调和仲裁跨省、自治区、直辖市水事纠纷，指导水政监察和水行政执法。依法负责水利行业安全生产工作，组织指导水库、水电站大坝、农村水电站的安全监管。指导水利建设市场的监督管理，组织实施水利工程建设的监督。

（13）开展水利科技和外事工作。组织开展水利行业质量监督工作，拟订水利行业的技术标准、规程规范并监督实施。办理国际河流有关涉外事务。

（14）负责落实综合防灾减灾规划相关要求，组织编制洪水干旱灾害防治规划和防护标准并指导实施。承担水情旱情监测预警工作。组织编制重要江河湖泊和重要水工程的防御洪水抗御旱灾调度及应急水量调度方案，按程序报批并组织实施。承担防御洪水应急抢险的技术支撑工作。承担台风防御期间重要水工程调度工作。

（15）完成党中央、国务院交办的其他任务。

（16）职能转变。水利部应切实加强水资源合理利用、优化配置和节约保护。坚持节水优先，从增加供给转向更加重视需求管理，严格控制用水总量和提高用水效率。坚持保护优先，加强水资源、水域和水利工程的管理保护，维护河湖健康美丽。坚持统筹兼顾，保障合理用水需求和水资源的可持续利用，为经济社会发展提供水安全保障。

通过改革，党对水利工作的集中统一领导进一步加强，实现了各部门优化、协同、高效，有利于更好地全面贯彻习近平生态文明思想和关于保障国家水安全的重要论述精神。新的机构改革后，水利部的职责更加清晰明确，履职更加顺畅高效。统一管理进一步强化，加强了重大水利工程建设运行和水资源配置调度的统一管理，原国务院三峡工程建设委员会办公室和国务院南水北调工程建设委员会办公室并入水利部，有利于在体制上形成合力；强化了最严格水资源管理、节约用水、河湖管理保护等与现代水治理目标相适应的强监管职责；进一步聚焦主责主业，在保持水利部主体职责完整性的基础上，划出了部分职责，能够更好发挥各相关部门在防汛抗旱、水环境保护、农田水利等方面的专业和管理特长，形成了水利部与各相关部门各负其责、有效衔接、协调高效的运行机制。

依据我国从中央到地方分设的行政管理体制，水利部与地方各级人民政府水行政主管部门在涉水职责上具有一致性，它们都是依据宪法与行政组织法而产生，作为行政机关共同构成了我国的水行政主体体系中最主要部分。

三、作为事业单位组织的水行政主体及其职权

我国流域管理机构虽是事业单位性质组织，但可以法律法规授权组织和被委托组织参与水行政执法活动。1988年《水法》对流域管理、流域机构的法律地位缺乏规定，也没有明确流域机构的职责和权限，使流域统一管理十分困难。1992年联合国环境与发展会议在巴西里约热内卢召开，全世界102个国家元首或政府首脑通过并签署了《21世纪议程》，要求按照流域一级或子一级对水资源进行管理。2002年《水法》修订时借鉴了世界各国管理水资源的先进经验，吸收了我国水治理实践中通过统一管理解决黄河、塔里木河、黑河断流的成功经验，同时结合各级地方政府长期兴修水利、防治水害所取得的成就，规定了水资源流域管理与行政区域管理相结合的体制，确立了以流域为单元对水资源实行管理的基本框架。

《水法》第十二条第二款规定："国务院水行政主管部门在国家确定的重要江河、湖泊设立的流域管理机构，在所管辖的范围内行使法律、行政法规规定的和国务院水行政主管部门授予的水资源管理和监督职责。"我国的流域管理机构是国家水资源行政主管部门的派出机构，它在所管辖的范围内行使法律、行政法规规定的和国务院水行政主管部门授予的水资源管理和监督职责。它负责流域内水量配置、水环境容量配置、规划管理、河道管理、防洪调度和水工程调度等，不再参与水资源的开发利用等工作。它享有法定的水权，负责落实国家水资源的规划和开发利用战略，统一管理、许可和审批区域的水资源开发利用。根据工作需要，可在地方下设一级或二级派出机构，不受地方行政机构的干预，依法监督区域机构对水资源的开发、利用、排放、治污、工程建设等

工作。

《水法》授权流域管理机构在水资源管理和监督方面行使多种职责：①负责《水法》等有关法律法规的实施和监督检查，拟定流域性水利政策法规，负责职权范围的水行政执法和查处水事违法案件，负责调处省际间水事纠纷。②组织编制流域综合规划及有关的专业或专项规划并负责监督实施。③统一管理流域水资源。负责组织流域水资源调查评价；组织拟定流域内省际水量分配方案和年度调度计划以及旱情紧急情况下水量调度预案，实施水量统一调度。组织指导流域内有关重大建设项目的水资源论证工作；在授权范围内组织实施取水许可制度，组织指导流域的水文工作，发布流域水资源公报。④组织流域水功能区划，审定水域纳污能力，提出限制排污总量的意见，负责对省界和重要水域的水质水量监测。⑤组织指导流域内江河湖泊水域和岸线的开发、利用、管理和保护。根据法律法规和国家有关规定，结合流域管理客观工作的要求，我国流域机构水行政管理职权可概括为三类。

（1）流域管理机构的规划类职权。流域机构有权制定流域综合规划和流域专业规划。流域综合规划是指根据经济社会发展需要和流域水资源开发利用现状编制的开发、利用、节约、保护流域水资源和防治水害的总体部署。流域专业规划是指流域范围内防洪、治涝、灌溉、航运、供水、水力发电等规划。流域机构所制定的综合规划和专业规划应当与国民经济和社会发展规划以及土地利用总体规划、城市总体规划和环境保护规划相协调，兼顾各地区、各行业的需要。制定规划时，必须进行水资源综合科学考察和调查评价。

水法虽授予了流域管理机构法定的规划权，并规定了规划审报批准程序。但在当前，国家仍须通过立法明确规定和充实流域机构规划类职权的权限范围，与地方政府权责的分工，所制定规划的效力以及制定规划的具体程序等。鉴于流域规划的重要性，应强化对规划制定工作的质量管理。进一步加强自然科学、工程技术以及决策与管理方面的软科学研究成果在规划制定及其他方面中的实际应用，进一步提高制定规划的科技含量。在流域规划中，应以流域水资源综合规划为中心开展流域的规划管理工作。把水量配置、水环境容量配置的规划实施作为制定、修订流域规划的基础工作来对待。

（2）流域管理机构行政审批类职权。流域机构作为国家水行政主管部门的派出机构代表国家享有法定的水权，负责落实国家水资源开发利用战略和政策，统一管理、许可和审批区域水资源的开发和利用，实现水资源的可持续利用和国家利益的最大化。各级地方政府涉水部门和其他用水户向流域机构申请水权，根据流域机构许可，负责本地区水资源的开发利用工作，服务本地区经济社会的发展。

应将实施取水许可的审批制度作为流域水行政审批职权中的核心工作来做,做好流域范围内较公平合理的水量分配,并强化流域范围内取水许可的统一管理工作,加强流域管理及其与区域管理的结合,实现用水总量控制和定额管理相结合的用水管理制度。新水法明确规定了节水制度,这就要求在许可用水时应把节约用水和水资源保护放在突出的位置。同时,通过建立水权交易市场,探索有效的初始水权分配方式以提高水资源的配置和利用效率。另外,通过既考虑水资源承载能力,又考虑水环境承载能力的取水许可制度,力争源头控制水污染。

鉴于水资源承载能力和水环境承载能力的相辅相成和紧密联系性,也鉴于国外多数国家成功的经验,建议改变我国取水许可和排污许可分离发放的制度,改由水资源管理部门统一发放。因为排污许可证的发放必须建立在对水域使用功能区的定性和水域纳污能力的定量深入掌握和十分清晰的基础上,加之水量和水环境承载能力都是动态的,其他部门难以全面而深入地掌握水的全局和每个局部,故由流域机构发放排污许可证是可行的,也是科学的,这有利于流域水质和水生态环境的管理和控制,这也是"一龙管水"的主要内容之一。

通过对限额以上大中型项目的审批及对防汛的调度等措施,对涉及防洪安全的控制性骨干工程,特别是那些以防洪为主、兼有发电效益的控制性工程进行管理和调度等。

(3)流域管理机构执法监督类职权。原《水法》规定的法律责任过于原则,不便操作,造成执法困难,新水法在加强执法监督方面:一是单设一章"水事纠纷处理与执法监督检查",规定了水行政主管部门和流域管理机构及其水政监督检查人员执法权利和义务;二是强化了法律责任,对违法行为人应当承担的法律责任、行政处罚的种类和幅度等都做了明确的规定。这些规定,对流域水资源的治理、开发实施、统一监督管理提供了法律依据,也为水行政监督执法提供了法律依据。

加快与《水法》相配套的政策法规的建设,进一步明确水行政监督执法的主体地位、权限、责任和程序,建立水资源保护的监督管理体制。建议国家制定专门的流域水资源保护的政策法规,建立流域水资源保护制度,赋予流域机构法定的监管手段,同时强化违法的法律责任,以有效地开展行政执法和监督工作。

建议国家制定适当的环境技术政策,积极探索运用税收、财政、信贷等经济杠杆,以取水管理为突破口,加强对江河源头区、城市排污口、水源区的水资源保护及对水污染事故调查处理等工作。加强对流域水质水量的监测,要特别抓好对行政区划的断面监测和实时动态检测,应与水环境的承载能力、污水排放指标相联系，与水域使用功能区划、水域的纳污能力、排放总量控制指标相联系，为实施流域水资源实时调度和应对水污染事故创造条件。同时，要细化与量化法律责任，强化取水许可中对水质管理的行政执法。

由于我国 2002 年《水法》未对跨国流域作出规定，而有的流域（如澜沧江-湄公河）却面临跨国流域管理中的诸多问题。建议我国对跨国流域进行专门的研究，并尽快制定相应法规和政策，使这些具有国际流域性质的河流在法制的规范下进行有效管理，促进上下游之间公平，合理地开发、利用和保护水资源。

总之，流域管理机构水行政管理职权的授予取得，应根据国情和河情具体情况，既不允许顾此失彼，更不允许以邻为壑，需要统筹兼顾各地区、各部门之间的用水需求，保证流域生态系统的优化平衡，全面考虑流域的经济效益和环境效益。通过科学合理地确立流域机构的管理职权，促进我国水资源管理体制的成功建立，使有限的水资源实现优化配置和发挥最大的综合效益以保持和促进经济社会的可持续发展。

四、依法管水实践中基层水行政主体的地位

在我国基层水治理实践中，河流的上下游、左右岸与乡镇、村组的地域范围密切相连，乡镇、村组的社会经济活动往往与河道的岸线管理、河滩地利用直接关联，乡镇政府出于对地方经济发展的需要，难免发生与河道管理、水资源管理不一致的行为，有时甚至会超越职权范围做出影响河道管理秩序的行为，行使了不属于自身的而属于基层水行政主体的职权。在基层水治理实践中，明确县级水行政主管部门作为水行政主体的法律地位，让社会公众知晓乡镇政府与县级水利局在河道管理中的职责分工，对实现基层水治理法治化目标具有重要作用。下面案例反映了乡镇政府与县级水利局在河道管理中的职责分工与履职问题。

案情：在三次下发责令改正通知书、当事方拒不改正的情况下，2006 年 3 月，新疆某县水利局水行政执法人员赴现场拆除一处河道中违法建设的堤坝。清障行动未果，案件陷入僵局。事情肇始于两年前的一次河道巡查。2004 年 4 月 2 日，新疆某县水利局水行政执法人员在例行检查时发现，在干河子国道 312 线大桥上游河段沿原自然河床中心线被人用混凝土板砌成一段 250m 长的堤坝，并填筑了坝后河床，在填筑的河滩上挖了水池，使原本 80m 宽的河床被人为缩窄为 25m。

经调查，此段堤坝是内蒙古某市政府办事处修筑的。水行政执法人员在向办事处负责人作调查询问时得知，河道堤坝的修筑是由某镇政府和镇经济技术开发区同意的。县水利局认为，该堤坝的修筑未经过水行政主管部门审批同

意，并擅自缩窄了河道行洪宽度，将严重影响河道的行洪。依据《防洪法》第二十七条和《河道管理条例》第十一条的相关规定，县水利局于 2004 年 4 月 14 日向办事处下达了责令改正通知书，要求办事处在 4 月 16 日前自行清除沿河道中心线修建的严重阻碍行洪的堤坝，填埋挖筑的水池，退出被侵占的河道管理范围，恢复河道原状，逾期不清除，由防汛指挥机构组织强行清除，所需费用由设障者承担。

直到 9 月 15 日，办事处非但没有拆除障碍物、退出被侵占河道，而且又在被占河道上修建了家畜养殖厂房。于是县水利局向办事处送达了第二份责令改正通知书，要求其自行清除河床内严重阻碍行洪的违章建筑，恢复河道原状，但办事处拒绝拆除。随后，县水利局于 9 月 20 日将《关于干河子 G312 线大桥上游河道被侵占的调查报告》上报县政府，并在报告中提出了两点建议：其一，要求办事处自行清除阻碍行洪的违章建筑，退出被侵占河道管理范围，恢复河道原状；其二，清除河道障碍物后，办事处若需利用河道管理范围内的土地，须向水行政主管部门申报占用河道管理范围的工程建设方案，按照河道综合整治规划办理相关手续，并接受监督管理。

时间到了 2006 年，调查报告没有起到应有的作用。无奈之下，县水利局于 3 月 17 日第三次向办事处下发了责令改正通知书。在三次下发责令改正通知书办事处仍未自行拆除违章建筑的情况下，2006 年 3 月 22 日，县水利局动用铲车前往事发现场强行拆除，但却因种种原因未能清除，此案由此陷入僵局。

2004 年 9 月 16 日，《伊犁日报》曾以"防洪堤缘何成障碍"为题对此案作了报道，在社会上造成了一定影响。从表面看，本案案情并不复杂，事实清楚，证据确凿，是一起未经河道主管机关审查批准，擅自在河道内修筑堤坝、侵占河道的违法案件。可为什么从工程施工到 2004 年 9 月，县水利局三次下发责令改正通知书，办事处却敢于置之不理，不自行拆除，水利局动用铲车也未能清除呢？纵观本案的前前后后，不仅仅是办事处一方造成的。

对此案例可做以下分析。

（1）镇政府越权审批有违国家法律规定。镇政府违反《河道管理条例》规定，越权批复了《办事处承治河道可行性研究报告》。《新疆维吾尔自治区河道管理条例》第四条明文规定："河道主管机关是各级水行政主管部门""修建开发水利、防治水害、整治河道的各类工程和跨河、穿河、穿堤、临河的桥梁、码头、道路、渡口、管道、缆线等建筑物及设施，建设单位必须按照河道管理权限，将工程建设方案报送河道主管机关审查同意后，方可按照基本建设程序履行审批手续"。据此，办事处做出的整治河道可行性报告，应由河道主管机关即县水利局审查同意后方可实施。然而，1999 年 5 月 10 日，镇人民政府对办事处上报的《承治 312 国道桥上干河子治理河道可行性研究报告》作了批复，同意办事处上报的设计方案和治理方案。由此可见，镇政府的越权审批行为是有违国家法律规定的，当属无效。

（2）开发区无权处置河道管理范围内土地。经济技术开发区违反《河道管理条例》规定，越权与办事处签订了《投资项目土地使用权出让合同》。《河道管理条例》规定："有堤防的河道，其管理范围为两岸堤防之间的水域、沙洲、滩地（包括可耕地）、行洪区，两岸堤防及护堤地。无堤防的河道，其管理范围根据历史最高洪水位或者设计洪水位确定。""在河道管理范围内，水域和土地的利用应当符合江河行洪、输水和航运的要求；滩地的利用，应当由河道管理机关会同土地管理等有关部门制定规划，报县级以上地方人民政府批准后实施。"

然而，2002 年 5 月 29 日，经济技术开发区却与办事处签订了《经济技术开发区投资项目土地使用权出让合同书》。合同规定，在办事处自行投资 48.7 万元修建 250m 混凝土防洪墙后，开发区以投资置换方式将河道管理范围内 6000m² 的土地，交由办事处使用 40 年。

《水法》第四十三条第一款规定："国家对水工程实施保护。国家所有的水工程应当按照国务院的规定划定工程管理和保护范围。"划定水工程管理范围，是为了保证水工程正常运行。水工程周边管理范围内的土地，必须由工程管理单位直接管理。水利工程管理单位依照《土地管理法》及其相关法规的规定，取得管理范围内的土地的使用权。因此，水工程管理范围应当视为水工程设施的组成部分。可见，不享有土地使用权的经济技术开发区是无权处置河道管理范围内土地的，其处置行为无效，其与办事处签订的土地使用权出让合同自然也就无效。办事处违反《水法》应承担法律责任办事处在未向河道主管机关报送工程建设方案，未经审批同意的情况下，于 2002 年 5 月 29 日开始在河道修建堤坝，同时在缺乏监督的情况下，擅自将镇政府批复中要求的 40m 河道宽度缩窄为 25m，办事处是造成目前这种影响行洪局面的直接责任人。

《水法》第六十五条第一款规定："在河道管理范围内建设妨碍行洪的建筑物、构筑物，或者从事影响河势稳定、危害河岸堤防安全和其他妨碍河道行洪的活动的，由县级以上人民政府水行政主管部门或者流域管理机构依据职权，责令停止违法行为，限期拆除违法建筑物、构筑物，恢复原状；逾期不拆除、不恢复原状的，强行拆除，所需费用由违法单位或者个人负担，并处一万元以上十万元以下的罚款。"据此，办事处应承担相应的法律责任。

（3）县水利局的行政不作为与法律适用不准确。该违章建筑紧临 312 国道，2002 年 5 月 29 日开工，工程施工工期 3 个月，并于 2003 年、2004 年两次维修。县水利局水行政执法人员 2004 年 4 月 2 日才发现，期间历时 22 个月。假如县水利局在工程施工初期及时发现，及时制止，要求办事处按该河道整治规划方案修筑堤坝，并补办相关手续，如今这样的局面也许就不会发生。对于办事处未经水行政主管部门同意，擅自在河道内修建堤坝的行为，应按照《水法》有关规定，责令违法当事人改正违法行为，限期拆除违法建筑物；逾期不拆除、不恢复的，强行拆除，并处一万元以上十万元以下的罚款。然而，水利局仅仅是向当事人下达了责令改正通知书，而未使用法律赋予的水行政处罚权。如果水利局在查处本案的过程中，水行政处罚程序都严格执行，相关材料完备，那么，在此案自行执行陷入僵局时，还可以申请人民法院强制执行。可是，县水利局却没有充分利用法律赋予的权力，这不能不说是本案的一个遗憾。

案件性质及适用法律。该案在适用法律上也有值得商榷之处。笔者更倾向于直接适用《水法》第三十七条、第六十五条的规定。本案中，镇政府越权审批治理河道方案，可以认为此项工程是未经审批的河道治理工程。由于当事人是 1999 年提出的《承治 312 国道桥上干河子治理河道可行性研究报告》，并于 2002 年 5 月进行施工，均是在 2002 年《水法》实施之前，因此，该案件的查处应当适用 1997 年通过的《防洪法》。

（4）法律责任的承担。第一，当事人应当承担主要责任，因为当事人违反了水法规的有关规定，未经水行政主管部门批准在河道管理范围内建设工程，且造成了阻碍河道行洪的严重后果。第二，经济开发区应承担越权出让河滩地使用权的责任。第三，镇政府应当承担越权审批的责任。第四，县水利局应当承担行政不作为的责任。该项工程从开工到发现，其间经历了 22 个月，另外，第一份责令改正通知书下达后，当事人仍没有停止违法行为，直到 5 个月后，水利局才发出第二份责令改正通知书。这个过程反映出该县水利局疏于对河道的巡查和管理，没有履行法律赋予的行政管理职责。

由于本案涉及多方责任，在处理时要特别注意坚持公正、公平原则。第一，要按照水行政执法程序立案、调查、取证，依照河道管理范围内建设项目管理的有关规定对该项目进行审查，然后根据审查结果作出行政处罚决定，如符合防洪法第五十八条规定，影响行洪但尚可采取补救措施的，责令限期采取补救措施，并处罚款，否则应强行拆除。第二，如需后移防洪堤时，所造成的一切费用应由当事人自行承担。第三，此案宜由县政府或上一级水行政主管部门进行查处。第四，关于强行拆除问题，如果水行政主管部门实施有困难，可根据《防洪法》第四十二条的规定由地方政府的防汛指挥机构进行强行拆除，也可申请人民法院强制执行。但是，应慎用强行拆除的方法。

第二节　水行政主体委托的执法行为主体：水政监察组织

一、实施水行政执法的专门组织

1. 水政监察组织的产生与发展

水政监察是我国行政执法体系的组成部分。1988 年以来，我国水政监察队伍经历了从无到有、逐步规范、不断发展的建设历程。1988 年《水法》颁布后，水利部决定："各级水利部门自上而下建立执法体系，保障水法的贯彻执行。"1989 年，水利部决定"各级水利部门自上而下建立执法体系，保障《水法》的贯彻执行"，这是水政监察机构开始组建的标志。1990 年 8 月 15日，水利部以 1 号令颁布的《水政监察组织暨工作章程（试行）》规定："各级水行政主管部门必须加强水政工作，设置水政机构，建立水政监察队伍"。以此为依据，各地按照"试点—扩大试点—全面铺开"的部署，全国各省、市、县逐步建立了以兼职为主的水政监察执法网络。

1994 年 7 月，江苏省率先组建了专职的水行政监察队伍。1995 年 12 月，水利部总结了江苏省建立专职水政监察队伍经验，决定向全国水利系统推广，作出了在全国开展水政监察"八化"建设的部署，推动了专职水政监察队伍的建立和水政监察队伍规范化的发展。1998 年以后，各省结合省级机构改革，广东、宁夏、河南、四川、湖北等省（自治区、直辖市）逐步设立省级总队。各地以总队建设为核心，逐步完善了省、市、县三级执法网络，一些地方为了加强对基层水事活动的执法管理，还在部分重点工程管理单位设置了水政监察中队，在乡、镇设立了水政监察协管员，使水政监察队伍体系在全国各地普遍建立。

1997 年 12 月 26 日和 2000 年 5 月 15 日，水利部分别发布了《水行政处罚实施办法》（水利部令第 8 号）和《水政监察工作章程》（水利部令第 13 号），对水政监察队伍的性质、职责、人员的任命与管理，以及水政监察队伍和水政监察员在实施水行政处罚中的地位、权限作了具体规定。水政监察组织规范化建设不断推进，到 2012 年已基本建立起一支关系协调、组织严密、纪律严明、运行有力的专职执法队伍，并统一名称，即省、地、县三级分别设立水政监察总队、水政监察支队、水政监察大队。由组织体系、执法运行体系和执法保障体系构成的水行政执法体系基本形成。截至目前，全国共组建水政监察队伍3362 支，其中流域机构和省级水政监察总队 46 支，地市级水政监察支队 505支，县级水政监察大队 2811 支，形成了比较健全的水行政执法网络，加强了水行政执法力度，使水事管理的具体执法工作进入了法治的轨道。

2. 水政监察组织在水行政主管部门中的定位

执法机构和执法人员是行政执法的组织保证。尤其是对于一个长期以来建设任务繁重、技术力量较强、行政管理相对较弱的水利部门来说更为重要。从目前来看从事水行政执法工作的机构主要有水政（水政水资源）机构或法制工作机构（以下统称水政机构）以及水政监察队伍。

《水法》颁布以后，各级人民政府相继确立各级水利部门为同级政府的水行政主管部门，并在水利部门内部增设了水政机构。水政机构的性质：水政机构是水行政主管部门和流域管理机构的法制工作职能部门，既是可持续发展水利与和谐社会的保障力量，又是重要的建设力量。根据1989年6月24日水利部发出的《关于建立水利执法体系通知》精神，水政机构为水行政执法的综合职能部门（即水行政主管部门的法制工作机构）的基本任务包括：①在水行政立法方面，牵头组织拟定水行政法规、规章或规范性文件，负责与有关部门的联系、协商和协调；②在水行政执法方面，代表水行政主管部门查处水事违法案件，实施行政处罚，监督检查水法规遵守和执行情况，负责与司法、公安部门在执法中的联系，对水政监察组织的执法行为进行督导；③归口管理水事违法案件的行政复议，协同调解水事纠纷，参与水行政诉讼；④在水行政保障方面，综合管理水法规的宣传普及，对下级水政机构工作人员、水政监察员进行培训，进行水行政政策和对策研究等。

水政机构的职责，在不同层级有不同的侧重。一般情况下，越往上宏观管理的内容越多，越往下微观管理的任务越重，但万变不离其宗，各级水政机构都具有各自部门"法制工作机构"这一共同的属性。需要说明的是：①水政机构是水行政管理的法制工作机构，与各级政府的法制工作机构相对应，与林业管理的林政、渔业行政管理的渔政等相类似，因此，它在接受同级水行政主管部门领导的同时，还要接受同级政府法制工作机构的业务指导。②水政机构是综合协调、归口管理水行政法制建设的职能机构，但并不包揽所有的水行政执法工作，也不包括其他职能机构的法制工作。

由于水政机构是水行政主管部门内设的法制工作办事机构，所以其作出的水行政法律行为（如行政处罚、行政处理、行政强制措施、行政复议决定、水事纠纷的调处等）必须以水行政主管部门的名义行使。水政机构在履行水行政主管部门法定职责时起到一个参谋、助手和执行者的作用。水政机构与水利部门内其他有关职能机构（如水资源管理、水土保持、工程管理、河道管理、水文管理等）的关系应该是相互配合、相互协作的关系。水政机构作为水行政主管部门内设的法制工作综合职能机构，主要负责归口管理水利法制工作，协调涉及各个机构的行政管理活动，对它们作出的行政管理决定或规定，从法律、法规角度进行审查。与此同时，由于水行政执法活动有时涉及有关职能机构的专业业务，各有关职能机构可发挥其熟悉专业的优势，对有关的水行政执法活动从专业角度予以协助、配合和支持。

《水政监察工作章程》第十条规定："水行政执法机关的法制工作机构负责管理同级水政监察队伍。水政监察队伍的主要负责人由同级水行政执法机关的法制工作机构的负责人兼任。"这是因为水政机构是水行政主管部门内设的行政职能机构，其履行的职责由各级人民政府批准的"三定"规定赋予，它所做的一切行为都代表水行政主管部门。水政监察队伍则是根据规章规定设立的事业单位，其行使的职权来自于水行政主管部门的委托，有很大的限制性。从水行政主管部门来讲，它委托水政监察队伍的各项职权，都必须加以监督、管理、指导，而这项职能只能赋予水政机构。

二、依据部门规章履职的事业单位：被委托开展水行政执法

《水政监察工作章程》第二条规定："县级以上人民政府水行政主管部队水利部所属的流域管理机构或者法律法规授权的组织应当组建水政监察队伍，配备水政监察人员，建立水政监察制度，依法实施水政监察。"第三条规定："水利部组织、指导全国的水政监察工作。水利部所属的流域管理机构负责法律、法规、规章授权范围内的水政监察工作。县级以上地方人民政府水行政主管部门按照管理权限负责本行政区域内的水政监察工作。"《水行政处罚实施办法》第十条规定："县级以上人民政府水行政主管部门可以在其法定权限内委托符合本办法第十一条规定条件的水政监察专职执法队伍或者其他组织实施水行政处罚。"由此可见，水政监察队伍是受水行政主管部门委托行使水行政执法权的事业单位，它必须在水行政主管部门委托的权限范围内，以水行政主管部门的名义作出行政行为，超越委托权限即为违法。水政监察队伍是水行政主管部门执法的执行者，它依照公务员的管理制度来管理，不是水行政主体。水政监察机构的基本职能是监督检查和行政处罚。目前水政监察机关集监督检查、许可审批、依法收费于一体，其行使职能是以委托人即水行政机关的名义，而不是以自己组织的名义进行，其行为对外的法律责任也不是由其本身承担，而是由委托人承担。

三、水政监察职权的范围

根据《水政监察工作章程》规定，水政监察队伍的主要职责有：①宣传贯彻《中华人民共和国水法》《中华人民共和国水土保持法》《中华人民共和国防洪法》等水法规；②保护水资源、水域、水工程、水土保持生态环境、防汛防旱和水文监测等有关设施；③依法对水事活动进行监督检查，维护正常的水事秩序，对公民、法人或其他组织违反水法规的行为实施行政处罚或者采取其他

行政措施；④配合和协助公安、司法机关查处水事治安和刑事案件；⑤对下级水政监察队伍进行指导和监督；⑥受水行政执法机关委托，办理行政许可和征收行政事业性规费等有关事宜。水政监察机关由水政执法机关的同级法制工作机构负责管理。水政监察机关的主要负责人由同级水行政执法机关的法制工作机构负责人兼任。

第五章

水行政行为人及其资格管理制度

第一节 水行政行为人及其资格管理现状

一、水行政行为人概述

水行政行为人就是直接实施具体行政行为的组织或自然人，其自然人就是水行政执法人员。本节仅对自然人进行考察。水行政主管部门公务的执行人员包括两类：水行政主管部门公务员和水政监察员。

（一）水行政主管部门公务员

1. 水行政主管部门公务员的含义

所谓公务员是指国家依法定方式任用的，在中央和地方各级国家行政机关中工作的，依法行使和执行国家行政权、执行国家公务的人员。水行政主管部门公务员，简言之，就是在各级水行政机关担任公职、执行国家公务的人员。

进入水行政机关的公务员必须经法定方式和法定程序。公务员的任用方式主要有选任、调任、考任、聘任四种方式。例如，考试任用公务员的程序包括公告、报名、资格审查、笔试、口试、身体检查、确定正式录用对象和送达录用通知书等步骤。用人单位未经法定方式和法定程序任用公务员是非法的，所授予的公务员资格是无效的。

我国水行政机关的公务员分为领导职务公务员和非领导职务公务员。领导职务公务员有正副部长、正副司长、正副厅长、正副局长、正副处长、正副科长等，非领导职务公务员是指办事员、科员、正副主任科员、助理调研员、调研员、助理巡视员、巡视员等。对于担任主任科员以下的非领导职务公务员，一般采用"公开考试、严格考核"的办法录用，对某些具有特别性质的公务员则采用聘用的方式任用，而对于领导职务公务员，其任用的办法是选任、调任等。

水行政机关、各流域管理机构的工作人员均属于公务员范围，但不包括工勤人员。工勤人员没有行政权，不执行国家公务。

2. 公务员的法律关系

水行政机关公务员的法律关系包括外部水行政管理法律关系和内部行政法律关系。在外部水行政管理关系中，公务员代表水行政机关，以所在水行政机关的名义行使国家行政权，其行为的相应结果归属于相应的水行政机关。外部水行政管理法律关系是水行政机关与作为水行政相对人的个人、组织发生的关系，而不是公务员与水行政相对人的个人、组织发生的关系。公务员只是执行公务的人员，在水行政外部法律关系中，不具有一方当事人的资格。在内部行政法律关系中，公务员则可以以公务员的名义作为一方当事人与行政机关发生法律关系。例如，行政机关对公务员进行考核、奖惩、晋升等，公务员对行政机关的考核、奖惩、晋升的结果不服，向行政机关提出申诉等，这些行为所引起的法律关系中，公务员是一方当事人，国家行政机关是另一方当事人。此种争议，一般由行政机关本系统处理，不能提起行政诉讼。

因此，公务员与水行政机关、流域管理机构之间的关系是，公务员代表水行政机关或流域管理机构，并以其名义行使国家行政权，实施水行政管理活动，其行为的结果归属于相应行政机关。公务员借其公职名义，在行使职权过程中假公济私，则要承担相应的法律后果。

公务员与水行政相对方之间的关系是，公务员行使的职权范围由法律规定，不得与相对方协商、变通，但行政合同可协商。公务员行使职权时必须符合管理行为的实质要件和形式要件，并按法定的程序实施。公务员执行公务时，只能在规定的职责、权限范围内实施其管理行为，不得滥用职权，也不得怠于行使职权，以维护国家和相对人的利益。公务员在执行公务时，必须依法行政，否则就无法实现管理行为时的实质要件。

3. 公务员的法律责任

公务员在内外行政管理关系中，如果违法、违章、违反纪律，就要承担责任。《水法》第六十四条规定，水行政主管部门或其他有关部门及水工程管理单位及其工作人员，滥用职权，对不符合条件的单位和个人核发许可证、签署审查同意意见，不按水量分配方案分配水量，不按照国家有关规定收取水资源费，不履行监督职责，或者发现违法行为不予查处，造成严重后果，构成犯罪的，对负有责任的主管人员和其他直接责任人员依照刑法的规定追究有关责任；尚不够追究刑事责任的，依法给予行政处分。不同行政区域之间发生水事纠纷有违反第七十五条规定行为的，对负有重任的主管人员和其他直接责任人员依法给予行政处分。法律责任有行政法律责任和刑事责任。行政法律责任有身份处分、行政处分、行政赔偿责任，刑事责任则参照刑法有关规定执行。

（二）水政监察员

1. 水政监察员的法律关系

水政监察员是实施水政监察的执法人员。水政监察员必须具有一定的水利专业知识和法律知识，尤其是水法知识，必须遵纪守法，秉公执法。水政监察员在执法时，其行为具有公务性质，其行为的结果归属于委托人即水行政机关。水政监察人员由同级水行政执法机关任免，地方水政监察机关主要负责人的任免需要征得上一级水行政执法机关法制工作机构的审核同意。

2. 水政监察员的权利与义务

《水法》第六十条规定，县级以上人民政府水行政主管部门或流域管理机构及其水政监督检查人员在履行监督检查职责时，有权采取下列措施：①要求被检查单位提供有关文件、证照、资料库；②要求被检查单位就执行本法的有关问题作出说明；③进入被检查单位的生产场所进行调查；④责令被检查单位停止违反本法的行为，履行法定义务。由此可见，水行政监督检查的权限包括：进入现场权，调查询问权，索取必要的文件、证照和资料权，采取措施权等。由于水政监察员在执法时已被委托的机关和组织授权，因而执法时的义务和法律责任应视同公务员。在新的历史条件下，为适应水行政执法的要求，水行政监察员应具有政治、法律、道德、心理、知识等方面较高的素质。

3. 水政监察队伍素质结构的要求

要建设高素质的水政监察队伍，必须具备合理的素质配置结构，该结构蕴含于水政监察队伍的年龄结构、文化结构等具体形式中。

（1）年龄结构合理化。水政监察人员在不同年龄阶段具有不同的自然素质，而老中青三代的素质往往具有互补性。因此，理想的年龄结构应体现出以中青年为主体，坚持老中青相结合，保持较大的年龄梯次密度。

（2）学历结构合理化。现代社会要求执法者具备广博的知识，作为个人，达到这个标准委实不易，但作为队伍，通过具有不同文化程度的人员的适度比例及合理组合，塑造较高水准的整体知识素质并不困难。

（3）专业结构合理化。应以专业人才为主，再配齐相关人才，使执法队伍拥有精通水利、法律、经济、管理等各类专门人才。

（4）职务结构合理化。不同职务层次具有不同的素质要求，必须根据工作任务、职责范围实现人员的定位和定额规范化、科学化，做到上层、中层、基层三个层次的人员数量、素质等各方面指标的合理配置。

（三）我国水行政执法人员的具体范围

结合我国水行政管理实践，符合条件的水行政执法人员包括以下几类。

（1）各级水行政主管部门中直接面向水行政相对人行使行政管理职权的人员，按照分工，水行政主管部门的组成机构分为两类：一类机构仅承担内部事务管理，实施的是内部行政行为，表现为专业技术类和综合管理类人员，一类机构实施的是外部行政行为，面向行政相对人行使管理职权，即实施具体行政行为。只有实施这些行为的人员属于行政执法人员即行政执法类人员。

（2）流域管理机构中和水工程管理单位中依法行使行政管理职权的人员，这些组织中的多数人员承担工程技术管理和开发，不属于行政执法人员。

（3）水政监察组织中的执法人员，水政监察组织中的一些从事内部管理的人员也不属于行政执法人员。

二、水行政执法人员管理制度现状

（一）行政执法人员管理制度的现状

2006 年施行的《中华人民共和国公务员法》（简称《公务员法》）设立了行政执法类职位，这一职位的人员通常被称为行政执法人员，其职位的本质特征是在政府部门中直接履行行政监管、行政处罚、行政强制、行政稽查等现场执法职责，与综合管理类、专业技术类职位相比，主要特点为：纯粹的执行性和现场强制性。为保障执法质量，我国法律和政策对行政执法人员的管理进行了规定。

在法律层面上，最早规定行政执法人员持证上岗、亮证执法的法律是《中华人民共和国行政处罚法》，该法第三十四条第一款规定"执法人员当场作出行政处罚决定的，应当向当事人出示执法身份证件"，第三十七条第一款规定"行政执法人员在调查或者进行检查时，应当向当事人或者有关人员出示证件"。《国务院关于贯彻实施〈中华人民共和国行政处罚法〉的通知》也指出，要加强执法人员的资格、证件和着装管理，停止合同工、临时工从事行政处罚工作。之后实施的《公务员法》第十四条、第十八条规定了职位分类制度，专门设置行政执法类公务员，要求对行政执法人员实施特别管理，仅做了适用于各类公务员的原则规定，并没有对行政执法人员的管理制度做出具体安排。除了这些一般意义的法律规定外，一些行政管理的专业性法律法规中也有相关规定，例如，《土地管理法》第六十八条规定，土地管理监督检查人员履行职责，需要进入现场进行勘测、要求有关单位或者个人提供文件、资料和作出说明的，应当出示土地管理监督检查证件。《交通运输条例》第五十四条规定，应当加强执法队伍建设，道路运输管理机构的工作人员应当接受法制和道路运输管理业务培训、考核，考核不合格的，不得上岗执行职务。第五十九条规定，道路运输管理机构的工作人员实施监督检查时，应当有 2 名以上人员参加，并向当事人出示执法证件。

在政策层面上，具有重大推动作用的是 2004 年国务院《全面推进依法行政实施纲要》（简称《纲要》）规定"要清理、确认并向社会公告行政执法主体；实行行政执法人员资格制度，没有取得执法资格的不得从事行政执法工作"。次年的《国务院办公厅关于推行行政执法责任制的若干意见》进一步要求"对各行政执法部门的执法人员，要结合其任职岗位的具体职权进行上岗培训；经考试考核合格具备行政执法资格的，方可按照有关规定发放行政执法证件"。2008 年《国务院关于加强市县政府依法行政的决定》和 2010 年《国务院关于加强法治政府建设的意见》也规定要加强行政执法队伍建设，健全行政执法人员资格制度，对拟上岗行政执法的人员要进行相关法律知识考试，经考试合格的才能授予其行政执法资格、上岗行政执法，对被聘用履行行政执法职责的合同工、临时工，要坚决调离行政执法岗位，狠抓执法纪律和职业道德教育，全面提高执法人员素质。这些规定尽管出自不具有正式法律效力的规范性文件，但以其在科层制体系中的最高权威性，产生了非常重大的约束力量。

正是为了贯彻法律和国务院有关政策，国务院部门和省级政府纷纷出台加强行政执法人员管理的规定。据统计，截至 2012 年，已有 23 个部委、28 个省（自治区、直辖市）出台了相关的规章或者规范性文件。这些文件大部分以"行政执法证管理办法"冠名。由此在全国行政系统基本形成了以行政执法证件管理为核心的行政执法人员管理制度。这些执法证管理办法呈现出下面将介绍的一系列主要特点。

（二）水行政执法人员管理制度逐步健全

在水政监察队伍建设起步阶段，水政监察人员专职化程度不高，多数是兼职，而且水政监察队伍机构性质大多属于事业编制，财政上得不到供养，只能靠自收自支解决生存问题。至 1995 年 12 月 8 日，在总结多年队伍建设经验和有关地区队伍建设较好做法的基础上，水利部决定在全国水利系统开展水政监察规范化建设，提出了水政监察"执法队伍专职化、执法管理目标化、执法行为合法化、执法文书标准化、考核培训制度化、执法统计规范化、执法装备系列化、检查监督经常化"的"八化"建设目标，并统一名称，将省、地、县三级分别定为水政监察总队、水政监察支队、水政监察大队。随后，各地按要求积极进行专职水政监察队伍的组建，并把握政府机构改革的契机，解决了一部分水政监察队伍的机构性质和人员编制问题。截至 2019 年年底，全国 3362 支水政监察队伍中，行政序列的有 413 支，占全部的 12.3%，财政全额预算的有 1724 支，占全部的 51.3%。

随着水政监察队伍建设的不断推进，各级水行政主管部门逐步认识到水政监察制度的重要性，在制度建设方面进行了有益的探索。1996 年，水利部在《关于印发水政监察规范化建设实施意见的通知》中，首次提出要"制定一系列内部管理制度，建立有力的运行机制"，并明确了内部规章制度包括"水行政执法目标责任制；水政监察人员岗位责任制，工作守则，奖惩办法，学习、培训和考核办法；执法文书档案管理办法；水行政执法统计制度；执法装备和设备使用管理办法等"。2000 年 5 月，水利部《水政监察工作章程》（水利部令第 13 号），专列"水政监察制度"一章，对建立健全执法制度作出了规定，第十九条规定："水政监察队伍实行执法责任制和评议考核制"，第二十条规定："水政监察队伍应当建立和完善执法责任分解制度、水政监察巡查制度、错案责任追究制度、执法统计制度、执法责任追究制度以及水行政执法案件的登记、立案、审批、审核及目标管理等水政监察工作制度"。根据水利部的规定，各省、市、自治区水行政主管部门结合本地实际，细化出台了相关制度，进一步加强执法管理、规范执法行为。目前，全国水政监察队伍内部已基本形成了以执法责任制和责任追究制为核心的水政监察制度体系。

（三）水行政执法人员管理中存在的问题

（1）行政执法人员执法主体资格缺乏法律和制度保证，致使行政执法资格确认流于形式。资格是指从事某种活动所应具备的条件、身份等。水行政执法人员资格是指水行政执法人员从事行政执法活动应当具备的条件。从资格本身的含义来讲，应当是可能性，而不是现实性；是权力能力，而不是行为能力。水行政执法人员资格，是水行政执法人员从事行政执法活动的前提和基础。实行行政执法人员资格制度，深化行政执法体制改革的一项重要措施。但我国至今仍没有关于行政执法人员资格管理方面的法律法规。

（2）行政执法人员资格和核发行政执法证件之间关系不清。行政执法资格和合法行政执法证件是两个不同概念。确立行政执法人员资格制度的目的就是通过设立执法准入门槛，以增强行政执法的严肃性、提高执法水平和质量；核发行政执法证件，是对行政执法人员和行政执法监督人员资格的清理、审查和确认，是加强行政执法人员管理、规范行政执法行为的重要举措。但在我国，对于以上两者的关系处理，存在如下问题：确认行政执法人员资格和核发行政执法证件的主体相同，两者之间缺乏制约和监督；行政执法人员资格确认和核发行政执法证件几乎是同时进行，影响行政执法考试的严肃性；将行政执法证件等同于行政执法资格证书，失去了行政执法人员资格确认的本来意义；确认行政执法资格的条件和核发行政执法证件的条件相同，使行政执法资格确认流于形式。

（3）水行政执法证件与各省行政执法证件的关系不明，缺乏等效一致性。水利部依据《水政监察工作章程》（水利部令第 13 号，2004 年水利部令第 20 号修改）、《水政监察证件、标志管理办法》（1997 年）、《水政监察证件管理办法》（2004 年）等部门规章及规范性文件对水政监察人员颁发了水政监察证；我国各省级政府基本上在本行政区域内颁发了行政执法证件并出台了有关法规或者规章，并规定在级行政区域管理范围内行政执法，需要确定本省的行政执法证件。为便于执法，大部分水政监察人员持有两证，即既有水利部颁发的水政监察证，又有地方人民政府颁发的行政执法证件。在调查研究的 10 个省中有一半的省份既办了行政执法证，又办了水政监察证。同时，根据调查的结果，有高达一半的省份仅办了行政执法证，没有办水政监察证，《水政监察工作章程》及部颁证件管理办法对水政监察证件申办、审核、管理等各项规定均没有落实。同时，由于流域机构跨多个省份，为了便于执法工作，水行政执法人员往往要领取两个或者两个以上的行政执法证。如淮委的南四湖水利管理局地处苏鲁边界地区，执法范围地跨苏鲁两省，该局水行政执法人员除获取水利部颁发的水政监察证，同时也领取了苏鲁两省的行政执法证件。

（4）水行政执法人员执法证件使用不统一。在现实的水行政执法过程中，水行政执法人员出示证件也呈现出多样性，有的出示水利部颁发的水政监察证、有的出示地方颁发的行政执法证，甚至同时出示以上两种执法证件，对执法证件的权威性形成不良影响。

（5）部分水行政执法人员业务素质与承担职责不相适应。按照《水政监察工作章程》和各省行政执法证件管理办法的规定，办理水政监察证或者行政执法证件之前必须要经过培训和考试，考试合格后方可取得行政执法资格。在调查的 10 个省份中均按要求进行了培训考试，但其中仅有 2 个省是省级水利部门单独组织进行的培训和考试，有 8 个省份是借省政府法制办办证契机给执法人员进行岗前培训和考试，尽管在培训和考试的过程中，结合了水行政执法的工作要求，增加了水行政执法的内容，但总体来说，行政执法的一般基础理论较多，水行政执法的内容较少，水利行业特点不突出。加之水政监察队伍由于人员编制、历史遗留因素等，存在着部分水行政执法人员是半路出家的非专业人员，对水利专业知识掌握较少，对相关法规知识缺乏足够的了解。

各省兼职执法人员的比例都较大，平均比例超过 40%，最多的省份近70%。辽宁等省反映，兼职执法人员在法律法规的适用、办案程序和技巧、与其他相关部门的协调与配合上都有所欠缺。安徽等省反映兼职执法人员受精力与经费的限制，无法投入全部的力量与热情去全方位地执法，影响了执法的效力与效果。高比例的兼职执法人员，对专职执法人员数量造成一定影响，绝大部分地方反映专职执法力量不足，不能满足执法工作的需要。

（6）水行政执法人员资格信息化管理落后。我国的覆盖流域管理机构及其地方水行政管理主管部门的水行政执法人员管理信息化管理系统尚未建立，人员资格管理手段落后。水利部虽研制了水政监察人员管理电子信息系统，但管理范围、管理要素仅仅局限于水行政执法人员的基本情况及水政监察证件发放情况，不足以满足水行政执法执法管理的信息化需要。为适应依法行政及政务公开的更高要求，应加强水行政执法人员信息化管理，开发研制相关系统，实现水行政执法人员名单上网、在相应网站上公布，开展网上申请和办理水行政执法证件业务，水行政执法证件管理规章、细则、规定、制度、表格、示范文本、流程查询等功能。

（四）单一颁发行政执法证件影响执法的权威性和规范性

行政执法证件是行政执法人员执法权限和身份的证明，表明持证人在本行政区域内有权行使法律、法规、规章所赋予的行政执法权。实行持证上岗、亮证执法制度是法律对行政执法行为的基本要求和程序性规定，目的是要严格对行政执法队伍的管理，规范行政执法行为，保障和监督行政执法机关、行政执法人员依法行使职权，也是执法人员自觉接受各方监督的重要形式。加强行政执法证件管理是规范行政执法行为，保证和监督行政执法机关和执法人员依法行使职权的必要手段。为此，本次课题研究对行政执法特别是水行政执法的证件的历史沿革、地方政府和国务院部门对于行政执法证件的管理、部门发证与地方政府发证的关系等进行了专门研究，并提出关于加强水行政执法证件的管理的建议。

1. 行政执法证件管理的历史沿革

我国最早对行政执法人员持证上岗、亮证执法规定的法律是《行政处罚法》，根据《中华人民共和国行政处罚法》第三十四条第一款规定，"执法人员当场做出行政处罚决定的，应当向当事人出示执法身份证件"。第三十七条第一款也规定，行政执法人员在调查或者进行检查时，应当向当事人或者有关人员出示证件。随后，有关的法律、法规在制定、修订的过程中也都加入了类似的条款，对行政执法的证件管理做了规定。

对于出台较早的水法规，如 1988 年的《水法》、1991 年的《水土保持法》以及 1997 年的《防洪法》等法律对水行政执法人员和水行政执法证件均未作出规定。1988 年的《河道管理条例》和 1991 年的《防汛条例》以及 1993 年的《取水许可制度实施办法》等法规对水行政执法人员和水行政执法证件也未作出规定。有关水行政执法人员和水行政执法证件的规定最早见于水利部 1990 年制定的水利部 1 号令《水政监察组织及工作章程》（试行），其第十三条规定："水政监察人员执行公务时应当着装、持证、佩戴标志。标志和证件格式由水利部规定，由县以上地方人民政府或上一级水行政主管部门核发。"2000 年 5 月 25 日水利部令第 13 号《水政监察工作章程》又对水政监察人员执行公务时的着装、证件、臂章等作了规定。由于该规定关于着装的内容不符合国务院的有关规定精神，2004 年 10 月 21 日又发布水利部令第 20 号将第十七条修改为："水政监察人员执行公务时，应当持有并按规定出示水政监察证件。水政监察证件的制作和管理由水利部规定。"水行政执法证件的有关规定仅限于在部门规章的层面。

2002 年 8 月 29 日第九届全国人民代表大会常务委员会第二十九次会议通过了修订后的《水法》并以中华人民共和国主席令第 74 号公布。其中第六十二条规定："水政监督检查人员在履行监督检查职责时，应当向被检查单位或者个人出示执法件。"2010 年 12 月 25 日第十一届全国人民代表大会常务委员会第十八次会议通过修订的《中华人民共和国水土保持法》，以中华人民共和国主席令第 39 号公布，其中第四十五条规定："水政监督检查人员依法履行监督检查职责时，应当出示执法证件。被检查单位或者个人对水土保持监督检查工作应当给予配合，如实报告情况，提供有关文件、证照、资料；不得拒绝或者阻碍水政监督检查人员依法执行公务。"至此，水行政执法人员及其证件的规定上升到了法律的层面。但是，从文字表述上并没有明示"执法证件"的内涵，所以应当包含国务院部门和地方政府的两种证件。

为了落实水利部 1 号令关于证件标志的规定，1997 年 2 月水利部颁发了《水政监察证件、标志管理办法》，办法规定：统一全国水行政执法证件和标志，水行政执法证件为"中华人民共和国水政监察证"，标志为"中国水政监察"胸章和"中华人民共和国水政监察"臂章。规定水政监察证件和标志的式样由水利部统一制定，并负责监制。规定了颁发机关、办法程序、证件编码的分配以及证件使用的要求。随后在全国水利系统进行了发证工作。

随着水法的修订和 1 号令、13 号令的修改，水利部 2004 年颁布了《水政监察证件管理办法》（水政法〔2004〕398 号），废止了 1997 年颁布的《水政监察证件、标志管理办法》。与后者不同的是：新办法明确了"水政监察证件是水政监察人员依法开展水行政执法活动的资格和身份证明"。明确了水政监察证件包括"水政监察证"和"水政监察"胸卡，取消了原来规定的臂章，将胸章改为胸卡。水政监察证件由水利部统一监制、颁发。任职条件应符合《水政监察工作章程》（水利部令第 13 号）的规定。地方的水政监察人员由省、自治区、直辖市水利（水务）厅（局）报水利部审查，由水利部颁发水政监察证件；流域机构的水政监察人员报水利部审查，由水利部颁发水政监察证件。规定实行每两年审验注册制度。

2005 年 3 月，水利部办公厅发出关于水政监察证件换证工作的通知，要求各地和流域机构要以换发证件为契机，进一步提高水政监察人员的素质。要严格按照《水政监察工作章程》（水利部令第 20 号）规定的任职条件考核、选拔水政监察人员，并做好相关培训工作，努力提高水政监察人员的整体素质和执法水平。停止合同工、临时工从事水政监察工作。要坚持边发证、边备案、边建档的原则，做好水政监察证件的日常管理工作。对经批复换发水政监察证件的要录入数据库存档。为促进水政监察证件管理工作的信息化，开发了"水政监察证件管理系统"软件，并发至流域机构及省级水行政主管部门。流域机构、省级水行政主管部门应根据工作需要，将"水政监察证件管理系统"软件复制后发至流域机构所属管理机构或市、县级水行政主管部门，并在证件换发工作中使用。政策法规司委托江苏省水政监察总队承担水政监察证件的制作工作。各流域机构、省级水行政主管部门持批复文件统一向江苏省水政监察总队订购。

2. 地方政府关于行政执法证件的管理

大部分省、自治区和直辖市制定了行政执法证件管理方面的规章，规定了适用于本地区各部门的行政执法证件，同时也明确了本地方的证件和国务院部门的证件的关系，不同地区的规定有差异，主要有以下几种情况。

（1）只认可国务院的规定。例如，1998 年 1 月河北省人民政府令第 212 号修正的《河北省行政执法证件和行政执法监督检查证件管理办法》中第三条规定，行政执法证件与行政执法监督检查证件，凡国务院行政法规未规定统一样式的，均按省政府标准样式统一制作，按系统分级发放，由本级政府审核备案。行政执法证件制发有国务院行政法规为依据的，持证的行政执法部门应到本级人民政府法制机构备案。

（2）有的地方认可法律法规规定的证件。例如，2007 年 2 月颁布的《山西省行政执法证件管理办法》第二十三条规定，法律、行政法规对行政执法证件有规定的，从其规定。行政执法部门应将依据法律、行政法规规定发放行政执法证件的情况及证件式样报送本级人民政府法制机构备案；政府法制机构应将其行政执法人员的持证情况纳入本级政府行政执法人员信息系统。《黑龙江省规范行政执法条例》的第十一条规定，行政执法人员应当持证上岗。法律、法规对持证执法作出统一规定的，持证人员所在机关应当到本级人民政府备案；法律、法规对持证执法未作统一规定的，行政执法人员上岗执法，均应持有省人民政府统一印制的行政执法证。

（3）有的地方在规定使用本地行政法证件的同时，也规定可以使用部门颁发的证件。例如，《江苏省行政执法证件管理办法》规定，使用全国统一样式行政执法证件的机关，可以申领"行政执法证"，也可以继续使用原证件。但使用原证件的机关，应当将证件样本，以及本机关持证人员的花名册报本级政府法制部门备案。

（4）认可国务院所属工作部门制定的规章规定，也可申领地方的证件。例如，《浙江省行政执法证件管理办法》规定，根据法律、行政法规和国务院所属工作部门制定的规章规定，由国家行政主管部门统一印制和加盖印章的行政执法证件可以继续使用，并由使用机关统一造册向本级人民政府备案；有关使用机关根据需要也可以申领"浙江省行政执法证"。《湖北省行政执法条例》规定，法律、法规、规章对有关行政执法机关的执法证件已作统一规定的，该机关应当将执法证件样本报本级人民政府备案；法律、法规、规章对执法证件未作统一规定的，行政执法人员执法时，应当持省人民政府统一制发的执法证件。《广西壮族自治区行政执法证件发放和管理办法》规定，公安机关、国家安全机关和已经领取国务院有关工作部门统一制发（颁发）行政执法证件的，不再申领"广西壮族自治区行政执法证"。《重庆市行政执法证件管理办法》规定，持有国务院部门制作并套印制作部门印章的行政执法证件的行政执法人员，凭该证件依法行使执法权，不再申领执法证。《云南省行政执法证件管理规定》已由国务院有关行政执法部门统一颁发行政执法证件的行政执法人员，经省人民政府法制局同意，可以不再颁发本省的行政执法证件，但省级有关行政执法部门应当将行政执法证件样本和持证人员名单报省人民政府法制局备案。《青海省行政执法证件管理办法》规定，国务院有关部门已统一颁发的行政执法证件在我省继续有效。省级有关部门应将行政执法证件样本和持证人员名单、证件编号等报省人民政府法制局备案。根据"各省证件规定分类统计表"分析，约有一半的省、自治区、直辖市规定认可法律法规规定的证件，有一半的省、自治区、直辖市认可国务院所属工作部门制定的规章规定，但也可申领地方的证件。

3. 部门发证与地方政府发证存在的问题

国务院有关部门和省级地方行政执法证件管理的立法对于规范行政执法证件和行政执法人员的行为，促进行政机关依法行政，起到了积极作用。但是，由于国家没有出台有关行政执法证件管理方面的法律、行政法规或者其他规范性文件，行政执法证件管理的规定散见于现行法律、行政法规和部门规章，使得行政执法证件管理中存在的一些问题也逐步暴露出来，对行政执法这一国家公权力活动的严肃性和权威性造成了不利影响。

（1）证件立法主体众多。据统计，截至 2006 年年底，国务院所属部门有劳动和社会保障部、监察部、国家税务总局、文化部、国土资源部、国家林业局、水利部、农业部、卫生部、国家环保总局、国家广播电视总局、国家质量技术监督检验检疫总局、交通部、国家发改委、新闻出版总署、安全生产监督、煤矿安全监察、统计、物价、国家工商行政管理局、国家外汇管理局、国家粮食局、烟草、海关、统计等 20 多个部委出台了行政执法证件管理方面的规章或者规范性文件，全国有 28 个省、自治区和直辖市制定了行政执法证件管理方面的规章，另有深圳、厦门、拉萨等市也制定了本市行政执法证件管理方面的规章。这种立法的势头在国家有关部门并一直在持续发展。

（2）证件种类繁多。国务院各部门按系统颁发的行政执法证件约有 32 种，其中，依据法律颁发的有 5 种，依据行政法规颁发的有 4 种，依据部门规章颁发的有 23 种。在各种执法证件中，最普遍的是行政执法证。国务院所属的大多数部门都规定了本系统的专业行政执法证件，有的部门甚至于多个专业的执法证件。各省、自治区和直辖市都确立了涵盖除公安、税务、工商等以外的所有行政执法部门的证件——"行政执法证"。有的地方还设立了行政执法监督证，发放给有关执法部门中一定级别的负责人。目前，通过地方立法规定行政执法监督证的有黑龙江、吉林、辽宁、内蒙古、宁夏、河北、河南、江苏、湖南、湖北、江西、四川、贵州、福建等省（自治区、直辖市）。除此而外，地方的行政执法证件还有职权行政执法证、授权行政执法证、委托行政执法证、协助行政执法证之区分。如辽宁将行政执法证分为职权执法证、授权执法证和委托执法证；广西将行政执法证件分为授权行政执法证、委托行政执法证、协助行政执法证；山东颁发的有行政执法证和行政处罚办法；四川、云南、广西颁发的有委托行政执法证。国务院有关部委的行政执法证件名称更多。如文化部颁发的中华人民共和国文化市场稽查证；国家税务总局颁发的税务检查证；国家外汇管理局颁发的国家外汇管理检查证和国家外汇管理国际收支申报检查证；国家质量技术监督检验检疫总局颁发的特种设备安全监察员证书等。

（3）证件要素不一。对于行政执法证件应当载明哪些事项，有关法律、行政法规并没有作出规定。各地对行政执法证件的内容记载不一，如有的省的执法证件内容有姓名、性别、年龄、工作单位、职务、执法区域、发证机关、证件号码等八项。有的有执法种类，有的没有执法种类；有的设有效期限，有的没设有效期限；有的有的发证日期，有的没有发证日期；有的是填发机关，有的是发证机关；有的称证号，有的称编号；有的有居民身份证号，有的没有居民身份证号等。

（4）发证主体林立。由于国务院对行政执法证件的颁发体制并没有统一的规定。在这种情况下，国家有关部委根据法律、行政法规、部门规章以及部委文件和部委司局文件的规定和要求，在本部门和本系统内部颁发了有关行政执法证。各省级政府基本上在本行政区域内颁发了行政执法证件并出台了有关法规或者规章。据粗略统计，目前，在国务院有关部门中，有19个部门颁发各种行政执法证件。省级人民政府制作的行政执法证件，其颁发主体有三种情况：省级人民政府颁发；省市两级人民政府颁发；省市县三级人民政府颁发。由于行政执法证件颁发主体的多样化，行政执法证件的颁发中出现了条块交叉、重复发证的情况，有的行政执法人员领取了两个或者两个以上的行政执法证。这些行政执法证件中，绝大多数是依据部门规章颁发的。如农业、交通、林业、文化、广播、新闻出版、工商、水利、粮食等部门颁发的行政执法证件。对于国家部委依据法律、行政法规颁发的行政执法证件，大多数省都予以认可，但对依据部门规章颁发的行政执法证件则予以回避。由于国家部委和省级人民政府都是持证机关的上级行政机关，持证机关常常按有关规定分别申领两种行政执法证件。

（5）证件管理不统一。有的规定行政执法证件必须年检，有的没有规定；有的地方行政执法证件免费颁发，绝大多数地方和部门的行政执法证件则是收费的。由于材质的不同、规格的不同，行政执法证件的工本费差别较大，从 5 元至 30 多元不等。有的规定年检必须培训，有的不必培训等。有的培训要领取培训合格证，有的没有规定培训合格证等。有的规定行政执法人员的文化程度应当在大专以上，有的规定为高中以上等。

（6）产生上述问题的一个重要原因，是在行政执法证件管理方面没有法律、行政法规或国务院文件的明确规定，部门规章与地方政府规章在行政执法证件的管理上存在着不协调。由于没有上位法的规定，在行政执法证件的设立和地方人民政府与国务院有关部是否按地方还是按系统颁发行政执法证件等方面，产生了地方政府规章与部门规章依职权打架的问题，造成了负面的影响：一是导致了行政相对人的茫然，面对多种行政执法证件不知谁是正宗。二是基层执法单位面对多个上级政府和部门单位办理行政执法证件的要求，无奈只好全都办理，结果形成了一个执法人员持多个证件，劳民伤财，影响形象。行政执法证件管理中存在的诸多问题，加大了行政管理的成本，影响了政府的公信力，降低了行政执法机关的形象，亟须规范。

第二节　构建以资格管理为基础的行政执法人员管理制度

一、行政执法人员资格的内涵

资格是指从事某种活动所应具备的条件、身份等。行政执法人员资格是指行政执法人员从事行政执法活动应当具备的各种条件的总称。

（1）资格是权力能力，而不是行为能力。它表现为可能性，而不是现实性。行政执法人员资格是行政执法人员从事行政执法活动的前提和基础。

（2）行政执法部门的工作人员、取得行政执法资格的人员和行政执法人员应当是三个不同的概念。取得行政执法资格的人员其人数应当少于本部门的工作人员，行政执法人员其人数应当少于本部门取得行政执法资格的人员。行政执法人员资格是行政执法人员从事执法活动的必要条件和基本条件。行政执法人员的资格条件与取得行政执法证件人员的条件是不同的，前者是"预备或后备执法人员"，后者是"现役执法人员"。目前，各地把行政执法人员资格的条件基本上界定在法律知识考核层面，以法律知识的考试合格作为确定行政执法人员资格的条件。

（3）行政执法人员的资格管理属于行政主体的内部行政行为。行政执法人员的资格管理制度是指对行政执法人员进行资格授予及证件发放与管理制度的总称。行政执法人员的资格确认亦称行政执法人员资格的授予，是指政府法制机构或行政执法部门对所属行政执法人员从事执法活动的主客观条件或权力能力予以确认的活动。行政执法人员的资格管理作为内部行政行为表明：一方面进行资格管理是通过制定法律法规或政策，设定一系列条件，对已从事或拟从事行政执法工作的人员进行身份管理和专业知识与业务能力的考核；另一方面在此管理过程中要依据政府组织法的要求，处理好国务院有关部门和地方政府的关系以及地方各级政府的关系，明确各自权限和职责。

二、行政执法人员资格管理制度与行政权的不匹配

行政行为人在实践中更多地表现为行政事务一线的执法人员，因此关于行政行为人资格管理制度的研究主要指向行政执法人员的资格管理制度。长期以来，在我国社会管理中事实上形成了一种现象：对行政执法人员管理的标准和要求明显低于法官和检察官。一般认为法官和检察官会面对复杂、疑难的法律纠纷，只有在业务上有高度的专业化水准才能担当其任，而行政执法人员只是处理常规性行政管理事务和一般违法案件，无需法官和检察官那样高的门槛和相应严格的管理制度。因此，实践中就有了《法官法》《检察官法》的实施，而行政执法人员的管理就自然没有专门的法律予以规范，甚至行政法规层面的专门制度也没有，尽管有《公务员法》的实施，但它适用于包括法官、检察官等在内的所有国家公职人员，并不专门适用于行政执法类人员。诚然，对行政执法人员的法律专业化要求在某种程度上会低于法官和检察官，但行政执法人员作为国家公权力行使者的重要构成，与法官、检察官具有同样重要的法律地位，并且由于行政管理事务与司法事务相比，对社会公众具有更经常、更广泛、更直接的影响，使得行政执法人员在业务上的复杂性、专业性也十分明显，构建与其公权力行使者身份相适应的管理制度显得很有必要。

（一）与行政权不相匹配的主要表现分析

1. 在立法上的不匹配：危害执法公正和国家法治化

上述现状表明，对行政执法人员的管理缺乏应有的国家权威性，至今尚无法律层面和行政法规层面的制度对行政执法人员管理进行系统的统一的规范。已有的一些零乱的规定散见于《行政处罚法》和一些行政管理专业法之中，虽然国务院部门和省级政府制定了一些专门的制度，但大多在行政规章层次。因此，呈现了一个似乎尴尬的局面：行政执法活动的基本依据是法律法规层面的严格规定，例如《行政强制法》《行政处罚法》等，而对直接适用这些法律进行社会管理的人员的管理则是零散的法律规定和层次较低的规定不一的规章，这是一种不相对称、不相匹配的关系，因而使得行政执法者应有的国家公权力

权威大打折扣。

这种局面不仅仅是尴尬的，关键在于严重影响执法公正和国家法治化的发展。第一，国家的行政法律法规是统一的，其执行者、实施者却是按照不同的条件选拔出来（例如各省规章规定的行政执法人员的学历条件、培训内容等存在较大差异）。即使在统一立法管理行政执法人员的情况下，因为主观能动性的个体差异，也难以保证每个人执法时都能准确地适用法律，为避免执法的不公正，对行政执法的外部控制和内部控制就一直在不断地完善和加强。如果对行政执法者不实行法律或法规的统一管理，其素质与能力的个体差异就会更大，出现执法中不公正的概率就会更大，规制的压力也将更大。第二，"形式合宪"是"法治化的最低制度性要求"，它要求一个国家的法律制度必须依据作为最高法的宪法产生、存在、变革和发展，所有的法律、法规必须统一到《宪法》上。其本质是要求一个国家的法律制度，包括法律、法规等法律形式以及立法、执法、司法和法律监督活动等必须要"于法有据""于宪有据"，"法治"的内部结构要符合形式逻辑上的"不矛盾律"，坚持国家的"法制统一性"。"法制不统一""政出多门"，只能导致"法令弥彰、盗贼多有"。全面推进依法治国基本方略首要立足于有效地保证"法制统一"，保证法律、法规、规章和一切国家机关、社会组织和公民个人的行为"形式合宪"。如前所述，众多规章关于行政执法证管理的规定存在诸多不同，而持有执法证意味着被授予公权力，如此重大的国家活动却是在"法制不统一"的前提下完成的，"形式合宪"受到严重危害。

有人认为2005年全国人大常委会通过的《公务员法》应该解决了这一问题，实际并非如此。诚然，《公务员法》是我国公务员制度在法制化建设中取得的关键性成果，体现了我国政府行政改革的直接要求，进行了多方面的创新。这部法律尽管有考试、录用、培训、管理等事项的规定，但相对于行政执法人员的特殊性而言，没有对行政执法人员的管理制度做出较具体规定，仅仅为行政执法类公务员的规范管理提供了基本法律依据。当然，这种情况也符合《公务员法》的立法精神，因为从其规定的公务员范围看，凡是依法履行公职、纳入国家行政编制、由国家财政负担工资福利的工作人员，均属于该法的管理范围。其具体范围包括七类机关的工作人员，即中国共产党机关、各级人大机关、各级行政机关、中国人民政治协商会议各级委员会机关、各级审判机关、各级检察机关以及民主党派、工商联各级机关。不仅如此，该法还按照职位的性质、特点和管理需要，把公务员明确划分为综合管理类、专业技术类和行政执法类等类别，事实上也只有行政机关会同时存在这三类公务员。可见，《公务员法》把在人事管理方面有着共同特点和要求的国家公职人员作为管理范围，它是一部总章程性质的法律文件，是规范我国公务员制度的基本法律。因此，它自然不可能对各类机关公务员管理的特殊要求作出规范，其作为一般法势必要求特别法与之衔接。

2. 在公权力体系中的不匹配：偏离行政权地位且有碍与司法权衔接

与行政执法人员的管理形成鲜明对比的是对法官、检察官的管理既有《公务员法》的依据，又有《法官法》《检察官法》这些特别法进行专门的规范。立法权、行政权、司法权共同构成国家的三大公权力，相对于立法权而言，司法权与行政权的一个共同之处在于它们的行使过程都是直接实施、具体适用法律的过程，但现实中对其权力行使者的管理却存在较大差异，前者已有专门的法律层面的系统规范，后者尚无行政法规层面的专门管理制度。同为公权力的行使者，在管理上存在如此较大差异，不符合行政权在国家公权力体系中的地位，也有碍于司法权和行政权在运行中的对接和配合。

诚然，行政权的行使状况并不完全取决于行政执法人员的管理，但其与行政权中的大部分内容密切相关。行政权的内容大致包括：行政立法权、行政命令权、行政决定权、行政监督检查权、行政制裁权、行政强制权、行政裁决权等，这些权力中，除了行政立法权外，其他权力都是行政执法人员能够行使的权力，这些权力也体现了行政权在公权力中地位，即行政权是最主要的公权力。国家、社会等共同体的基本功能就是为人们提供包括安全、秩序等要素的"公共物品"，而生产和分配这些"公共物品"主要由行政权完成。与社会公众联系最广泛、最直接、最经常的公权力是行政权，因为人们首先想到、看到和与之打交道的是警察、政府、审批、办证、纳税、罚款、救济金等与行政权有关的概念，而不是议会、法院、检察院、诉讼等概念。立法权是公权力中最重要的权力，但却不是最主要的部分。虽然，公民为裁决纠纷、解决争议、维护合法权益也较多地接触司法权，但与其接触的经常性、直接性显然不及行政权，一个人可能一辈子不和法官打交道，但不能不和行政执法人员打交道。司法权事关社会纠纷的公正处理，为对其行使者实施严格管理，就有了与之相匹配的《法官法》《检察官法》等法律层面的专门制度；行政权作为最主要的公权力，事关国家共同体"公共物品"的生产和分配，对其行使者的管理，却是通过零散的法律规定、内容不一的众多规章，这显然与行政权地位是不对称的。

不仅如此，行政权行使与司法权存在的衔接关系，要求行政执法人员在一定程度上应具备和司法权行使者相对等的专业水平。《行政处罚法》规定，违法行为构成犯罪，应当依法追究刑事责任，不得以行政处罚代替刑事处罚。违法行为构成犯罪的，移送司法机关；人民法院判处罚金的，行政机关已经给予当事人罚款的，应当折抵相应罚金；人民法院判处拘役或者有期徒刑时，行政机关已经给予当事人行政拘留的，应当依法折抵相应刑期。从此意义上看，行政权的行使结果和司法权的行使结果是同等的，例如罚款与罚金的折抵关系，这就要求行政执法者和司法权行使者对同一违法事实的认定和法律的适用应具有同样的判断，也就是说只有他们具备近似的能力和素质，在面对同一案件时才能出现"英雄所见略同"的结果。需要注意的是行政罚款是行政执法中最为常用的法律制裁手段，而哪些已实施行政罚款的案件应移送司法机关则是不确定的，这种情况一方面表明行政执法者应当具有相应的专业能力，能够判定是否移送，避免以罚代刑，影响国家法制的权威；另一方面表明，在不确定的情形下，如果行政执法者没有相应的专业能力，不能做出合法判定，该移送的不移送，任其积累，将会造成众多犯罪者得不到应有的法律制裁，社会正当秩序和社会正义势必受到严重伤害，进而引发社会公众对公权力代表的社会正义、国家权威的质疑。

3. 在执法队伍管理上的不匹配：难以应对复杂的权力行使过程

政府部门中的行政执法类公务员占有很大比例，是一个规模很大的特殊组织，主要集中在公安、海关、税务、工商、质检、药监、环保、交通等部门。根据初步测算，行政执法类公务员在国税系统有 31.44 万人，占其全部职位的 84.3%；工商系统 31 万人，占其全部职位的 68.66%；质检系统 3.9 万人，占 61.9%；环保系统 4.55 万人，占 58.1%。在行政执法中具有如此影响的群体却无国家层面的专门法规进行管理，执法实践中出现混乱自然不可避免。

众所周知，司法权的行使过程要适用缜密的、复杂的程序规范，因而要求通过严格的资格管理制度确保一支高素质的法官队伍，以坚守社会公正的保障线。不能忽视的是，行政权的合法合理行使同样是一个复杂的专业化过程。

（1）行政执法是将执法依据适用于具体事件的复杂过程，行政执法依据是一般性的、抽象的，而具体事件则是纷繁复杂的。行政执法者只有具备完备的法律知识、强烈的法律意识、丰富的社会经验、系统的知识结构和对法律的无限忠诚，只有具备高尚的品德、不徇私情、执法如山、廉洁高效，才能准确地从抽象的法律依据中选出最合适的部分，处理具体的行政事务。从此意义上说，只有合格的执法者，才能真正树立法律的权威，才能保障作为依法行政重心的行政执法过程不出现问题。有研究表明，行政执法中存在的问题主要表现为五个方面：逐利性执法、暴力执法、执法权滥用、程序违法、拖延履责或放弃履责。其中，暴力执法、执法权滥用、程序违法三个方面产生的重要原因均在于行政执法人员的素质不高。"依法行政之最为有效的检测指标是行政执法的质量，因为行政执法处在法律规制与行政管理事态的结合点上，处在行政机构体系与公众的结合点上，处在行政权与公民权的结合点上。"而行政执法的质量又依赖于执法者的状况，因此，不通过相应的立法规范行政执法人员的管理，就无法完善录用机制，就不能建立高素质的执法队伍，依法行政也将成为空谈。

（2）行政执法人员应和司法权行使者一样善于适用程序法规范。司法权的行使之所以成为社会公正的保障，是因为它必须依据严格的程序法规范，民诉法和刑诉法设定的司法程序具有显著的专业性，因此，使得司法权行使者（法官、检察官等）具有较高的准入门槛，必须经过相关专业培养和相应的资格考试、录用考试，因此，就有《检察官法》《法官法》等完善的管理制度与之匹配。行政权的行使也需要适用程序法规范，虽没有司法程序严格，但有其特殊的复杂性。为保障行政权的合法、合理行使，行政法中的实体性规范与程序性规范总是交织在一起，并往往共存于一个法律文件之中。法律在调整行政关系时，为了民主与公正，为了科学与效率，对行政机关行使职权的步骤、次序、方式、时限等予以规定，因而行政权行使过程是综合适用实体性法律规范和程序性法律规范的过程。具体行政行为的合法要件之一就是程序合法，行政权的行使必须遵守行政程序法。可见，行政权不仅要在诉讼过程中按照法定程序接受规范和审查，而且在非诉讼情况下，也必须以法定的严格程序对其制约和控制，例如听证程序、行政复议程序对行政权的监督和审查。不仅如此，行政活动依据的法定程序还有普遍性和特殊性之别，普遍性规范表现在一个法律文件中，即存在于统一的行政程序法或一般行政法中的程序性规定之中（例如行政处罚程序），特殊性规范则存在于不同法律文件中，即存在于调整不同的行政管理事务的一系列专业法之中，例如治安管理处罚法、土地管理法等，当然，这些行政管理专业法是以实体性规范为主体的。这正是行政权之于程序法的特殊之处。这就要求行政执法者能够理解、掌握并能正确适用的法律规范，除了专业相异的实体性规范外，还包括三类程序性规范：行政诉讼程序规范、普遍性行政程序性规范、特殊性行政程序规范。面对如此复杂的从业要求，仅有零散的法律规定、内容不一的众多规章来对行政执法人员实施管理，如同是竹笼子关老虎，很显然是不相匹配的。

（3）法官的专业化体现在较高的法律素质和能力，行政执法人员的专业化体现在除了具备一定的法律素质外，还要具有行政事务的专业知识。"随着行政权越来越多地渗入个人生活以及社会生活的细节中，政府的行为也越来越具有专业性，大到核力量、国际货币流通波动及环境污染，小到药品、食品的质量标准、计算机网络及通信的管理措施，无一不需要专业性知识作支撑。"随着科学技术的日益进步和人类社会可持续发展面临的挑战不断加大，行政执法活动越来越离不开技术手段的支持，例如卫生监管、交通督查、环境执法等，并逐步扩展到传统行政管理较少涉足的领域，而这些领域往往与技术管理、工程管理密切相关，例如水资源管理、城乡建设管理、海洋管理等。

（二）不匹配局面下产生的问题

正是由于对行政执法人员的管理缺乏较高层次的统一的法律制度，才造成了以众多行政规章为主体的、以行政执法证管理为核心的较为混乱的局面。这种局面下产生了一系列问题，主要有以下几种。

（1）规章之间不协调，多种执法证并存，严重影响行政执法权威。一是没有法律、行政法规上位法的统一规定，部门规章与地方政府规章都规定了行政执法证件的颁发和使用，对于国家部委依据法律、行政法规颁发的行政执法证件，大多数省都予以认可，但对于仅依据部门规章颁发的行政执法证件则予以回避。二是由于行政执法证件颁发主体的多样化，行政执法证件的颁发中出现了条块交叉、重复发证的情况。国家部委和省级人民政府都是持证机关的上级行政机关，持证机关常常按有关规定分别申领两种行政执法证件。基层执法单位面对多个上级政府和部门办理行政执法证件的要求，只能全都办理，其结果形成了一个执法人员持两个或两个以上执法证件。三是造成行政执法过程中出示证件的混乱。行政执法人员有的出示部门颁发的执法证、有的出示地方颁发的行政执法证，甚至同时出示以上两种执法证件，对执法证件的权威性形成不良影响。一方面，使行政相对人感到茫然，面对多种行政执法证件不知谁是正宗；另一方面，加大了行政管理成本，危害了行政执法机关形象，影响了政府的公信力。

（2）行政执法证管理和行政执法人员资格管理相混同，对行政执法人员管理起关键作用的资格管理制度没有得到实质上的确立。资格是指从事某种活动所应具备的条件、身份等。行政执法人员资格是指行政执法人员从事行政执法活动应当具备的各种条件的总称，是行政执法人员从事行政执法活动的前提和基础。确认行政执法资格和颁发行政执法证件是两个不同概念，是两个阶段的管理活动。通过行政执法资格统一考试，取得行政执法人员资格，这一阶段的目的是通过设立执法准入门槛，增强行政执法的严肃性、提高执法水平和质量；核发行政执法证件，应是政府职能部门从各自行政管理领域的专业性出发，建立培训考核制度，对取得行政执法人员资格的人员进行考核和确认，颁发行政执法证的过程。前述众多行政规章以行政执法证管理为核心，对于以上两阶段的关系处理存在如下问题：确认行政执法人员资格和核发行政执法证件的主体相同（一般由省级法制机构承担），缺乏制约和监督；行政执法人员资格确认和核发行政执法证件几乎是同时进行（用一个考核阶段完成），影响行政执法考试的严肃性；将行政执法证件等同于行政执法资格证书，失去了行政执法人员资格确认的本来意义；确认行政执法资格的条件和核发行政执法证件的条件相同，不能体现行政管理不同领域的专业个性。

（3）由于缺乏统一的资格管理制度，难以保障行政执法人员的业务素质与承担的职责相适应。一是在有关人员取得行政执法证件之前，地方政府尽管组织了通用法律知识的培训和考试，但因为考试内容和报考条件各省规定不一，是否符合行政执法的要求没有统一标准，因而取得执法资格的人员素质和能力参差不齐，难以保障行政执法的适应性。二是行政执法人员资格确认与行政执法证件颁发相混同，基本上是"一次考试定资格"，不利于发挥国务院部门的业务指导和行业领导职能，不利于各个行政管理领域专业执法能力的培训和考核，不利于协调国务院部门和地方政府在行政执法人员管理上的关系。只有少数地区是由省级政府职能部门单独组织进行专业执法培训和考试，但因为没有统一大纲和标准，各地方操作上随意性较大，难以保证行业专业执法的素质要求。多数省份是借省政府法制办办执法证的契机给执法人员进行专业执法岗前培训和考试，但仅是象征性地结合不同专业执法的工作要求，增加了专业执法内容，总体来说，行政执法的一般基础理论较多，专业行政执法的内容并不突出。这与行政执法的专业化要求还相距甚远，仅突出了地方政府的一般作用，职能部门的行业优势未得到应有发挥。

（4）没有较高层次的立法约束，导致兼职执法人员比重较大，一些不具备条件的人员（例如临时工）进入行政执法队伍。据统计，水行政执法队伍中，各省兼职执法人员的平均比例超过40%，最多的省份近70%。兼职执法人员在法律法规的适用、办案程序和技巧、与其他相关部门的协调与配合上都有所欠缺，他们无法投入全部的力量与热情参与执法，影响了执法的效力与效果；高比例的兼职执法人员，对专职执法人员数量造成一定影响，绝大部分地方反映专职执法力量不足，不能满足执法工作的需要。统计还显示全国3362支水政监察队伍中：行政序列的有413支，占全部的12.3%；财政全额预算的有1724支，占全部的51.3%；仍有36.4%的执法队伍没有经费保障，需要以执法养执法，实与公权力性质相悖。正是由于经费不足、编制不足，就聘用临时工参与执法，严重危害公权力形象。2012年《人民日报》评论说：这些年，"临时工"成了网络热词，特别是一些来自行政执法部门的临时聘用人员，其暴力执法、不作为、乱作为形象时常见诸报端，成为一些负面新闻的"主角"：打人的是"临时工"、公车私用的是"临时工"，雷人雷语的还是"临时工"……临时聘用人员有没有行政执法资格，本不是问题。然而，当前的法律对这一问题并无明确详尽的规定，一句"协助执法人员开展工作"，无法厘清临时工权力和责任的边界。很多用人单位打起了"擦边球"，临时工干了不临时的活，甚至拥有了本不应有的执法权力，而在少数地方，临时工们还成了基层行政执法的"主力军"。在难以约束的情况下，私用滥用公权的现象，在临时工们身上发生的概率较高。

（三）构建与行政权相匹配的行政执法人员资格管理制度

作为国家三大公权力的立法权、行政权、司法权，其依法行使都应有严格的标准和要求。行政执法人员的执法活动是行政权行使的重要部分。行政执法人员和法官、检察官一样都是国家公权力的实施者，都是执法人员，其管理制度的设计不应有太过明显的差别。因此建议：第一，参照对法官、检察官管理的立法经验，推进行政执法人员管理的立法进程。法官、检察官作为国家公职人员，对其管理既适用《公务员法》的规定，又根据法官、检察官在履行职责和工作方式等方面的特点和要求，制定了《法官法》《检察官法》等单行法与之衔接，还要有法官、检察官职务与管理办法与之配套。这是一种可资借鉴的相匹配的范例。第二，《公务员法》明确了行政执法类公务员的地位，对各类公务员的管理制度进行了普适性规定，可在此基本框架下，至少在行政法规层面对行政执法人员管理的基本制度进行统一规定，以结束众多规章规定不一、混乱交叉的局面。第三，核心在于实行"三环节"既相分离又相关联制度。拟参与行政执法的人员必须经过三个环节，即获得行政执法人员资格、通过公务员录用考试与取得行政执法证。具体而言，实施面向社会的行政执法人员资格考试，取得资格的人员方可参加行政执法类公务员选拔考试，被录用为公务员后，必须经过相应政府部门的专业培训和考核，才能取得行政执法证，最终成为行政执法人员。详细的制度设计在下面水行政执法人员资格管理制度进行探讨。

三、实施行政执法人员资格确认与行政执法证颁发相分离

目前，由于国务院没有对行政执法人员资格制度的统一规定，理论上也缺乏深入细致的研究，国务院和地方政府的法制部门对行政执法人员资格确认问题在实践上处于探讨之中。行政执法人员资格的确认与行政执法证件的颁发是统一还是分离的问题，目前有两种观点：一种认为，行政执法人员资格确认与行政执法证件的颁发应当分离；另一种认为，核发行政执法证件其实就是确认行政执法人员资格，行政执法证其实质就是行政执法人员资格证。本书采纳第一种意见，即行政执法人员资格确认与行政执法证件颁发相分离。理由如下。

（1）行政执法人员资格与行政执法执业相分离是《全面推进依法行政实施纲要》（简称《纲要》）的本意所在。《纲要》确立行政执法人员资格的目的，就是通过设立行政执法资格门槛，对行政执法人员条件把关，实行行政执法活动准入制度；通过对行政执法的准入限制，提高行政执法人员的素质特别是法律业务素质，规范执法行为，严格依法行政。行政执法人员资格与行政执法执业只有相分离，才能有严格规范科学的行政执法人员培训考试制度，才能保证使转任的执法人员在从事执法活动前就有较高的法律业务素质，才能使拟从事

执法活动的执法人员及时投入取得行政执法资格的业务知识学习中，进而及时取得行政执法证件。

（2）行政执法人员资格的管理应当参照法律职业资格的管理进行。立法权、行政权、司法权共同构成国家的三大公权力，它们的依法行使都应有严格的标准和要求。行政执法人员的执法活动是行政权行使的重要部分。行政执法人员和法官、检察官一样都是国家公权力的实施者，都是执法人员。行政执法人员资格的确认近似于法律职业资格的确认，根据有关法律的规定，初任法官、初任检察官和从事律师职业活动，必须通过司法考试取得法律职业资格，但取得法律职业资格未必就能担任法官、检察官和律师。从我国的《法官法》《检察官法》和《律师法》对初任法官、初任检察官和律师执业的规定来看，法律职业资格和法律职业任职条件是两个不同的概念和规定。如果按照德国思想家马克斯·韦伯的观点，把法官、检察官和律师列为"实务法律人"的话，那么，我国的行政执法人员其实就是"准实务法律人"。因此，对行政执法人员资格的确认可比照法律职业资格的理念和规定，对行政执法人员的执法资格实行较严格的管理，实行行政执法人员资格与行政执法证件的颁发相分离。

（3）将行政执法人员资格的确认与行政执法证件的颁发相分离，在我国行政管理体制现状下，有利于强化国务院部门的业务指导和行业领导职能，有利于协调国务院部门和地方政府在行政执法人员管理上的关系。在行政执法证件单一存在的情况下，地方政府在组织培训考试时，注重通用法律知识的考试，有些地方尽管也有行业专业法律法规知识和运用能力的培训考核，但因为没有统一的大纲和标准，各地的水平参差不齐，难以达到行政执法的素质要求。两者分离之后，行业主管部门负责行政执法人员资格的确认，能够发挥业务优势，增强培训考试的针对性。在确保资格条件的前提下，执法证件的颁发和管理，可由地方政府实施，部门和地方的分工负责因而得以明确。

行政执法人员资格的确认与行政执法证件颁发相分离，也就是确认主体的分离、确认时间上的分离、确认资格条件和颁发证件条件的分离。行政执法人员资格与核发行政执法证件相分离是客观、必然的。行政执法人员的资格确认应当与申领行政执法证件的条件相分离，即行政执法资格条件应当与行政执法的执业条件相分离。

四、行政执法人员管理制度基本框架

（一）建立行政执法人员资格的确认与行政执法证件的颁发分离制度

如前所述，行政执法人员资格的确认是取得行政执法证件的前提条件。拟从事行政执法工作的人员，经培训考试合格的，由主持培训、考试的国家或省级政府有关部门发给行政执法资格证书，其资格因此得以确认。虽然取得行政执法资格，但未经所在行政执法部门任命的，依然不能从事行政执法工作。各级政府法制机构根据工作需要，只能从已经取得行政执法资格的人员中任命行政执法人员，按规定核发行政执法证件，实际从事执法业务活动。也就是说，能够进行现实执法的行政执法人员应当持有两个证件：行政执法人员资格证和行政执法证。行政执法人员资格确认与颁发行政执法证件相分离的理由已在前面论及。

（二）建立行政执法人员的身份条件约束制度

行政执法人员是国家行政机关依法录用或委托并赋予其相应执法权的工作人员。从我国现阶段看，行政执法人员主要有两种：一种是当然的行政执法人员即行政执法主体的组成人员，可分行政机关中拥有执法权的正式在编人员和法律、法规授权的执法组织中的人员；另一种是因受行政机关合法委托而获得执法权的组织中的人员。与行政执法人员身份相关的条件包括机构条件、编制条件、政治品德条件、学历条件等方面，只有同时具备这些条件，才能报名参加行政执法人员资格考试。

（1）机构条件。机构条件应当是申请行政执法人员资格的首要条件。机构条件是指行政执法人员所隶属的单位应当是行政执法部门。申请行政执法资格人员所在的部门应当是依法管理社会公共事务并具有行政执法权的部门。不具有外部公共事务的管理职能，对外不行使行政执法权的部门所属的工作人员不得申请行政执法资格。不是所有行政机关的工作人员都可以申请行政执法人员资格，有的机关本身就不具备行政执法主体资格，故该单位的工作人员就不应当申请行政执法人员资格，如政府办公厅（室）、监察机关、机构编制机构、政府法制机构、机关事务管理机构、信访机构等部门的工作人员。

（2）编制条件。编制条件应当是行政执法人员的身份所在。申请行政执法资格人员的身份有以下几种情况。

1）行政机关中的工作人员应当是行政编制的公务员或者是事业编制人员。

2）法律、法规授权组织中事业单位的职员应当是该组织中事业编制的管理人员或者技术人员。

3）法律、法规授权组织中的企业员工应当是该企业中的管理人员。

4）受委托执法单位中的职员应当是受委托单位中的公务员、事业人员或者技术人员。行政执法机关借调的人员、实习人员、临时聘用人员、超编人员等，不能申请行政执法人员资格。

（3）政治品德条件。行政执法人员的政治品德条件主要是指要坚持四项基本原则，有坚定的政治立场和政治方向，品行端正等。在实际操作过程中，主要审查有关人员是否有违背四项基本原则的言行，是否有重大违法违纪行为，是否受过开除、辞退、劳动教养、刑事处罚等处理等。

（4）学历条件。学历条件即行政执法人员的文化程度条件。学历是行政执法人员执法水平和执法素质的重要体现。随着现代科学技术的发展，对行政执法人员的学历也有了更高的要求。目前，绝大多数省份和国务院所属部门对行政执法人员的学历要求在大专文化程度以上，但也有少数省份和部门规定是高中以上文化程度的。

（三）建立行政执法人员的规范化考试培训制度

培训考试内容包括公共法律知识和专业法律知识。公共法律知识考试合格是取得行政执法资格的最基本的、重要的条件，同时还要参加专业法律知识考试。培训考试内容的基本要求如下。

（1）行政执法人员应当熟悉有关公共法律、法规和规章，了解与本行政执法部门的执法活动相关的法律基本知识。法律业务条件即法律培训考试条件。行政执法人员的法律业务条件的衡量，如同国家对法律职业人员的法律水平测试衡量一样，应当通过统一的考试作出判断。行政执法资格取得的一个重要条件就是经过统一的公共法律知识考试。所不同的是，国家司法考试由法律作出规定，在全国范围内统一组织，其考试内容和形式相对比较严格，而行政执法资格考试没有法律、法规的规定，一般由各省自行组织，但有统一的考试内容和严格的考试形式。法律业务素质条件的标准通常是经政府法制机构或行政执法部门组织培训考试并成绩合格。

（2）专业法律知识培训考试内容应当反映本行业的特殊性要求。就水行政执法而言，水行政执法工作不同于一般的行政执法，其专业性强，实现执法人员的职业化十分必要。执法人员不仅需要水利专业知识，必须经过规范培训，懂得法律科学而且知晓水法规体系，能够熟练运用法律处理有关问题。水行政执法作为专业执法，具有不同于交通、土地、林业等领域行政执法特点。

1）水事管理中自然元素和社会元素的复杂关联，使得执法的技术性更为明显。

2）中国特色的水资源管理体制，流域行政执法和区域行政执法的并存，使得执法的复杂性更为明显。

3）与其他行政部门在执法职能上的交叉，使得执法的协作性更为明显。

4）相对人违法行为所致危害的不可逆，行政强制手段的选用有时要优先于行政处罚手段的选用，使得执法的策略性更为明显。

5）水法规体系的丰富繁杂，现有涉水法律 4 部，水行政法规近 18 部，水行政规章 50 多部，地方性法规和规章 800 多部，水法规规范和一般法规的结合适用，使得执法的法理性更为明显。

6）执法场地的偏僻、执法自然环境的恶劣和执法地域的宽阔，使得执法的艰巨性更为明显。

水行政执法的特殊性对其执法人员的素质和知识结构提出了特殊要求，需要构建适合水行政执法人员实际的培训考核体系。通过制度明确与水行政执法相符合的执法人员培训内容、方式以及考核机制与办法，以建立高素质的执法队伍，推动执法人员因擅长水行政执法而作为自身发展的职业，形成"会执法、愿意干、留得住"效应，以一支稳定的职业化队伍保障水行政执法目标的实现。

（3）培训考试的内容还要有利于推动行政执法人员履行代表国家承担的多种义务。行政执法人员承担的义务主要有以下几种。

1）依法履行职务的义务。行政执法人员有权从事执法活动，这是由其隶属行政执法机关所决定的。但是行政执法人员履行职务，从事执法活动，绝不是随心所欲的，必须严格依法办事。如果以权谋私或者徇私枉法，就会影响其执法活动的公正性，这是法律所不允许的。

2）服从命令的义务。行政执法人员隶属于行政执法机关，行政执法机关实行行政首长负责制，行政执法人员必须服从行政首长或在行政首长主持下由领导集体作出的决定或命令。个人服从组织，少数服从多数，下级服从上级，是行政执法机关遵循的民主集中制原则，也是行政执法人员必须履行的义务。

3）保守国家秘密的义务。

4）遵守社会公德和执行纪律的义务。遵守社会公德最主要的是秉公执法、不徇私情、不受贿、不收礼，保持公正廉洁的执法作风，其次是要尊重相对人的人格，不施侮辱之言行，不要特权，不张扬相对人的隐私，做到文明执法。

承担多种义务的特点要求构建执法人员资格管理制度时应当科学设计考试大纲、教材内容、培训机制、考试办法等具体内容。

（四）建立行政执法人员晋升资格激励制度

资格管理制度目标不应当只体现在控制方面，还应当体现在激励方面，通过控制可以保障队伍的基本素质，通过激励可以推动队伍能力的不断提升。

（1）在国务院有关行政执法类公务员配套制度完善后，可考虑建立与技术职称相对应的行政执法人员职级评价制度，实现职级升降和工资福利及社会保障待遇相结合。

1）确立职级升降办法。行政执法人员晋升职级，应具备基本资格条件。主要包括：①基本任职年限：晋升一级执法员的，均须任下一职级满5年以上；晋升二、三级执法员的，均须任下一职级满4年以上；晋升四、五级执法员的，均须任下一职级满3年以上；晋升助理执法员的，须任见习执法员满2年以上；②考核情况：平时考核记录良好，在任现职级期间年度考核至少有1年为优秀等次或任现职级超过基本任职年限满3年且近3年年度考核均为称职等次；③执法业务水平测试合格。此外，在制度上还要规定晋升的程序。

2）职级与工资福利及社会保障挂钩。对行政执法人员实行与职级挂钩的薪级工资制度，每一职级对应若干薪级，每一薪级确定一个工资标准。薪级的调整与年度考核结果挂钩，年度考核结果为称职以上等次的，次年在其职级对应的薪级范围内晋升 1 个薪级；年度考核结果为基本称职等次的，次年不晋升薪级。三级执法员以上职级人员薪级达到本职级对应的最高薪级后未能晋升职级的，每满 3 年增加 1 个所在薪级与下一薪级的工资级差标准；在增加了薪级工资级差标准后晋升职级的，按其薪级与增加额之和就近套入新任职级对应的薪级后晋升一个薪级。确立休假制度；保障退休待遇，按退休时的薪级工资乘以退休金替代率确定，替代率由市政府公务员主管部门参照综合管理类委任制公务员退休金替代率水平确定和调整。

建立职级与工资福利及社会保障挂钩制度的理由是：①符合《公务员法》分类管理的规定，形成与专业技术类公务员职称制度相对应的职业水平评价制度，适应行政执法业务的特点和执法队伍现状，明确有关待遇，建立职业发展平台。②特别有利于基层行政执法队伍的建设。现有制度使行政执法人员缺乏职业发展空间。行政执法人员职级评价制度体现了行政执法类职位的特点，为拓展基层执法人员职业发展空间提供了保障，激励执法人员安心基层做好行政执法工作。目前，基层一线行政执法队伍是社会管理与市场监管职能的直接履行者，是政府形象的窗口，是老百姓接触最多的特定公务员群体。基层执法部门的机构规格低，绝大多数处于科级以下，根据统计，70％左右的基层一线执法人员只有办事员和科员两个职业发展台阶，但公务员队伍的基数较其他部门要大得多，这就导致了一线执法公务员队伍的职业发展空间狭小，影响他们的积极性。③还有利于加强对一线执法公务员队伍的管理和监督。规范执法岗位职责，严格其任职资格条件，可以更好地规范执法行为，更好地提高一线行政执法队伍的专业化水准，更好地落实执法责任追究制度。同时，设立行政执法类职位具有现实可行性。一些执法系统比较健全的岗位责任体系与不断成熟的信息化管理手段为设置行政执法类职位提供了基本条件。对行政执法人员特有的管理制度，如持证上岗制度也为对行政执法人员实行专门的管理创造了条件。

（2）在水利部门制定的制度中，近期比较容易实现的方案是把水行政执法人员资格分为基本级、中级和高级，不同级别要参加不同的培训和考试，凡是要申领行政执法证的人员都必须获得基本级行政执法资格，凡是要晋升县级行政执法组织领导职务人员需获得中级行政执法资格，凡是要晋升市（地）级行政执法组织领导职务人员需获得高级行政执法资格。本书研究采用此种方案。

（五）建立行政执法人员资格确认主体制度

目前，由于法律、法规没有对行政执法人员资格的确认作出规定，在实际工作中，确认的主体也是多种多样的。概括起来有以下几种。

（1）行政执法人员所属的行政执法部门。持此观点的同志认为，行政执法部门最了解本部门行政执法人员的基本情况，行政执法部门确认所属行政执法人员的资格，工作程序比较简单，责任分明，操作性强。行政执法部门虽然确认所属行政人员的执法资格比较便捷，效率高，但有明显的弊端。首先是本部门确认行政执法资格的最大的缺陷是排除了法律知识考试的条件，而法律知识考试又是行政执法资格的核心和本质条件。如果将法律知识考试排除在行政执法人员资格条件之外，也就不能称之为资格了；其次是自行确认本部门人员的行政执法资格缺乏权威性和公正性；再次是各部门自行确认行政执法人员资格会造成标准不一、条件不一，形成混乱。最终结果是使行政执法资格的确认失去严肃性，使之流于形式。因此，由本行政执法部门自行确认行政执法资格的做法不可取。

（2）行政执法人员所属行政执法部门的上级行政执法部门。如《安徽省行政执法人员资格认证和行政执法证件发放管理办法》第三条规定，省政府各行政主管部门负责本系统行政执法人员的资格认证工作。由上级行政执法部门确认下级行政执法部门所属行政执法人员的执法资格虽然比行政执法部门自行确认较为科学、公正，但仍然不能将统一的法律知识考试作为资格审核的条件。而且由省级行政执法部门或上级行政执法部门确认行政执法人员资格仍然存在着掌握条件不一、各行其是的问题，确认行政执法人员资格标准和条件的统一性和权威性的问题还没有解决，还会出现条件不一、标准不一的情况。因此，上级行政主管部门确认行政执法人员资格仍然不是上策。

（3）本级政府法制机构。由本级政府法制机构确认本级政府所属行政执法部门行政执法人员的执法资格，可以在本行政区域内开展统一的法律知识考试和考试，解决了效率问题，但考试的方式和掌握的标准可能宽严不一，容易流于形式；法律知识考试、考试的成本可能相对过高，最终使行政执法人员资格确认工作失去意义。

（4）省级政府法制机构。行政执法人员资格的确认应当统一、权威。由省级政府法制机构代表本级政府确认行政执法人员资格，能够达到上述要求。行政执法证件可以分级核发，但行政执法人员的资格确认应当是统一并相对唯一。确认行政执法人员资格的核心条件是法律知识考试合格，这个合格的法律知识水平应当是相对较高而在一定区域内统一尺度的；学习培训大纲的统一性使得统一命题、统一考试有了可能性；统一时间、统一考试使得法律知识的考试增强了科学性、公正性和严肃性；统一评卷使得法律知识水平的评卷判有了公正性和权威性，最终使行政执法资格的确认科学、公正、权威。

我们认为，根据对水行政执法人员的资格确认分为基本级、中级和高级三个等次，相应的确认主体可以是：基本级、中级由省级政府法制机构和水行政主管部门组织实施，高级由国务院水行政主管部门组织实施。

（六）建立行政执法人员资格管理程序制度

行政执法资格管理的程序是指确认行政执法资格的步骤和阶段。总结各地行政执法资格确认工作，可以将行政执法资格确认的程序归纳为以下几个步骤。

（1）提出申请。启动行政执法资格的确认程序与法律职业资格的确认程序有所不同。法律职业资格是由具备一定条件的公民主动向有关部门申请提出的，而行政执法人员资格的确认是由行政执法人员所在部门的统一组织下进行的。在是否申请行政执法人员资格的问题上，行政执法部门的工作人员要根据组织的安排决定。行政执法部门的工作人员在本单位的组织下统一报名。申请行政执法人员资格要填写行政执法人员资格确认登记表。行政执法人员资格确认登记表由省级政府法制机构统一规定格式并印发。行政执法部门可以从网上下载或按表格式样制作。

（2）审核资格。行政执法部门组织本部门的法制机构和人事机构共同对本部门工作人员的编制、年龄、学历、政治现实表现进行审查。经审查合格的，报本级政府法制机构或垂直管理部门的上级行政执法部门核查。

（3）培训考试。取得行政执法资格应当参加有关部门组织的培训。行政执法人员必须按照国家或省制定的统一培训、考试大纲进行培训、考试。行政执法人员法律知识的学习要逐步由强制性培训向自愿性培训过渡，由集中培训为主向个人自学为主过渡。行政执法人员的培训应分两级进行。国务院所属部门负责组织高级行政执法人员的培训、考试；省级政府法制机构或省行政执法部门负责组织中级和基本级行政执法人员的培训、考试。行政执法培训分公用和专项两类。公用培训适合于所有行政执法人员；专项培训适合于在某一专业执法领域或范围内从事行政执法的人员。行政执法考试的命题要以行政执法培训大纲为准。行政执法资格的考试要实行严格管理。行政执法资格考试应当公平、公正。经过政府法制机构统一组织的公共法律知识和专业法律知识考试合格。行政执法人员的法律知识考试和考试必须统一集中进行。

所有行政执法部门具备条件的人员都要参加行政执法资格考试，但有的部门因已领取法律、行政法规规定的证件而不需要领取省级政府规定的证件。行政执法人员的公共法律知识考试应当参照国家司法考试的方式进行，在全省范围内统一组织、统一时间、统一试题、统一评卷并将考试成绩向行政执法部门公布。行政执法人员的公共法律知识考试要提高考试的科学性、公正性和权威性，提高考试的质量。

（4）核发证书。行政执法人员经过培训、考试合格的，取得行政执法资格证书。行政执法人员的资格确认应当核发凭证，以作为记载并以此增强确认行政执法资格的严肃性。行政执法资格证书是证书持有人经过资格审核和法律考试具备执法资格的凭证，是确认行政执法资格的基本形式或载体。行政执法资格的实质是行政执法人员的执法水平和能力证明。行政执法资格证书应当由省级政府法制机构统一制作、核发。行政执法资格证书应当简洁明快、成本低廉，以证明资格为目的。行政执法人员资格证书的表现形式可以是行政执法人员资格确认表，可以是专门的行政执法人员资格证书，如河北省、安徽省和内蒙古自治区；也可以是行政机关统一下达的确认行政执法人员资格文件，如郴州市苏仙区政府关于确认第一批行政执法人员资格的通知（苏政发〔2004〕17号）。要防止两种倾向：一是行政执法证件过于精致，加大行政成本，造成不必要的支出；二是过于简单，缺乏严肃性。行政执法人员资格可设定有效期限。有效期期满后应当参加考试重新申请取得。

（七）建立行政执法人员资格动态管理制度

由于新法的产生、政府机构改革调整等因素，基层执法岗位和人员会发生变化；新录用到各执法机构的工作人员，从非执法岗位交流到水行政执法岗位的工作人员；行政执法人员在行政执法时，因违法行为并产生一定后果需要吊销行政执法证件；行政执法人员因轮岗、调动、退休等原因不再从事行政执法工作，等等。这些情况均需要以资格管理制度对任职条件、证书授予、吊销、注销等方面做出严格规定，实现执法人员变动状态下的有序管理。

第六章

水行政行为与水政监察

第一节 水行政行为的分类与生效

一、水行政行为的分类

在水行政执法中，各级水利部门作为同级政府的水行政主管部门和国有水资源的产权代表，有其法定的职权，因此水行政执法内容极其广泛，但最主要的是监督检查和对违法案件的查处。水行政执法活动可以从行政行为理论和行政管理内容两个方面，按不同标准进行各种分类。

（一）依据行政行为理论进行分类

1. 羁束与自由裁量的水行政行为

这是按水行政执法受法律约束的程度不同所作的分类。羁束的水行政执法行为是指水行政机关必须严格按法律法规明确、具体的规定执行，这种法律法规往往有十分明确的规定，自由裁量的余地极小。自由裁量的水行政执法行为是指法律法规虽有规定，但规定的范围、种类、数额等有一定选择余地或一定幅度，水行政主体在执行时可以根据具体情况，作出适当决定。

区分羁束裁量与自由裁量的意义在于区分水行政执法的违法与不当。这对于水行政诉讼具有重大意义。当事人对羁束的行为不服，属于水行政执法是否违法的问题，可以依法向法院起诉；当事人认为自由裁量的行为不妥，属于水行政执法是否"不当"的问题，除水行政处罚外，一般不属于水行政诉讼解决的范围。对这类不当执法行为，当事人可以依法申请行政复议。

2. 依职权和依申请的水行政行为

这是以水行政机关是否可以主动采取执法行为所作的分类。依职权的水行政执法行为是指水行政机关可以不待相对一方申请，依照职权主动进行的水行政执法行为。依申请的水行政执法行为是指水行政机关只有在相对一方提出申请之后才实施的水行政执法行为，如颁发取水许可证等行为。

区分依职权和依申请行为的意义在于：对依职权的行为，如不依职权主动执法将构成水行政失职；对依申请的执法行为，只要当事人不提出申请，水行政机关并无责任。只有在当事人提出申请，水行政机关不予答复，才构成不履行或拖延履行法定职责。

3. 要式与不要式的水行政行为

这是以水行政执法行为是否必须具备一定的形式为标准所进行的分类。要式水行政执法行为是指必须依据法定的形式或遵循一定的程序才能正式生效的行为。不要式行为是指不必具备特定形式即可生效的水行政执法行为。一般来说，只要具体水行政行为影响公民的权益，就必须是要式行为。

上述各种分类，由于划分的标准不同，因而只有相对的意义。一个具体水行政行为，常常可以归入几类之中。将水行政执法行为分为各个不同的类别，主要是从各个侧面观察水行政执法行为如何才能生效，使我们既能依法执法，又能提高效率。

（二）依据行政管理内容和水行政管理实践进行分类

（1）水行政命令。水行政命令是指水行政主管部门向水行政相对人发布命令，要求水行政相对人作出某种行为或不作出某种行为的权力。命令的形式有通告、通令、布告、规定、通知、决定、命令，和对特定相对人发出的各种"责令"等。

（2）水行政强制。水行政强制是指水行政主管部门在实施水行政管理过程中，对不依法履行水行政义务的水行政相对人采取财产强制措施，迫使其履行相应的义务的权力。《水法》第六十五条赋予了水行政主管部门有强行拆除在河道管理范围内的违法建筑物、构筑物的权力，第六十七条赋予了水行政主管部门有强行拆除排污设施的权力。《防洪法》第五十七条、第五十八条规定了水行政主管部门代为恢复河道原状的费用、强行拆除违法建筑物的费用由违法者承担。水行政强制包括两种：一是水行政强制措施，是指水行政主体为了预防或制止正在发展或可能发生的水事违法行为、危险状态以及不利后果，或者为了保全证据、确保案件查处工作的顺利进行而对相对人的人身自由、财产予以强行限制的一种具体行政行为，它也叫"即时强制"；二是水行政强制执行，是指公民、法人或其他组织逾期不履行水行政法上的义务时，水行政主体依法采取必要的强制性手段，迫使其履行义务，或达到与履行义务相同状态的具体行政行为。

（3）水行政处罚。水行政处罚是指具有法定管辖权的水行政主体，依照法定权限和程序对违反水行政法规范、尚未构成犯罪的公民、法人或其他组织给予行政制裁的具体行政行为。水行政处罚包括警告（包括通报批评、责令检讨、责令悔过等）、没收违法所得、没收非法财物、罚款、吊扣许可证等，《水法》第六十七条赋予了水行政主管部门吊销水行政相对人取水许可证的权力。

（4）水行政许可。水行政许可指水行政主体根据相对人的申请，通过颁发许可证、执照等形式，依法赋予相对人从事水事活动的法律资格或者实施水事行为的法律权利的具体行政行为。具体许可项目包括取水许可和采砂许可，也包括在河道管理范围内进行建设项目的许可。

（5）水行政征收。水行政征收指水行政主体根据法律规定，以强制方式取得相对方财产所有权的一种具体行政行为。水行政征收有水资源费的征收和滞纳金征收。

（6）水行政确认。水行政确认指行政机关依法对管理相对人的法律地位、法律关系或者有关法律事实进行审查，给予确定、认定、证明（或否定）并予以宣告的具体行政行为。

（7）水行政监督权。水行政监督权是指水行政主管部门为保证水行政管理目标的实现而对水行政相对人遵守水事法律、法规，履行义务情况进行检查监督的权力。水行政监督的形式有检查、审查、检验、鉴定勘验等。

（8）水行政裁决权。水行政裁决权是指水行政主体依据法律授权，对发生在水行政管理活动中的平等主体间的水事争议进行审查并作出裁决的具体行政行为。具体有对水权属纠纷的裁决和对水资源的使用权裁决。水行政裁决权是指水行政主管部门裁决争议、处理纠纷的权力。由于水资源管理专业性强，水行政主管部门因为长期管理水资源，具有处理这方面争议、纠纷的专门知识、专门经验和专门技能，因而获得了准司法权。水行政主管部门在水行政管理中，直接裁决和处理与水资源管理有关的争议和纠纷，有利于水行政管理目标的实现。

上述八类行政执法权中，行政确认权较少委托于水政监察组织行使，《行政强制法》实施后，行政强制权将不得委托水政监察组织行使，其他六类执法权均可以委托于水政监察组织行使，当然不同地区存在有差异，存在着同样是水政监察人员，同样持有某省行政执法证，其执法权限不同的情况。需要指出的是，本书拟根据这种分类，根据对水事活动影响的大小，有取舍地对主要水行政执法行为进行分析。

二、水行政行为生效的实体与程序要件

水行政执法行为的生效要件是指使某一水行政执法行为产生法律效力的必要条件。水行政执法必须符合生效要件才能成立，缺少其中任何一项要件，该水行政执法行为就是无效的，可撤销的。这些要件，有些与其他水行政行为的一般要件相一致，有些则为水行政执法行为所独有。

（一）实体要件

（1）水行政行为的主体合法。即实施水行政执法行为的主体必须具有合法

的地位。它包括：①根据现行法律法规规定，做出水行政执法行为的主体身份必须是具有水行政执法权的各级水行政主管部门、流域管理机构以及地方人民政府设立的水土保持机构和地方性法规授权的水利管理单位；②各级水政监察队伍必须在同级水行政主管部门委托的权限内，以委托者的名义实施行政执法权。

（2）内容合法。即水行政执法行为的内容必须既符合水法规规定，又符合其他法律法规规定。它包括：①内容符合法律规定，符合实际，切实可行，如对未满 14 周岁的相对人就不能科以行政处罚，对已作为屋基的护坡块石就不能作出返还原物的决定；②执法对象和标的物明确；③执法公正，正确掌握自由裁量权；④执法内容具有可操作性。

（3）行为真实。即水行政执法行为必须是水行政主体的真实意思表示。它包括：①执法人员在未被胁迫（如被暴力所胁迫）的情况下而为；②执法人员在未被欺诈（如被伪造的证明所欺诈）的情况下而为；③执法人员自身意志清楚（如不是在醉酒的情况下）；等等。

（4）权限合法。即水行政执法必须在水法规规定的职权范围内作为。它包括：①执法行为必须有法律、法规、规章明确规定；②不得超越职权；③符合地域管辖和级别管辖的规定；④属于水行政管理职权范围。

此外，还要具备：水行政相对一方必须有法定的行为能力；水行政执法行为有一定标的物时，该标的物必须是依法能作为该行为的标的物的。

（二）程序要件

执法程序合法指水行政行为必须符合法律程序，依法经历必要的步骤，采用合法的方式，在法定期间内完成。程序违法也可能导致水行政执法行为无效。例如，执法行为要符合法定形式，即水行政执法凡属要式行为，必须符合法定形式。如征收水资源费必须使用水资源费专用票据，批准取水许可申请必须发放《中华人民共和国取水许可证》，对违反水法规的行为实施行政处罚必须送达行政处罚决定书等。

三、水行政处理决定

水行政行为的主要表现形式是作出水行政处理决定。水行政处理决定是水行政主体依法针对特定对象所作的具体的、单方面的、能直接产生、改变或消灭水事法律关系的决定。每一种具体水行政行为，如水行政许可、水行政确认、水行政征收、水行政命令、水行政处罚、水行政强制、水行政奖励等，最终都是以水行政处理决定的形式表现出来，并发挥法律效力。

作出水行政处理决定使水行政主体与个人、组织形成法律关系，从而影响个人、组织的权利义务。水行政处理决定是一个通称，它可以是权利性的水行政处理决定，也可以是一个义务性的水行政处理决定。涉及公民、法人和其他组织的权利义务的水行政处理决定，都必须严格依据法律、法规或规章的规定，经过法定程序，并以书面形式作出，一经作出就具有法律效力。水行政处理决定的表现形式很多，有命令、批准、拒绝、许可、赋予权利、剥夺权利、委托职权、处罚、强制等。

第二节　水政监察行为与水行政行为的基础

一、水政监察是水行政行为的主要组成部分

（一）水政监察行为

水政监察是我国行政执法体系的组成部分。1994年7月，江苏省水利厅率先提出在全省范围内建立专职水政监察队伍，并取得了显著的效果。1995年12月，水利部在总结江苏省建立专职水政监察队伍经验的基础上，决定在全国水利系统开展水政监察规范化建设。1997年12月26日和2000年5月15日，水利部分别发布了《水行政处罚实施办法》（水利部令第8号）和《水政监察工作章程》（水利部令第13号），对水政监察队伍的性质、职责、人员的任命与管理，以及水政监察队伍和水政监察员在实施水行政处罚中的地位、权限作了具体规定。《水政监察工作章程》第二条规定："县级以上人民政府水行政主管部门、水利部所属的流域管理机构或者法律法规授权的其他组织应当组建水政监察队伍，配备水政监察人员，建立水政监察制度，依法实施水政监察。"第三条规定："水利部组织、指导全国的水政监察工作。水利部所属的流域管理机构负责法律、法规、规章授权范围内的水政监察工作。县级以上地方人民政府水行政主管部门按照管理权限负责本行政区域内的水政监察工作。"《水行政处罚实施办法》第十条规定："县级以上人民政府水行政主管部门可以在其法定权限内委托符合本办法第十一条规定条件的水政监察专职执法队伍或者其他组织实施水行政处罚。"由此可见，水政监察队伍是受水行政主管部门委托行使水行政执法权的事业单位，它必须在水行政主管部门委托的权限范围内，以水行政主管部门的名义作出行政行为，超越委托权限即为违法。

如前所述，水行政执法是指水行政主体或受水行政主体委托的组织依法采取的具体直接影响相对一方权利义务的行为；或者对个人、组织的权利义务的行使进行监督检查的行为。由此可见，水行政主体的具体行政行为都属于水行政执法，水政监察仅为水行政主体委托水政监察组织实施的那部分具体行政行为。就我国目前的实践看，由于传统上的影响，水行政机关内的多个机构的工作侧重于水利工程的建设和开发，把直接面向相对人的执法职责委托于其他组

织承担，即水行政主体把行政处罚、行政征收、行政强制等多种具体行政行为都委托给水政监察组织实施。

（二）水政监察多表现为依职权的水行政行为

以水行政主体是否可以主动采取执法行为进行划分，水行政执法可分依职权和依申请的水行政执法行为。依职权的水行政执法行为是指水行政机关无需管理相对一方申请，依照职权主动进行的水行政执法行为。依申请的水行政执法行为是指水行政机关只有在相对一方提出申请之后才实施的水行政执法行为。如颁发取水许可证等行为。区分依职权和依申请行为的意义在于：对依职权的行为，如不依职权主动执法将构成水行政不作为；对依申请的执法行为，只要当事人不提出申请，水行政机关并无责任。只有在当事人提出申请，水行政机关不予答复，才构成行政不作为。

（三）水政监察组织行使了主要的水行政权

依据行政法学的划分和水行政管理实践，水行政执法权主要表现为以下八类，即水行政命令、水行政强制、水行政处罚、水行政许可、水行政征收、水行政确认、水行政监督权、水行政裁决权等，上述八类行政执法权中，行政确认权较少委托于水政监察组织行使，《行政强制法》实施后，行政强制权将不得委托水政监察组织行使，其他六类执法权均可以委托于水政监察组织行使，当然不同地区存在有差异，存在着同样是水政监察人员，同样持有某省行政执法证，其执法权限不同的情况。

（四）水政监察组织是行政执法行为主体，但不是行政执法主体

水行政执法是围绕调整社会水事关系而实施的行政执法，其行政主体为各级水行政主管部门等特殊组织，这一特征区别于其他的行政执法。水行政执法的主体是水行政主管部门，法律法规授权的组织，如流域机构、水利工程管理单位。水政监察队伍受水行政主管部门的委托，从事委托范围内的水行政执法活动，它以委托组织的名义行使职权，其法律后果和责任由委托机关或组织承担。

（五）水政监察人员执法行为的地位

在履行水行政执法职责时，水政监察人员作为被委托组织内的执法人员，和水行政机关的公务员具有同样的法律地位。第一，二者对外都同样代表水行政主体行使执法权；第二，二者的执法依据、执法程序相同，都必须遵循水事法律规范；第三，二者的承担法律责任的方式相同，在违法行使职权造成相对人损失时，在国家实施赔偿后，同样面临追偿的法律责任。

二、水行政行为的基础：水行政监督检查

（一）水行政监督检查的概念和特征

政府行政职能正逐步由微观管理转向宏观管理，表现为一方面是对相对人

从事社会经济事务活动法定资格条件的审查，另一方面是对相对人是否遵守法律规范要求所进行的监督检查以及对不履行有关法定义务的强制执行。所以，行政监督检查权的行使作为行政主体实现行政职能的法律手段之一，表现出了越发突出的地位和作用，成为行政管理过程中的一个重要环节。水行政监督检查权也是如此。

水行政监督检查是指具有水行政监督检查职能的水行政主体，依据法定职权，对一定范围内的行政相对人是否遵守法律、法规和规章，以及是否执行有关行政决定、命令等情况，实施的检查、调查、监督行为。这种水行政行为能够影响相对人的权益。其特征如下。

（1）水行政监督检查的主体是水行政主管部门和《水法》授权的流域管理机构。水行政监督检查权的行使是权力主体所实施的行为，除此之外，其他任何组织或个人都不具有水行政监督检查主体的资格。

（2）水行政监督检查的对象是作为水行政相对人的公民、法人或其他组织。当行政机关以被管理者的身份，从事某项民事活动时，也可以成为水行政监督检查的对象。

（3）水行政监督检查的内容是水行政相对人遵守法律、法规、规章，执行水行政机关的决定、命令的情况，是对行政相对人法定情况的强制性监督检查与了解。监督检查具有迫使相对人服从的强制性效力，行政相对人不得拒绝或阻挠，因此水行政监督检查影响行政相对人的权益。

（4）水行政监督检查的性质是一种依职权的单方具体水行政行为，是一种独立的法律行为。水行政监督检查的法律意义就在于它虽然不直接改变相对人的实体权利与义务，但它可以对相对人设定某些程序性义务和对其权利进行一定的限制。所以，它与水行政立法、水行政许可、水行政处罚、水行政强制措施等水行政行为密切相关，成为水行政职能管理过程中不可或缺的环节。

（5）水行政监督检查的实施，可能会引起水行政处罚，也可能引起水行政奖励，还可能不引起任何其他水行政行为，但均不影响水行政监督检查行为的独立存在，也不影响其法律后果的产生。

（6）水行政监督检查的目的是防止和纠正水行政相对人的违法行为，保障水法规的执行和水行政目标的实现。

（7）水行政监督检查权的行使依据是规定监督检查职权的法律规范和行政相对人应当遵守的法律规范或应当执行的行政决定、命令等。规定水行政监督检查职权的法律规范是权力主体能否行使监督检查权和以哪些方式、程序行使监督检查权的根据，而行政相对人应当遵守的法律规范或行政决定、命令等，是权力主体对行政相对人是否守法或履行义务的情况实施监督检查的根据。

（8）水行政监督检查权的行使属于水行政职权职责行为。水行政监督检所具有的监督检查功能，表明水行政监督检查本身也属于一种水行政职能，特别是随着市场经济的建立而使政府职能得到了较大转变的情况下，水行政监督检查本身已成为水行政机关社会管理职能的一部分，表现在法律上，水行政监督检查既是权力主体的法定职权，也是法定职责，必须依法行使和实施。一方面，这种行为具有权力的命令、强制、执行等属性，另一方面又具有法律上的职责和义务的内容要求。权力主体应当依法进行监督检查而不监督检查的，则是不履行法定职责的行为，构成失职，将被追究法律责任。同时，权利主体履行监督检查职责，也应当依法行使其监督检查权和实施监督检查行为，应当受法定职权范围、对象、方式、程序等约束，不得违背，否则也要承担相应的法律责任。

依照《水法》的规定，水行政监督检查权是针对相对人违反《水法》的行为进行的。从广义上来说，水行政监督检查权并不仅局限于违反新《水法》规定的行为，对违反《防洪法》《水土保持法》等水事法律法规的行为，具有水行政监督检查权的主体也应当依法行使水行政监督检查权。

（二）水行政监督检查的分类

水行政监督检查作为水行政执法的基本手段和方法之一，广泛存在于水行政主管部门的执法活动中，具体可分为三类。

1. 普通水行政监督检查与特定水行政监督检查

这是依检查的对象的特定性所作的分类。一般监督检查是针对不特定的相对人是否遵守水法实施的监督检查，具有巡察、普查的性质，如水行政主管部门在汛前对河道设障情况进行的检查、水政监察队伍对水事活动的监督检查。特定监督检查是对特定的相对人进行的监督检查，如水行政主管部门对某取水单位的取水情况所作的检查、水行政机关要求某企业报送用水资料等。对于同一个水行政机关来说，这两种监督检查可以同时使用，并不截然分开。这样，既可以在宏观上创造一个良好的法律环境，在微观上又可以防止和纠正具体的违法行为。

2. 依职权的水行政监督检查与依授权的水行政监督检查

这是依监督检查与职权的关系所作的分类。依职权的水行政监督检查是指水行政主管部门根据自身的职责权限，对相对人所作的检查。依授权的水行政监督检查是指从事水行政监督检查的单位和个人，并非依据本身的职责权限，而是由有关法律法规授予监督检查的权利或者水行政主管部门依法授予的检查权。

3. 事先水行政监督检查与事后水行政监督检查

这是依检查的时间阶段所作的分类。以实施水行政监督检查的时期为划分标准，水行政监督检查可分为事前监督检查、事中监督检查和事后监督检查。

事先水行政监督检查是指对相对人从事某一行为之前所作的监督检查，如对河道采砂户在正式采砂之前，对其采砂作业的工具、作业的范围所进行的检查；取水许可的发放包括事先登记、注册、申报情况等。事中监督检查是指对相对人正在实施的行为进行监督检查，如对取水许可履行情况的检查。事后监督检查是对相对人已实施完的行为所进行的检查，如紧急防汛期对塞水、阻水建筑物的紧急处置的检查，如在山区、丘陵区修建公路，进行水土保持工程"三同时"的检查。

一般来说，事前监督检查的作用在于防患于未然，防止违法行为的发生；事中监督检查的作用在于及时发现问题，纠正违法行为，保证水行政目标的实现；事后监督检查的作用在于对已发生的问题及时进行补救，制止违法行为对社会利益的继续侵害。此外，以水行政监督检查的内容为划分标准，可分为水资源监督检查、水工程监督检查、水土保持生态环境监督检查等；以水行政监督检查机构的任务为划分标准，可划分为专门监督检查与业务监督检查。专门监督检查是指由专门从事监督检查的水行政监督检查队伍的监督检查。业务监督检查是指担负管理与监督检查双重任务的水行政机关所进行的监督检查，此种情况下，管理与监督检查完全紧密地结合在一起。

（三）监督检查的方法和内容

1. 水行政监督检查的方法

水行政监督检查的方法是指水行政主体为了达到水行政监督检查的目的而采取的具体措施和手段。大体来说，水行政监督检查的方法主要有以下几种。

（1）审查（书面检查）：通过查阅有关书面材料、审批文件、平面布置图、统计表等对相对人进行的检查；水行政主体为实施水行政监督检查，可以要求相对人对有关事项提供必要的证明、资料，水行政主体对相对人报送的有关文件、材料或资料进行核对、查证，判断其合法性、合理性和真实性。

（2）调查：水行政主体采用调查的手段查明相对人守法的情况，调查对象可以不限于水行政监督检查的对象。调查可分为一般调查、专案调查、联合调查、并案调查、现场调查、全面调查等，其中专案调查、现场调查、联合调查经常被采用。调查一般是在事后，为了使水行政处理决定建立在合法真实的基础上，由水行政主体采取的手段。作为水行政监督检查的一种方法，调查是一种比较正式的手段。调查应客观公正，避免先入为主，最后要提出客观全面的调查报告。

（3）实地检查：执法人员直接进入现场进行的检查，它是最常用、最直观的检查方法之一，是发现问题、消除隐患、总结经验、表彰先进的一种十分有效的水行政监督检查手段；实地检查的方式很多，从范围来说有专门检查（也称专题检查，指就某一专门领域进行的水行政监督检查）、抽样检查（水行政主体对部分相对人或一部分检查对象进行检查，从而了解整个情况）、综合检查（全面检查，水行政主体对相对人水事活动中各个方面守法情况的检查），从时间来说有定期检查、突击（临时）检查。

（4）听取汇报：水行政主体通过对相对人自己的说明来了解相对人守法的情况。这种检查手段只有和其他手段合并使用，才能收到较好的效果。

（5）统计：水行政主体通过某些数据的了解来对相对人的守法情况进行检查。

（6）专项检查：对某项特定的工作所作的监督检查，如定期或不定期地由水政监察员对取水单位的退水水质进行检查。

（7）自查：水行政主管部门要求相对人对自身的守法情况自行作出检查，并向水行政主管部门报告自查结果的检查，如节水情况的自查。

2. 监督检查的内容

水行政监督检查的内容广泛，凡涉及水法规明确规定的事项，都可纳入水行政监督检查的范围。水行政监督检查的内容主要包括以下几方面。

（1）水资源管理方面。重点检查取水许可制度的落实情况，包括取水量、退水水质、计量设施；检查取水单位水资源费的缴纳情况；检查城市和农村节约用水情况；检查向河道、湖泊、水库、渠道、运河等水域设置或扩大排污口的情况等。

（2）河道管理方面。重点检查涉河建设项目是否办理审批手续，是否按照审批意见采取补救措施，是否在规定的界线和位置上实施，是否缴纳占用水源水域补偿费；检查河道采砂是否办理许可手续，是否按照规定的作业方式和作业范围采砂，是否按规定存放废弃石渣；检查河道设障情况，主要检查在堤防及护堤地范围内，有无建房、放牧、开渠、打井、挖窖、葬坟、晒粮、存放物料、开采地下资源、进行考古发掘及开展集市贸易活动等。

（3）水土保持方面。重点检查开发性建设项目水土保持方案的编报和"三同时"实施情况；检查25°陡坡地有无开垦种植；检查开垦禁垦坡度以下、5°以上荒坡地，是否经县级人民政府水行政主管部门批准；检查有无毁林开荒、烧山开荒和在陡坡地、干旱地区铲草皮、挖树兜的情况；检查水土保持设施补偿费和水土流失防治费的缴纳及使用情况等。

（4）防汛方面。重点检查防洪规划保留区内非防洪工程的建设情况；检查兴建防洪工程和其他水工程、水电站是否符合防洪规划（即防洪规划同意书的实施情况）；检查防洪工程设施保护范围内有无危害防洪工程安全的行为等。

（5）水工程管理方面。重点检查水工程管理范围和保护范围内有无危害水工程安全的活动；检查水工程遭破坏情况等。

除了以上几方面的检查内容外，还有很多是工作制度落实情况的检查，如检查防洪规划的编制情况、防御洪水方案的制定、在建工程的质量、施工安全等，由于其监督检查的客体不是水行政管理相对人，故不列入水行政监督检查的范围，而只能列入行政监督的范围。

（四）水行政监督检查中双方当事人的权利义务

1. 水行政监督检查主体的权利义务

根据《水法》第六十条的规定，县级以上人民政府水行政主管部门、流域管理机构及其水政监督检查人员在履行监督检查职责时，有权采取的措施有：①要求被检查单位提供有关文件、证照、资料；②要求被检查单位就执行本法的有关问题作出说明；③进入被检查单位的生产场所进行调查；④责令被检查单位停止违反本法的行为，履行法定义务。

水行政监督检查主体的权利在水行政监督检查的过程中表现为水行政监督检查权，这种权利构成水行政职权的一部分，是水行政职权在水行政监督检查中的体现。水行政监督检查权可分为一般水行政监督检查权和强制水行政监督检查权。一般水行政监督检查权是指水行政监督检查主体所拥有的了解相对人遵守法律、法规、规章和执行决定、命令情况的权力，如听取相对人的汇报、审查相对人的报告等。强制水行政监督检查权是指水行政监督检查相对人拒绝向水行政监督检查主体提供需要了解的资料、情况时，水行政监督检查主体强行了解的权力。

水行政监督检查主体的义务是指水行政监督检查主体进行检查时必须遵守的条件和程序。水行政监督检查主体的义务可分为以下几点：①符合权限。水行政监督检查主体进行检查的范围必须符合法定的权限。这些权限包括其职权范围、管辖范围等。②符合程序。水行政监督检查主体必须依照法律、法规及规章规定的程序进行水行政监督检查。③正当地行使水行政监督检查权。水行政监督检查主体行使水行政监督检查权时不得滥用检查权力。

《行政处罚法》对行政监督检查作了两项明确的规定。因此，水行政机关适用两项检查权：一为"独家取证"，二为"登记保存"。但登记保存的最长期限为7天。

2. 水行政监督检查中相对人的权利义务

水行政监督检查相对人所享有的权利可分为以下几个方面：①要求合法检查的权利，包括要求受到有权机关的检查、检查范围符合水行政监督检查主体的权限、检查要遵守法定的程序等。②要求正当检查的权利。相对人受到的检查不能是出于水行政监督检查主体做出的与其监督检查不相关的考虑，不得有偏私等。③申请复议或提起诉讼的权利。相对人认为水行政监督检查侵犯了其人身权或财产权的，有权申请复议或者提起水行政诉讼。④批评建议的权利。相对人可以对水行政监督检查主体提出批评、建议。

　　水行政监督检查相对人在水行政监督检查中有下列义务：①接受并服从水行政监督检查的义务。水行政监督检查相对人对水行政监督检查主体合法、正当的检查应该服从，拒绝检查的，水行政监督检查主体可以依法强制检查。②协助的义务。协助是一种积极的配合或者说是一种积极的服从。

第七章

取水许可：保护水资源的核心水行政许可权

水行政许可有很多种类，取水许可是其中最重要的内容，我国以专门的行政法规确认了与其有关的制度规范。取水行为具有特定的法律意义、取水人和用水人具有不同的法律地位、取水权可以转让是水权理论在取水许可制度中的基本体现。取水许可范围的特殊性并没有改变水资源国家所有的宪法原则，提出农村集体经济组织水资源使用权概念对水资源保护利用和农村事业发展具有重要作用。取水许可证办理程序制度具有明显的特殊性，体现了我国水资源管理的内在要求，有利于水资源的开发利用和合理配置。水资源费征收制度是取水许可制度的必然延续，是对自然资源有偿使用原则的贯彻，水费与水资源费制度和理论反映了商品水和资源水的不同价值，对我国水资源政府调控、水市场适度发展具有重要的实践指导意义。

第一节　信赖保护原则与最严格的水行政许可权

一、水行政许可与取水许可

水行政许可是水行政机关应水行政相对人的申请，经依法审查，通过颁发许可证、资格证、批准文件等形式，准予水行政相对人从事某种特定水事活动的水行政行为。行政审批项目改革前，与我国其他行业和部门相比，水利审批项目不多。在国务院五批取消和调整的审批项目目录（其中第四批无水利项目）中，共取消和调整的水利行政审批项目共13项（按5个国务院文件的目录统计），占取消审批项目总数的5.9‰。水利行政许可项目主要由法律和行政法规设定的许可项目和国务院决定设定的行政许可项目组成。按照许可内容和事项，水利系统现行的37项行政许可项目大体上可分资质管理（8项）、防洪管理（3项）、水资源管理（2项）、规划与工程管理（12项）、河道管理（8项）、水土保持管理（2项）、水文管理（2项）等7类。其中资质管理、河道管理和工程管理行政许可事项最多，占水利系统行政许可项目总数的四分之三

以上。到 2017 年，水利部行政审批事项由 48 项减少到 22 项，累计精简 26
项，占全部审批事项的 54％以上，提高了依法办事的效能。虽水利行政许可
项目并不多，但保留的许可项目责任重大，既有直接关系国家安全、公共安
全、生态环境保护，涉及人身健康、生命财产安全等特定活动，也有直接关系
水资源的开发利用、优化配置、节约保护、支撑经济社会可持续发展的，大部
分为需要按照法定条件予以批准并赋予特定权利事项。

从地方层面看，全国各地依据法律法规也陆续公布了水利行政许可项目，
但各个地方并不完全相同。如山西省水利厅行政许可项目为 31 项，但纳入了
渔业和水生野生动、植物类等 6 项许可。浙江省水利行政许可项目很有特点，
即直接公布了省、市、县三级行政许可项目。按照 2007 年省政府对外公布的
各系统行政许可项目，直接包括了省（水利厅、围垦局、钱塘江管理局）、市、
县三级行政许可项目。比较省与市、县的差别，有 6 项许可项目只在省级层
面（水利厅和镇江管理局）实施，有 18 项行政许可项目涉及三级行政审批。
湖北省政府的改革可谓在全国走在前列。2008 年公布的省级水利行政许可项
为 33 项，对行政审批事项进行多次清理调整，到 2016 年，省级水行政许可项
目已由 2009 年的 32 项减少到 8 项，成为全国水利系统省级审批事项最少的省
份之一。

二、实现水行政许可行为结果的保障制度

为切实履行水行政管理职责，加强水行政许可项目的监督检查，及时制止
和纠正违法行为，维护公民、法人或其他组织的合法权益，规范水事秩序和维
护社会公共利益，应依据《中华人民共和国行政许可法》《水政监察工作章程》
等有关规定，建立省级水行政许可监督检查制度，加强对省级行政区域内依法
取得水行政许可的项目实施监督检查。

（一）水行政许可项目监督检查的体制和主体

水行政许可项目实行许可机关监督检查和属地监督检查相结合的监管体
制。省水行政主管部门对全省水行政许可项目的监督检查进行管理。省级许可
的项目由省水行政主管部门相关责任机构负责其承办的行政许可项目的监督检
查；项目所在地的市、县二级水行政主管部门具体做好日常监督检查工作。
市、县级许可的项目分别由市、县水行政主管部门确定监督检查的责任机构。
各级水行政主管部门所属的水政监察机构应当加强对水行政许可项目的检查，
及时了解相关责任机构对行政许可项目的监督检查情况，并对监督检查和水政
巡查中发现的被许可人不按水行政许可决定实施等违法行为依法作出处理。

作出准予许可决定的水行政主管部门应当对准予许可的项目确定监督检查
主体。省级许可的事项，有关责任机构应当与所在地的市、县水行政主管部门

加强联系，制定监督检查方案，明确监督检查的方式、内容、频率及要求，建立监督检查情况交办和报告制度，掌握许可项目实施的全过程。对于实施情况复杂、专业技术强、检查范围广、检查频率高的许可事项，水行政主管部门可以委托有水利专业资质的机构，开展监督检查工作。被委托机构在首次履行监督检查时，应当向被许可人出具水行政主管部门的委托证明。

（二）水行政许可监督检查的重点内容

水行政许可监督检查的重点是水行政许可决定（批复）中的各种要求、法定义务以及补救措施的落实情况。主要有以下几点。

（1）涉河建设项目的检查重点：①主体工程涉河部分的位置、界线和标高及实际占用水域的情况；②施工期间临时设施建设占用水域的审批及执行情况；③工程建设对水系及堤防（护岸）的影响及整改措施；④汛期应急度汛方案编制及执行情况；⑤水域替代工程建设情况或占用水域补偿费缴纳情况；⑥许可批复中的其他要求。

（2）水土保持项目的检查重点：①建设单位向设计、施工、监理和监测单位提交水土保持方案的情况；②项目初步设计中的水土保持设施设计情况；③水土保持投资列入工程总投资的情况；④施工合同对水保设施建设的要求，监理合同对水保设施建设的内容；⑤水土保持方案的实施情况；⑥水土保持设施建设质量与水土保持方案及初步设计、施工图设计的相符性；⑦水土保持补偿费缴纳情况；临时处置措施的落实情况；⑧需要开展水土保持监测项目的监测事项、监测报告；⑨水土保持方案或水土保持措施发生重大变更时的相关手续履行情况；⑩已完工项目开展验收准备工作情况；⑪与建设项目水土保持工作相关的其他事项。

（3）取水许可项目的检查重点：①取水单位的取水情况（取水方式、取水地点、实际取水量或发电量）；②取水计量设施、取水实时监控设施的安装及运行情况；③计划用水执行情况；④节水设施的建设与运行情况；⑤退水水质监测及退水水质情况；⑥水资源费的缴纳情况；⑦取用水影响补偿措施落实情况；⑧与取水管理相关的其他情况。

（4）河道采砂许可项目的检查重点：①采砂作业的范围和方式；②采砂作业对水系及水质的影响及相应措施；③实际开采的数量及时间安排；④采砂对堤防、桥梁等建筑物的影响及措施；⑤采砂作业安全标识及度汛措施；⑥许可批复中其他相关要求。其他许可项目根据实施情况而定。

（三）许可权运行基本要求

准予许可的行政许可决定书（批复意见）应当在送达被许可人时，同时告知有监督检查任务的水政监察机构。水政监察机构在接到决定书（批复意见）后，应当及时确定跟踪该许可项目检查的责任人员和具体要求。水行政许可监督检查时，应当有两人以上在场，并出具相关证件。水行政许可监督检查一般采用实地踏勘测量、查阅相关书面资料或原始记录、检测仪器设备、现场检查建设项目进度、质量及安排、被许可人自检等方式。监督检查过程中，应当采用拍照、录像、收集相关资料等手段，保留证据，并如实填写监督检查情况表，有关检查人员应当签名。检查时，行政机关可以依法查阅或者要求被许可人报送有关材料；被许可人应当如实提供有关情况和材料。

三、信赖保护原则在取水许可权行使中的特殊地位

（一）实施取水许可权的法定程序

依据《取水许可和水资源费征收管理条例》（2006 年 2 月 21 日国务院公布，2006 年 4 月 15 日起施行，简称《条例》），申请领取取水许可证的程序也就是取水许可权的实施程序，程序中体现了其他行政许可所没有的特殊环节。

1. 申请

（1）接受申请的部门。申请取水的单位或者个人（以下简称申请人），应当向具有审批权限的审批机关提出申请。申请利用多种水源，且各种水源的取水许可审批机关不同的，应当向其中最高一级审批机关提出申请。取水许可权限属于流域管理机构的，应当向取水口所在地的省、自治区、直辖市人民政府水行政主管部门提出申请。省、自治区、直辖市人民政府水行政主管部门，应当自收到申请之日起 20 个工作日内提出意见，并连同全部申请材料转报流域管理机构；流域管理机构收到后，应当依照《条例》第十三条的规定作出处理。

（2）申请取水应当提交的材料。申请材料包括申请书，与第三者利害关系的相关说明，属于备案项目的提供有关备案材料，国务院水行政主管部门规定的其他材料。建设项目需要取水的，申请人还应当提交由具备建设项目水资源论证资质的单位编制的建设项目水资源论证报告书。论证报告书应当包括取水水源、用水合理性以及对生态与环境的影响等内容。

（3）申请书应当包括的事项。申请书应包括申请人的名称（姓名）、地址，申请理由，取水的起始时间及期限，取水目的、取水量、年内各月的用水量等，水源及取水地点，取水方式、计量方式和节水措施，退水地点和退水中所含主要污染物以及污水处理措施，国务院水行政主管部门规定的其他事项。

2. 对申请的受理

受理机关是指受理取水许可申请，并对申请人提供的文件进行形式审查的水行政主管部门或流域管理机构。其主要职责是：①受理申请，即接收申请人提交的有关取水许可申请的文件资料；②审查申请人提交的文件资料是否填注

明确、完备齐全、符合规定；③通知申请人限期对其提交的文件资料予以补正；④按照取水许可分级管理权限，向上级审批机关转报申请人提出的取水许可申请。

县级以上地方人民政府水行政主管部门或者流域管理机构，应当自收到取水申请之日起5个工作日内对申请材料进行审查，并根据下列不同情形分别做出处理：①申请材料齐全、符合法定形式、属于本机关受理范围的，予以受理；②提交的材料不完备或者申请书内容填注不明的，通知申请人补正；③不属于本机关受理范围的，告知申请人向有受理权限的机关提出申请。

3. 受理后的审查

（1）审批部门。审批部门是指依据取水许可分级管理权限有权对取水许可申请进行内容审查，并作出审批决定、核发取水许可证的水行政主管部门或流域管理机构。其主要职责是：①审查申请人提出的取水、退水要求是否合法合理、水源质量是否可靠。节水和保护措施是否可行等内容；②对取水许可申请作出批准或不批准决定；③核发取水许可证；④依法对取水许可证持有人的取水量予以核减或者限制，对违法取水的行为作出水行政处罚决定。

取水许可实行分级审批。下列取水由流域管理机构审批：①长江、黄河、淮河、海河、滦河、珠江、松花江、辽河、金沙江、汉江的干流和太湖以及其他跨省、自治区、直辖市河流、湖泊的指定河段限额以上的取水；②国际跨界河流的指定河段和国际边界河流限额以上的取水；③省际边界河流、湖泊限额以上的取水；④跨省、自治区、直辖市行政区域的取水；⑤由国务院或者国务院投资主管部门审批、核准的大型建设项目的取水；⑥流域管理机构直接管理的河道（河段）、湖泊内的取水。指定河段和限额以及流域管理机构直接管理的河道（河段）、湖泊，由国务院水行政主管部门规定。条例实施前，水利部已于1994年5月至1995年1月间，分别以水政资〔1994〕197号、〔1994〕276号、〔1994〕438号。〔1994〕460号、〔1994〕554号、〔1994〕555号、〔1995〕7号，相继对黄河、淮河、长江、海河、松辽、珠江、太湖七大流域管理机构实施取水许可管理的河段及限额予以了明确。其他取水由县级以上地方人民政府水行政主管部门按照省、自治区、直辖市人民政府规定的审批权限审批。

（2）审批的依据。按照法定原则实施取水许可和水资源费征收。严格按依据审批取水量。（以上参见本节相关内容）。按照行业用水定额核定的用水量是取水量审批的主要依据。省、自治区、直辖市人民政府水行政主管部门和质量监督检验管理部门对本行政区域行业用水定额的制定负责指导并组织实施。尚未制定本行政区域行业用水定额的，可以参照国务院有关行业主管部门制定的行业用水定额执行。对取用城市规划区地下水的取水申请，审批机关应当征求城市建设主管部门的意见，城市建设主管部门应当自收到征求意见材料之日起5个工作日内提出意见并转送取水审批机关。

（3）听证。审批机关认为取水涉及社会公共利益需要听证的，应当向社会公告，并举行听证。取水涉及申请人与他人之间重大利害关系的，审批机关在作出是否批准取水申请的决定前，应当告知申请人、利害关系人。申请人、利害关系人要求听证的，审批机关应当组织听证。

（4）审批程序的中止。因取水申请引起争议或者诉讼的，审批机关应当书面通知申请人中止审批程序；争议解决或者诉讼终止后，恢复审批程序。

4. 决定（取水申请是否批准）

（1）签发取水申请批准文件。审批机关应当自受理取水申请之日起45个工作日内决定批准或者不批准。决定批准的，应当同时签发取水申请批准文件。审批期限，不包括举行听证和征求有关部门意见所需的时间。

（2）不予批准的情形。有下列情形之一的，审批机关不予批准，并在作出不批准的决定时，书面告知申请人不批准的理由和依据：①在地下水禁采区取用地下水的；②在取水许可总量已经达到取水许可控制总量的地区增加取水量的；③可能对水功能区水域使用功能造成重大损害的；④取水、退水布局不合理的；⑤城市公共供水管网能够满足用水需要时，建设项目自备取水设施取用地下水的；⑥可能对第三者或者社会公共利益产生重大损害的；⑦属于备案项目，未报送备案的；⑧法律、行政法规规定的其他情形。

5. 兴建取水工程或者设施——需要关注的特别程序

取水申请经审批机关批准，申请人方可兴建取水工程或者设施。需由国家审批、核准的建设项目，未取得取水申请批准文件的，项目主管部门不得审批、核准该建设项目。取水申请批准后3年内，取水工程或者设施未开工建设，或者需由国家审批、核准的建设项目未取得国家审批、核准的，取水申请批准文件自行失效。建设项目中取水事项有较大变更的，建设单位应当重新进行建设项目水资源论证，并重新申请取水。

6. 核发取水许可证

（1）能够核发的情况。取水工程或者设施竣工后，申请人应当按照国务院水行政主管部门的规定，向取水审批机关报送取水工程或者设施试运行情况等相关材料；经验收合格的，由审批机关核发取水许可证。直接利用已有的取水工程或者设施取水的，经审批机关审查合格，发给取水许可证。地表水取水许可申请经审批机关批准后，申请人方可动工兴建取水工程，取水工程竣工并经审批机关核验合格后，核发取水许可证。地下水取水许可申请经审批机关批准后，申请人方可凿井；井成后，申请人应当向审批机关提交相关资料，经核定取水量后，由审批机关发给取水许可证。相关资料包括：①成井地区的平面布置图；②单井的实际井深、井径和剖面图；③单井的测试水量和水质化验报告；④取水设备性能和计量装置情况；⑤其他有关资料。审批机关应当将发放取水许可证的情况及时通知取水口所在地县级人民政府水行政主管部门，并定期对取水许可证的发放情况予以公告。

（2）取水许可证内容。包括：取水单位或者个人的名称（姓名），取水期限，取水量和取水用途，水源类型，取水、退水地点及退水方式、退水量。规定的取水量是在江河、湖泊、地下水多年平均水量情况下允许的取水单位或者个人的最大取水量。

（二）取水许可权行使具有明显的特殊性

从上述程序中可以看出取水许可权行使具有明显的特殊性。和土地许可等行政许可程序相比，取水许可程序中贯穿了水资源管理体制的内在要求，反映了开发使用水资源的规律。

（1）明确体现了流域管理与行政区域管理相结合的水资源管理体制。程序中规定取水许可权限属于流域机构的，取水口所在地省级水行政主管部门为接受取水许可申请部门，此外，取水许可的分级审批也体现了这一体系的要求。

（2）强化了对水资源的保护和限制性使用。建设项目水资源论证成为前置程序，是申请材料的必备内容。

（3）实现了工程管理与制度管理的有机结合。取水申请被批注后，申请人并不能随即拿到取水许可证，只是获得兴建取水工程或设施的资格，工程完工验收合格后，方可办理取水许可证。程序的这种设计一是体现了对社会资源的有效使用；二是反映了工程状态对取水行为的影响；三是保护河道、地下水等的需要，如取水口危害河堤，则不予颁发取水许可证，取水行为就无法实施。

（三）信赖保护原则对水行政许可意义更为特殊

水管理是自然要素和社会要素的有机结合，水行政许可中工程设施规模大、周期长，对行政许可决定的科学性、规范性提出更高要求。特别是取水许可程序制度中，专门规定了取水工程设施建设环节。《取水许可和水资源费征收管理条例》第二十一条规定："取水申请经审批机关批准，申请人方可兴建取水工程或者设施。"需由国家审批、核准的建设项目，未取得取水申请批准文件的，项目主管部门不得审批、核准该建设项目。第二十三条同时规定："取水工程或者设施竣工后，申请人应当按照国务院水行政主管部门的规定，向取水审批机关报送取水工程或者设施试运行情况等相关材料；经验收合格的，由审批机关核发取水许可证。"可见，取水工程或者设施的建成和验收通过，是取水许可程序完成的最终决定环节。而取水工程或者设施往往投资巨大、建设周期长，如果因取水许可程序中出现问题而致许可行为的违法、无效，按照信赖保护原则，不仅使行政公权力的严肃性受到重大影响，而且是社会资源的巨大浪费。

（四）水行政许可中信赖保护原则的基本要求

水行政许可要遵循合法、合理、公正为本兼顾效率、公开与参与等水行政执法的基本原则，此外，水行政许可还要遵循的一条重要的基本原则，即信赖保护原则。由于水行政行为有确定力，水行政决定一旦作出，就被推定为合法有效。法律要求水行政相对人对此予以信任和依赖。水行政机关自我纠正错误，主要限于对水行政相对人科以义务如水行政处罚等为内容的违法水行政行为方面，在此领域，即使水行政相对人已超过水行政复议或者水行政诉讼期限，水行政机关仍可随时撤销这类违法水行政行为。但对于水行政许可这类授益性水行政行为，信赖保护原则取代法律优先原则而居于主导地位。信赖保护原则的具体要求：①水行政行为具有确定力，水行政行为一经作出，未有法定理由和经法定程序不得随意撤销、废止或改变；②对水行政相对人的授益性水行政行为作出后，事后即使发现违法或者对政府不利，只要行为不是因为水行政相对人过错所造成，亦不得撤销、废止或改变；③水行政行为作出后，如事后发现有较严重违法情形或可能给国家、社会公共利益造成重大损失，必须撤销或改变此种行为时，水行政机关对撤销或改变此种行为给无过错的水行政相对人造成的损失应给予补偿。

第二节　取水许可行政主体的职权构成

一、分工协作中的取水许可主体

县级以上人民政府水行政主管部门按照分级管理权限，负责取水许可制度的组织实施和监督管理。国务院水行政主管部门在国家确定的重要江河、湖泊设立的流域管理机构（简称流域管理机构），依照法律规定和国务院水行政主管部门授权，负责所管辖范围内取水许可制度的组织实施和监督管理。县级以上人民政府水行政主管部门、财政部门和价格主管部门依照条例规定和管理权限，负责水资源费的征收、管理和监督。县级以上人民政府水行政主管部门或者流域管理机构应当依照条例规定，加强对取水许可制度实施的监督管理。

具有与相关职能部门密切合作的职责。按照行业用水定额核定的用水量是取水量审批的主要依据。省、自治区、直辖市人民政府水行政主管部门和质量监督检验管理部门对本行政区域行业用水定额的制定负责指导并组织实施。尚未制定本行政区域行业用水定额的，可以参照国务院有关行业主管部门制定的行业用水定额执行。

制定地下水开发利用规划应当征求国土资源主管部门的意见。对取用城市规划区地下水的取水申请，审批机关应当征求城市建设主管部门的意见，城市建设主管部门应当自收到征求意见材料之日起 5 个工作日内提出意见并转送取水审批机关。取水单位或者个人应当在每年的 12 月 31 日前向审批机关报送本年度的取水情况和下一年度取水计划建议。审批机关应当按年度将取用地下水的情况抄送同级国土资源主管部门，将取用城市规划区地下水的情况抄送同级城市建设主管部门。县级以上人民政府水行政主管部门、财政部门和价格主管部门应当加强对水资源费征收、使用情况的监督管理。

取水许可的相对人是取水行为人而非用水行为人。因为取水行为不同于用水行为。用水行为是指按照行为人设置的目标直接使用水，发挥水的效用，最终全部或部分耗掉水或者使水改变状态的行为，如农民引河水灌溉麦田的行为。用水行为消耗了水的使用价值。取水人并非一定是用水人。如水厂是取水人，但不是用水人。取水人和用水人关系有两种情况：取水人和用水人是同一人；取水人和用水人不是同一人。在第二种情况下，用水行为和取水行为有如下区别：①取水行为所指的水量一般会大于用水行为所消耗的水量。②取水行为必然受水行政法律法规约束，用水行为还可能受民事法律规范的约束。③取水行为的客体是我国的水资源（资源水），用水行为指向的客体还可以是水产品或商品水。④缴纳费用不同，取水行为主体要缴纳水资源费（税），用水行为主体要缴纳水费。

二、取水许可受理权和审批权

申请取水的单位或者个人（申请人），应当向具有审批权限的审批机关提出申请。当申请利用多种水源，且各种水源的取水许可审批机关不同时，由其中最高一级审批机关接受申请。受取水许可分级管理权限的约束，对有的取水申请，其受理机关和审批机关是合一的，而对有的取水申请，其受理机关和审批机关则不是同一个机关。取水许可权限属于流域管理机构的，应当由取水口所在地的省、自治区、直辖市人民政府水行政主管部门接受申请。省、自治区、直辖市人民政府水行政主管部门，应当自收到申请之日起 20 个工作日内提出意见，并连同全部申请材料转报流域管理机构；流域管理机构收到后，应当依照条例第十三条的规定作出处理。

县级以上地方人民政府水行政主管部门或者流域管理机构，应当自收到取水申请之日起 5 个工作日内对申请材料进行审查，并根据下列不同情形分别作出处理：①申请材料齐全、符合法定形式、属于本机关受理范围的，予以受理；②提交的材料不完备或者申请书内容填注不明的，通知申请人补正；③不属于本机关受理范围的，告知申请人向有受理权限的机关提出申请。

分级审批取水许可。由流域管理机构审批的取水包括：①长江、黄河、淮河、海河、滦河、珠江、松花江、辽河、金沙江、汉江的干流和太湖以及其他跨省、自治区、直辖市河流、湖泊的指定河段限额以上的取水；②国际跨界河流的指定河段和国际边界河流限额以上的取水；③省际边界河流、湖泊限额以上的取水；④跨省、自治区、直辖市行政区域的取水；⑤由国务院或者国务院投资主管部门审批、核准的大型建设项目的取水；⑥流域管理机构直接管理的河道（河段）、湖泊内的取水。

指定河段和限额以及流域管理机构直接管理的河道（河段）、湖泊，由国务院水行政主管部门规定。其他取水由县级以上地方人民政府水行政主管部门按照省、自治区、直辖市人民政府规定的审批权限审批。

三、水量管制权

通过审批取水量、参与取水许可总量控制指标的制定、制定和下达年度水量分配方案等渠道实施对水资源的开发利用控制。

（1）严格按依据审批取水量，参与取水许可总量控制指标的制定。批准的水量分配方案或者签订的协议是确定流域与行政区域取水许可总量控制的依据。

跨省、自治区、直辖市的江河、湖泊，尚未制定水量分配方案或者尚未签订协议的，有关省、自治区、直辖市的取水许可总量控制指标，由流域管理机构根据流域水资源条件，依据水资源综合规划、流域综合规划和水中长期供求规划，结合各省、自治区、直辖市取水现状及供需情况，商有关省、自治区、直辖市人民政府水行政主管部门提出，报国务院水行政主管部门批准；设区的市、县（市）行政区域的取水许可总量控制指标，由省、自治区、直辖市人民政府水行政主管部门依据本省、自治区、直辖市取水许可总量控制指标，结合各地取水现状及供需情况制定，并报流域管理机构备案。

按照行业用水定额核定的用水量是取水量审批的主要依据。省、自治区、直辖市人民政府水行政主管部门和质量监督检验管理部门对本行政区域行业用水定额的制定负责指导并组织实施。尚未制定本行政区域行业用水定额的，可以参照国务院有关行业主管部门制定的行业用水定额执行。

审批的取水量不得超过取水工程或者设施设计的取水量。上一级水行政主管部门或者流域管理机构发现越权审批、取水许可证核准的总取水量超过水量分配方案或者协议规定的数量、年度实际取水总量超过下达的年度水量分配方案和年度取水计划的，应当及时要求有关水行政主管部门或者流域管理机构纠正。

（2）制定和下达年度水量分配方案和年度取水计划的职责。年度水量分配方案和年度取水计划是年度取水总量控制的依据，应当根据批准的水量分配方案或者签订的协议，结合实际用水状况、行业用水定额、下一年度预测来水量等制定。国家确定的重要江河、湖泊的流域年度水量分配方案和年度取水计划，由流域管理机构会同有关省、自治区、直辖市人民政府水行政主管部门制定。

县级以上各地方行政区域的年度水量分配方案和年度取水计划，由县级以上地方人民政府水行政主管部门根据上一级地方人民政府水行政主管部门或者流域管理机构下达的年度水量分配方案和年度取水计划制订。取水审批机关依照本地区下一年度取水计划、取水单位或者个人提出的下一年度取水计划建议，按照统筹协调、综合平衡、留有余地的原则，向取水单位或者个人下达下一年度取水计划。取水单位或者个人因特殊原因需要调整年度取水计划的，应当经原审批机关同意。

（3）年度取水量的限制和管理权。有下列情形之一的，审批机关可以对取水单位或者个人的年度取水量予以限制：①因自然原因，水资源不能满足本地区正常供水的；②取水、退水对水功能区水域使用功能、生态与环境造成严重影响的；③地下水严重超采或者因地下水开采引起地面沉降等地质灾害的；④出现需要限制取水量的其他特殊情况的。发生重大旱情时，审批机关可以对取水单位或者个人的取水量予以紧急限制。审批机关需要对取水单位或者个人的年度取水量予以限制的，应当在采取限制措施前及时书面通知取水单位或者个人。

取水单位或者个人应当在每年的 12 月 31 日前向审批机关报送本年度的取水情况和下一年度取水计划建议。审批机关应当按年度将取用地下水的情况抄送同级国土资源主管部门，将取用城市规划区地下水的情况抄送同级城市建设主管部门。

四、取水许可证授予和变更权

审批机关认为取水涉及社会公共利益需要听证的，应当向社会公告，并举行听证。取水涉及申请人与他人之间重大利害关系的，审批机关在作出是否批准取水申请的决定前，应当告知申请人、利害关系人。申请人、利害关系人要求听证的，审批机关应当组织听证。因取水申请引起争议或者诉讼的，审批机关应当书面通知申请人中止审批程序；争议解决或者诉讼终止后，恢复审批程序。

签发取水申请批准文件。审批机关受理取水申请后，应当对取水申请材料进行全面审查，并综合考虑取水可能对水资源的节约保护和经济社会发展带来的影响，严格依据审查申请的取水量，决定是否批准取水申请。审批机关应当自受理取水申请之日起 45 个工作日内决定批准或者不批准。决定批准的，应当同时签发取水申请批准文件。有下列情形之一的，审批机关不予批准，并在作出不批准的决定时，书面告知申请人不批准的理由和依据：在地下水禁采区取用地下水的；在取水许可总量已经达到取水许可控制总量的地区增加取水量的；可能对水功能区水域使用功能造成重大损害的；取水、退水布局不合理的；城市公共供水管网能够满足用水需要时，建设项目自备取水设施取用地下水的；可能对第三者或者社会公共利益产生重大损害的；属于备案项目，未报送备案的；法律、行政法规规定的其他情形。

取水许可证颁发管理权。取水工程或者设施竣工后，申请人应当按照国务院水行政主管部门的规定，向取水审批机关报送取水工程或者设施试运行情况等相关材料；经验收合格的，由审批机关核发取水许可证。直接利用已有的取水工程或者设施取水的，经审批机关审查合格，发给取水许可证。审批机关应当将发放取水许可证的情况及时通知取水口所在地县级人民政府水行政主管部门，并定期对取水许可证的发放情况予以公告。取水许可证由国务院水行政主管部门统一制作，审批机关核发取水许可证只能收取工本费。取水许可证有效期届满，需要延续的，取水单位或者个人应当在有效期届满 45 日前向原审批机关提出申请，原审批机关应当在有效期届满前，作出是否延续的决定。取水单位或者个人要求变更取水许可证载明的事项的，应当依照本条例的规定向原审批机关申请，经原审批机关批准，办理有关变更手续。连续停止取水满 2 年的，由原审批机关注销取水许可证。由于不可抗力或者进行重大技术改造等原因造成停止取水满 2 年的，经原审批机关同意，可以保留取水许可证。

县级以上地方人民政府水行政主管部门应当按照国务院水行政主管部门的规定，及时向上一级水行政主管部门或者所在流域的流域管理机构报送本行政区域上一年度取水许可证发放情况。流域管理机构应当按照国务院水行政主管部门的规定，及时向国务院水行政主管部门报送其上一年度取水许可证发放情况，并同时抄送取水口所在地省、自治区、直辖市人民政府水行政主管部门。对不需要申请领取取水许可证情形的管理。《条例》第四条规定："下列情形不需要申请领取取水许可证：（一）农村集体经济组织及其成员使用本集体经济组织的水塘、水库中的水的；（二）家庭生活和零星散养、圈养畜禽饮用等少量取水的；（三）为保障矿井等地下工程施工安全和生产安全必须进行临时应急取（排）水的；（四）为消除对公共安全或者公共利益的危害临时应急取水的；（五）为农业抗旱和维护生态与环境必须临时应急取水的。前款第（二）项规定的少量取水的限额，由省、自治区、直辖市人民政府规定；第（三）项、第（四）项规定的取水，应当及时报县级以上地方人民政府水行政主管部门或者流域管理机构备案；第（五）项规定的取水，应当经县级以上人民政府水行政主管部门或者流域管理机构同意。"

从提出取水许可申请到取水许可证的颁发，全部程序中具有明显的特殊性。和土地许可等行政许可程序相比，取水许可程序中贯穿了水资源管理体制的内在要求，反映了开发使用水资源的规律。特殊性主要表现为以下几点。

（1）明确体现了流域管理与行政区域管理相结合的水资源管理体制。程序中规定取水许可权限属于流域机构的，取水口所在地省级水行政主管部门为接受取水许可申请部门，此外，取水许可的分级审批也体现了这一体系的要求。

（2）强化了对水资源的保护和限制性使用。建设项目水资源论证成为前置程序，是申请材料的必备内容。

（3）实现了工程管理与制度管理的有机结合。取水申请被批注后，申请人并不能随即拿到取水许可证，只是获得兴建取水工程或设施的资格，工程完工验收合格后，方可办理取水许可证。

程序的这种设计立法意义为：①体现了对社会资源的有效使用，②反映了工程状态对取水行为的影响，③保护河道、地下水等的需要，如取水口危害河堤，则不予颁发取水许可证，取水行为就无法实施，④对信赖保护原则贯彻提出更高要求。

批准和办理取水权的变更步骤为：依法获得取水权的单位或者个人，通过调整产品和产业结构、改革工艺、节水等措施节约水资源的，在取水许可的有效期和取水限额内，经原审批机关批准，可以依法有偿转让其节约的水资源，并到原审批机关办理取水权变更手续。具体办法由国务院水行政主管部门制定。

五、取水许可权行使中的违法情形及法律责任

县级以上地方人民政府水行政主管部门、流域管理机构或者其他有关部门及其工作人员，有下列行为之一的，由其上级行政机关或者监察机关责令改正；情节严重的，对直接负责的主管人员和其他直接责任人员依法给予行政处分；构成犯罪的，依法追究刑事责任：

对符合法定条件的取水申请不予受理或者不在法定期限内批准的；对不符合法定条件的申请人签发取水申请批准文件或者发放取水许可证的；违反审批权限签发取水申请批准文件或者发放取水许可证的；对未取得取水申请批准文件的建设项目，擅自审批、核准的；不按照规定征收水资源费，或者对不符合缓缴条件而批准缓缴水资源费的；侵占、截留、挪用水资源费的；不履行监督职责，发现违法行为不予查处的；其他滥用职权、玩忽职守、徇私舞弊的行为。其中，被侵占、截留、挪用的水资源费，应当依法予以追缴。

第八章

水行政管理的目标行为：水行政命令

第一节　水行政命令的适用程序

一、行政命令的特征与种类

（一）行政命令的含义

作为具体行政行为的行政命令在教科书中分析较少，在此给予较系统的介绍。命令（令）是国家行政机关及其领导人发布的指挥性和强制性的公文。它适用于依照有关法律公布行政法规和规章；宣布施行重大强制性行政措施；嘉奖有关单位及人员，撤销下级机关不适当的决定。行政命令这一概念有通俗用法和行政法上的专门用法（专门术语）的区别。按照通俗用法来理解，行政命令泛指政府的一切决定或措施；而行政法上的行政命令是指行政主体依法要求行政相对人为或不为一定行为（作为或不作为）的意思表示，是行政行为的一种形式。本书所讨论的行政命令指行政法上的行政命令。

行政法上的行政命令概念包括如下基本含义。第一，行政命令是行政主体实施其管理社会行政事务职权时作出的一种行政行为，是一种与其他行政执法行为并列、处于独立地位并且其他行政执法行为难以替代的行政执法行为。第二，行政命令是行政机关的职权行为。职权行为是行政主体行使其法定权利时作出的行为，它具有的权利性、强制性、主动性、单方意志性等特性是行政职责行为所不具备的。第三，行政命令是一种设定义务性行为，是行政主体让行政相对人履行义务，而不是实现权利。行政机关作出行政行为的目的，有许多是为了让相对人实现或赋予其权利，如规划部门颁发规划许可证的行为、市政管理部门批准申请人挖掘城市道路的行为等等。行政命令行为正好相反，他不是赋予相对人权利，而是对相对人科以一定的义务，指令相对人为或不为一定的行为，如责令相对人停止违法建设行为、责令退还擅自占用的绿地。第四，行政命令是一种单方意思表示行为，行政命令是行政机关的单方意思表示，不需要征求行政相对人的意见。第五，行政命令以行政处罚或行政强制执行为保障，行政命令作出后，行政相对人必须服从和执行，如不服从和执行，行政机关给予行政相对人一定的行政处罚，或由行政机关采取强制措施予以执行。

（二）行政命令的特征

第一，行政命令行为的强制性。强制性是行政命令行为的特性之一，当行政机关作出行政命令行为后，就具有确定力、拘束力、执行力，从作出时就被推定为合法。不经过有权机关按照法定程序予以撤销，相对人就必须执行。第二，行政命令行为的职权性。行政命令行为就是典型的职权性行为，行政主体在作出行政命令行为以前，不需要同相对人协商，更不需要征得相对人的同意。行政命令行为是行政主体在执法过程中主观能动性的表现，充分体现了行政主体的职权性、主动性和自主性。第三，行政命令行为的指令性。行政命令行为的指令性不仅是向相对人发出行政命令，同时还要求相对人按照行政命令的内容做什么和怎么做。与其他的行政执法行为相比，指令性是行政命令行为所特有的。

（三）行政命令的种类

目前我国法律法规对行政命令的专门规定不是太多，对行政命令的划分标准也不统一，可从以下几个方面对行政命令的种类进行划分。

（1）根据命令的内容，可以分为形式意义命令和实质意义命令。行政命令从形式上可以理解为，凡带有"命令"或"令"的行为一律称为行政命令。如授权令、公告令、执行令、嘉奖令、任免令等。这种行政命令并不与行政检查、行政处置、行政决定和行政强制执行相并列，它可以成为后者的形式。例如，行政检查中可以有检查命令，行政执行中有行政命令。行政命令并不限于行政处理行为以内的行政行为，行政处理行为以外的行政行为也可以表现为行政命令，如准行政行为的行政授权表现为授权令，即指一切将"令"作为形式或名称的命令，如授权令、执行令、禁止令、任免令、公告令、委任令等。

从实质上理解，行政命令是行政主体的一种强制性行为，只存在于行政处理行为之中，与行政检查、行政决定和行政强制执行相联系，并且相互衔接。它的特征是：①行政命令由有权发布命令的行政主体作出；②行政命令属于行政主体的一种处理行为，表现为要相对人进行一定的作为或不作为；③行政命令是要相对人履行一定的义务，而不是赋予相对人一定的权利；④行政命令是为相对人设定的行为规则，属于具体规则，表现在特定时间内对特定事或特定人所作的特定规范；⑤相对人违反行政命令，可以引起行政主体对它的制裁；⑥行政命令是依法或依职权作出的。

（2）根据行政的表现形式，可以分为口头命令和书面命令。口头命令是指行政机关或其执法人员以口头形式向管理对象发出的行政命令。书面命令是指行政机关以书面决定的形式向行政管理对象发出的命令。

（3）根据设定义务的不同，可以分为作为命令和禁止命令。作为命令是指行政机关向行政相对人发出的要求其必须作出某种行为的命令，如建设部门可以对违章建筑的行为人发出命令，责令其在规定的期限内拆除违章建筑。禁止命令是指行政机关向行政相对人发出的要求其禁止作出某种行为的命令。

（4）根据行政命令的对象是否特定，可以分为抽象行政命令和具体行政命令。抽象行政命令是指特定的行政机关在行使职权的过程中，制定和发布普遍行为准则的命令。抽象行政命令对某一类人或事具有约束力，且具有后及力，不仅适用于当时的行为或事件，而且适用于以后要发生的同类行为和事件。抽象行政命令具有普遍性、规范性和强制性的法律特征。具体行政命令是行政机关在行使职权的过程中，对特定的人或事件做出的影响相对方权益的命令。具体行政命令是将行政法律关系双方的权利和义务内容具体化，是在现实基础上的一次性行为。在已有行政法律规范的情况下实施具体行政行为必须遵守法定规则。具体行政命令的特征是命令对象的特定性与具体化。其内容只涉及某一个人或组织的权益。

二、水行政命令的适用程序

《中华人民共和国行政处罚法》第二十三条规定"行政机关实施行政处罚时，应当责令当事人改正或者限期改正违法行为。"可见，责令改正不属于行政处罚，而是在实施行政处罚时应当做出的行政命令行为，并通过此行为及时减少应处罚行为的危害，保障行政处罚的实施。

（一）责令改正的依法实施

责令改正应按法条具体规定来实施，而不应下达法无规定或与法违背的改正要求。例如，《河南省节约用水管理条例》第三十一条规定"经营洗浴、游泳、水上娱乐、洗车的单位和个人未按照有关规定安装使用或者安装不符合规定的节水设施、器具的""由县级以上人民政府水行政主管部门责令限期改正，逾期不改正的，处五千元以上五万元以下罚款"，按照这一规定，实施的行政命令行为只能要求相对人使用或安装符合规定的节水设施、器具，不应下达补办相关手续的改正措施，应依据原规定对节水设施、器具进行检查，不能提出新的标准。

（二）责令改正的意思表示应明确

行政执法是严谨的工作，对当事人提出的改正要求应意思表示明确，不能含糊不清或引起歧义。尤其要把握好改正内容和时间节点要求。例如，对擅自在河道管理范围内施工的违法行为，应当在责令改正通知书上明确写明停止施工或向有关具体部门办理施工许可手续等改正具体内容，而不能简单地在责令改正通知书上写上"责令改正"，导致当事人无所适从，难以实施。同时，对于改正的时间节点要明确，不应在责令改正通知书上写上"限期补办手续"之类的文字。

（三）采取责令改正措施可事先告知

前文所述，责令改正与行政处罚是完全不同的行政行为。既不同，则在程序上的要求也不相同。根据《行政处罚法》的规定，实施行政处罚必须要经过处罚事先告知或听证告知的程序，要给予当事人陈述申辩或者听证的机会。而责令改正则无这方面的程序要求。因此，执法机构可以直接下达责令改正通知，无须事先告知。但无须告知并不代表不能告知。从以人为本、构建和谐社会的精神实质出发，对于实施改正措施可能对当事人或利害相关人影响较大的案件，执法机构可以采取主动告知的方式，给予当事人或者利害相关人陈述申辩甚至听证的机会，以保护其合法权益，同时也给予执法机构避免错误的机会。

（四）责令改正下达的方式

根据《行政处罚法》第二十三条规定，行政处罚和责令改正往往是伴随进行的关系，但该条规定中并未明确执法机构实施责令改正措施是先于行政处罚下达还是与行政处罚同时下达，即未明确责令改正是否作为行政处罚实施的前置程序。而在水行政执法的具体实践中，下达责令改正措施的方式也因违法行为的性质不同而有所不同。下达方式有以下四种。

（1）当场下达责令改正措施。首先应满足紧迫性和必要性的条件，对违法行为不予当场制止或者当场要求限期改正，将产生较为严重的危害性后果，应当场下达责令改正措施。例如，执法人员在进行现场水质抽查中，对于浊度、余氯等现场就可以测定出的指标，如超标，则应依据《上海市供水管理条例》第三十八条第一款第一项规定"供水水质或者用于人工回灌地下的自来水水质不符合国家规定标准的，责令其限期改正，并处以五千元以上五万元以下的罚款"，当场要求违法行为人限期改正。再如，正值汛前或汛期，执法人员发现黄浦江防汛墙被凿洞、开缺，则应依据《上海市黄浦江防汛墙保护办法》第十八条第一款第一项规定"……责令其停止侵害，限期补救，并按下列规定予以处罚……"，当场责令违法行为人停止违法行为，限期采取补救措施。当场确认违法行为实施主体以及取证难度较大，尤其是限制性违法行为也很难在当场就确认是否经有关部门的许可，而且，当场下达责令改正措施对执法人员的法律业务水平和专业知识要求较高，应当谨慎操作。如必须采用，应在现场明确违法主体以及通过现场取证确认违法事实的基础上进行，同时尽可能满足前述紧迫性和必要性的条件。同时，采取责令改正措施必须有水务专业法律、法规、规章的明文规定，法无规定的不得下达，改正意思表示也应明确。

（2）行政处罚告知之前下达。若不能当场明确违法行为实施主体、难以当场取证或者不能当场认定违法事实，不适于当场下达责令改正。另外，无紧迫性和必要性的条件，一般不要当场下达。经过深入调查取证后，主体明确、证据确凿、事实清楚的违法行为，且必须依法及时采取相应行政措施的案件，在具体量罚还不能确定之前，执法机构应下达责令改正措施。改正措施下达后，执法机构应当及时了解违法行为人配合整改的态度以及落实整改要求的具体措施，并要求其出具相关证明材料，根据《行政处罚法》第二十七条第一款第一项的规定"当事人主动消除或者减轻违法行为危害后果的，应当依法从轻或者减轻行政处罚"以及第二十七条第二款规定"违法行为轻微并及时纠正，没有造成危害后果的，不予行政处罚"，以及水务专业法律法规的相关规定，作出相应的拟处罚决定（行政处罚事先告知或者听证告知）或者不予处罚。

（3）在行政处罚告知同时单独下达。经过深入调查取证后，对于主体明确、证据确凿、事实清楚的违法行为，且必须依法采取相应行政措施的案件，执法机构可在向当事人送达行政处罚事先告知书（听证告知书）的同时，单独下达相关责令改正措施。由于拟处罚决定和责令改正措施同时下达，因此，违法行为人在陈述申辩或听证环节以整改态度较好或者落实整改要求积极为由，提出希望执法机构从轻、减轻或者免除处罚的要求，办案人员应充分听取，并要求违法行为人出具相应证明（证据）材料。在违法行为人陈述理由充分、证明（证据）材料经核实真实有效的前提下，执法机构应根据《行政处罚法》第二十七条第一款第一项、第二十七条第二款规定以及水务专业法律法规的相关规定，作出相应的处罚决定或者不予处罚。

（4）在行政处罚告知同时一并下达。经过深入调查取证后，对于主体明确、证据确凿、事实清楚的违法行为，且必须依法采取相应行政措施的案件，执法机构可将相关责令改正措施的内容一并写入行政处罚事先告知书（听证告知书），送达违法行为人。这种方式实际上是执法机构将有关责令改正的要求对违法行为人进行了事先告知。此种方式虽不是必经程序，但也有存在的合理性。前文对此已有说明，此处不再赘述。

除以上四种责令改正下达方式外，在同一个案件办理过程中，还可能根据案情的发展、当事人的不配合情况出现多次下达责令改正的情况。办案人员应根据具体情况不同而灵活运用，真正起到预防或制止违法行为，要求违法行为人履行法定义务、消除不良后果或恢复原状的作用。

（五）责令改正的结局有三种情况

责令改正措施一旦采取，办案人员要做好跟踪、落实督促工作，了解当事人是否按要求、按时间节点落实了责令改正要求，只有当事人依法履行完毕行政处罚决定和责令改正的要求，才能按规定结案。如果当事人拒不执行，应按法规规定，由执法机构组织强制执行或者申请人民法院强制执行。

三、行政命令的司法审查

（一）正确区分抽象行政命令和具体行政命令

我们知道，抽象行政命令的核心特征是：行政命令具有不确定性或普遍性。而具体行政命令是将行政法律关系双方的权利和义务内容具体化，是在现实基础上的一次性行为。一般情况下是很容易区分抽象行政命令和具体行政命令的，但有些行政命令却很难区分，甚至有些行政命令抽象特征和具体特征都有。如某市城管部门为了更好地管理城市秩序，发布一道命令，禁止在某超市门前停放各种车辆。这种命令对于所有车辆所有人来说，是一种抽象命令，因为它不针对哪一个人，因此，车辆所有人如果是因为停车不方便而提起诉讼的话，就不能被法院受理，抽象命令本身不属于行政诉讼受案范围。但是，对于超市来说，这种命令就是一个具体的行政命令。因为，这道命令发布后，超市的门前不能停车，导致顾客减少，生意明显不如以前了。也就是说，该命令直接影响了超市的正常经营活动。在这种情况下，超市就有权提起诉讼。

（二）正确区分行政命令行为与行政指导行为

行政指导行为是指行政机关在行政管理过程中作出的具有示范、倡导、咨询、建议等性质的行为，是基于国家的法律、政策的规定面呈作出的，旨在引导行政相对人自愿采取一定的作为或不作为，是一种非职权的行为。行政指导行为最主要的特征就是自愿性，承受行政指导的行政相对人是否接受行政指导取决于自愿。行政指导行为对行政相对人的权利义务不产生任何实际影响，因此，行政指导行为不在司法审查的范围内。

（三）正确区分内部行政命令与外部行政命令

所谓内部行政命令是指对外不发生效力的行政内部活动，如嘉奖令、任免令。这类行政命令属于内部行政行为，不属于司法审查的范围。所谓外部行政命令是指行政机关对外发布的行政命令，这类行政命令对行政相对的权利和义务产生一定效力，如命令纳税、命令外国人出境、禁止通行、禁止携带危险品的旅客上车等。这些都属于外部行政行为，属于司法审查的范围。

（四）正确理解"责令性"行为的性质，明确审理对象

许多法律文件规定的责令性行为，既不是行政裁决行为，也不是行政处罚中的财产罚和行为罚，而是责令限期治理，责令限期整改，责令限期改进，责令清退或者修复场地，责令拆除违章建筑等。这种行政行为从本质上是属于一种行政命令性行为，它具有命令性、补救性、义务性、相继性的特征。行政主体依法要求相对人为一定行为而实施的责令性行为，是行政执法中的一种独立的具体行政行为，即行政命令行为。责令性行政行为具有具体行政行为的特征，应纳入司法审查的范围。法院在审查的过程中，应当从行政行为的主体、

权限、程序等方面对该行为进行合法性审查。

（五）正确适用裁判方式

根据《行政诉讼法》和《最高人民法院关于执行行政诉讼法若干解释》的规定，对具体行政行为的判决方式有维持、撤销、责令履行法定职责、变更、确认、驳回诉讼请求等多种实体判决方式。由于行政机关不履行法定职责是行政相对人提出申请后，行政机关怠于履行法定职责，或明确拒绝履行，或拖延履行，或履行不到位，从而使得相对人利益得不到保护的一种违法性状态，法院可以判决行政机关在一定的期限内履行法定职责。而行政命令是由行政机关依职权主动作出的，行政相对人不会向行政机关申请发布行政命令。同时，变更判决只适用于行政处罚案件。因此，责令履行法定职责和变更的判决方式均不适用于行政命令。对于行政命令的裁判方式只能是维持、撤销、确认和驳回诉讼请求。

第二节 水行政命令行为的甄别及其特殊价值

一、责令改正或限期改正违法行为属于行政命令

《水法》第七章法律责任中大部分条款都有对于相对人违反法律法规的行为，县级以上人民政府或水行政主管部门应当"责令停止违法行为、恢复工程原状、赔偿损失、采取补救措施"等的规定。《中华人民共和国防洪法》以及《江苏省水利工程管理条例》等法律法规的许多法条中对这一规定的使用也较为广泛。但学理界对这一具体行政行为的性质一直存在着争议。我们赞同这种具体行政行为不属于行政处罚和行政强制措施，而属于行政命令。由于这一行政命令行为是水行政执法中常用的执法行为，它又和水行政处罚的实施密切关联，本书拟对其作详细介绍。

（一）"责令改正或限期改正违法行为"不属于行政处罚

《行政处罚法》明确了处罚的种类，但未明确行政处罚的概念，按我国较为通行的观点，行政处罚是指特定的行政主体依法对违反行政管理秩序而尚未构成犯罪的行政相对人（即公民、法人或其他组织）所给予的行政制裁。《行政处罚法》第二十三条虽规定了责令改正，但也未明确其概念。胡建淼著《行政法学（第二版）》中认为，责令改正为行政强制措施的一种，指国家机关或法律、法规授权的组织，为了预防或制止正在发生或可能发生的违法行为、危险状态以及不利后果，而作出的要求违法行为人履行法定义务、停止违法行为、消除不良后果或恢复原状的具有强制性的决定。但在理论界的探讨中，关于责令改正是否是行政处罚措施的一种存在较多争议。有的观点认为：《行政

处罚法》第八条第（一）至（七）项确定了警告、罚款、没收违法所得、没收非法财物、责令停产停业、暂扣或者吊销执照、行政拘留、法律、行政法规规定的其他行政处罚等七种行政处罚的种类，并没有把责令改正直接作为行政处罚的种类加以设定。而另一种观点认为责令改正就是警告的一种具体体现。

（1）责令改正与行政处罚的区别。第一，目的不同。行政处罚目的在于：对违法行为给予法律制裁，对违法者进行惩戒，促使其不敢（再）犯。而责令改正目的在于：纠正和制止违法行为，维持法定管理秩序或者状态。以查处偷盗供水行为为例，《上海市供水管理条例》第四十二条第一款第（一）项规定"……盗用供水的，责令其限期改正，向供水企业补缴供水水费，并处以补缴供水水费五倍以上十倍以下的罚款"。这一条款中同时体现出对偷盗供水违法行为的惩戒目的和纠正目的，惩戒体现在对偷水量的加倍处罚，促使违法者以后不敢再犯，也使潜在的可能违法者要细算违法成本和违法收益之间的巨大差异，使其不敢犯；纠正体现在向供水企业补缴供水水费以及其他相应的改正措施上，如拆除偷接管道、重新更换损坏水表等，这些都要根据实际情况提出具体改正要求。第二，性质不同。行政处罚是一种法律制裁，是从惩戒的角度，科处新的义务，以告诫违法行为人不得再违法，否则将受罚；而"责令改正或限期改正违法行为"本身并不是制裁，只是命令违法行为人停止违法行为，履行法定义务，消除不良后果，恢复原状。由此可见，"责令改正或限期改正违法行为"不属于行政处罚的范畴。我们在实施水行政处罚时，往往同时责令违法行为人改正或者限期改正违法行为，是想通过这种行政行为恢复正常的行政管理秩序，并不是对违法行为人的惩戒。行政处罚是法律制裁，是对违法行为人的惩戒；而责令改正不是制裁，只是要求违法行为人停止违法行为，履行法定义务的措施。可以认为，行政处罚是违法行为人履行法定义务之外受到的惩戒性制裁。第三，形式不同。从法学理论上来说，行政处罚分为申诫罚、财产罚、能力罚和人身罚四种处罚类型。按照上述分类，"责令改正或限期改正违法行为"为不能归入任何一类，《行政处罚法》第八条以及水利部《水行政处罚实施办法》第四条设定的处罚种类中也没有明确的规定。行政处罚有警告、罚款、没收、责令停产停业、暂扣或者吊销许可证及执照和拘留等。而责令改正因各种具体违法行为不同而分别表现为停止违法行为、限期拆除、采取补救措施、恢复原状、限期补办手续等。第四，实施程序不同。根据《行政处罚法》的规定，行政机关在做出行政处罚决定之前，应当告知当事人作出行政处罚决定的事实、理由及依据，并告知当事人依法享有的权利、重大处罚还有听证程序的规定。而责令改正在目前的有关行政程序法律规范中，并没有明确、具体的告知程序规定。在执法实践中，行政机关往往通过直接下达"责令改正通知（决定）书"的形式对当事人提出改正（整改）的具体要求，并不进行事先的告知。由此可见，行政处罚重在"惩"，而责令改正重在"纠"：行政处罚是对违反了法定义务的行为的处罚，责令改正是对违反了法定义务的行为的纠正。

（2）责令改正与行政处罚的联系。《行政处罚法》第二十三条的规定也体现了行政处罚与责令改正密不可分的联系，主要在以下六个方面。其一，二者是伴随进行的。在实施行政处罚时，往往同时责令违法行为人改正违法行为。其二，都是由行政相对人的违法行为引起的。其三，二者的根本目的均是维护行政管理秩序，保护公民和组织的合法权益，维护公共利益。其四，二者都是有权机关实施的具体行政行为。其五，二者在实施依法管理过程中，作用不同，相互补充，缺一不可。其六，违法人对责令改正的履行可成为依法从轻行政处罚的条件。当事人有《行政处罚法》第二十七条第一款规定情形之一的应当依法从轻或减轻处罚。也就是说，对于违法行为，水法律法规规定可以罚款的，当事人在水行政机关"责令停止水事违法行为通知书"或"限期改正通知书"送达后主动改正的，免予罚款；对于法律、法规规定并处罚款的，当事人在水行政机关"责令停止水事违法行为通知书"或"限期改正通知书"送达后主动改正的，按裁量下限予以处罚。当事人有《行政处罚法》第二十七条第二款规定即当事人违法行为轻微并及时纠正、没有造成危害后果的，不予处罚。

（二）"责令改正或限期改正违法行为"不属于行政强制措施

行政强制措施是指行政主体为了实现行政目的，对相对人的财产、身体及自由等予以强制而采取的措施，包括行政强制执行、即时强制和行政调查中的强制。行政强制执行是指在行政法律关系中，作为义务主体的行政相对人不履行其应履行的义务时，行政机关或者人民法院依法采取行政强制措施，迫使其履行义务或者达到与履行义务相同状态的活动。即时强制是指行政主体在目前的紧迫情况下没有余暇发布命令或者虽然有发布命令的余暇，但若发布命令便难以达到预期行政目的时，为了创造出行政上所必要的状态，行政机关不必以相对人不履行义务为前提，便可对相对人的人身、自由和财产予以强制的活动或者制度。行政调查中的强制是指为了实现行政目的，由行政主体依据其职权，对一定范围内的行政相对人进行的，能够影响相对人权益的检查、了解等信息收集活动。根据上面的定义，我们可以看出，我们这里所说的"责令改正或限期改正违法行为"显然不属于行政强制执行和调查中强制的范畴。那么，它是否属于即时强制？我们认为虽然"责令改正或限期改正违法行为"与即时强制都具有一定的强制性，但仍存在一定的区别，不属于即时强制的范畴。首先，即时强制是行政主体在紧迫情况下没有余暇发布命令或者虽然有发布命令的余暇，但若发布命令便难以达到预期行政目的时所采取的强制性措施；而"责令改正或限期改正违法行为"通常出现在《责令停止违法行为通知书》或者《水行政处罚决定书》中，这本身就属于一种发布命令和决定的行为。其次，即时强制是行政主体依职权主动对行政相对人的人身、自由和财产采取的直接的强制措施；而"责令改正或限期改正违法行为"是行政主体要求行政相对人主动作为或不作为一定的行为，以控制或恢复违法行为带来的状态。再次，两者虽然都具有一定的强制性，但强制的强度是不一样的，后者基于当事人的积极履行，而前者基于行政主体的强制性措施，因此，"责令改正或限期改正违法行为"相对于即时强制而言，其强制性特征相对较弱。

（三）"责令改正或限期改正违法行为"应当属于行政命令

如前所述，行政命令是指行政主体依法要求行政相对人为或者不为一定行为的意思表示，是行政行为的一种形式，它通常用于带有强制性的行政决定中。行政命令是一种意思表示的行为，它表现为通过命令相对人履行一定的作为或者不作为的义务而实现行政目的，而不是由自己进行一定的作为或者不作为，在这一点上就与行政即时强制和行政强制执行区别开来了。行政命令也区别于行政处罚，它不具有制裁性，它的实质是对行政相对人科以作为义务或者不作为的义务。

综上所述，"责令停止、改正或限期改正违法行为，恢复工程原状、赔偿损失、采取补救措施"等行为是行政主体为了制止违法行为而要求行政相对人为或者不为一定行为的意思表示，它既不是行政处罚，也不是行政强制措施，而是一种行政命令。

二、实践中把水行政命令混同为行政处罚或行政强制的情形

2015年8月18日，天津市蓟县下仓镇南赵各庄赵某等七户村民来到市水利局，送来了一面绣有"心系百姓，为民造福"的锦旗。在村民的感谢声中，执法人员为我们讲述了下面的故事。2013年10月26日，天津市蓟县水务局河道所水行政执法人员巡查时发现，有人在蓟运河左堤河滩地内种树。经调查得知，种树的是赵各庄村赵某等7户村民。他们与村委会签订了《农业土地承包合同书》《退耕还林合同书》。双方约定，将蓟运河左堤南赵各庄村段河道滩地内195亩❶耕地，承包给这7户村民用于种植树木。

了解事实后，水行政执法人员告知7户村民，在河道滩地内种树是违法行为，必须立即停止种植。但是，赵某等当事人认为，种树是响应政府退耕还林的号召，而且与村委会签订了承包合同，一切责任应由村委会承担。随后，他们继续强行植树。鉴于水行政执法人员多次制止无效，蓟县水务局依据《天津市河道管理条例》，将该案件以书面形式报告给了天津市水利局，请求立案

---

❶ 1亩≈666.67m²。

查处。

天津市水利局接到蓟县水务局立案申请后，要求县水务局进一步对涉嫌违法当事人进行调查取证，并将调查笔录及相关证据材料报送市水利局进行立案审查。2015 年 1 月 17 日，天津市水利局正式批准立案，依法向违法当事人赵某等七户村民下达了《责令限期排除阻碍决定书》，告知其在河道滩地内种植的林木阻碍行洪，其行为违反了《中华人民共和国防洪法》第二十二条第三款，依据第五十六条第三项规定，责令其于 2015 年 1 月 31 日前清除违法种植林木，排除阻碍；同时告知当事人有申请行政复议和提起行政诉讼的权利，如果逾期不履行该处理决定，又不申请行政复议，不提起行政诉讼，天津市水利局将申请人民法院强制执行。

赵某等 7 户村民接到天津市水利局依法作出的《责令限期排除阻碍决定书》后，于 2015 年 3 月 21 日作为申请人向水利部正式申请行政复议，请求撤销市水利局作出的《责令限期排除阻碍决定书》。他们提出的撤销理由如下。一是行政处罚的对象错误。申请人在河道滩地内种植林木是履行政府发包的合同行为，村委会应是本案权利义务负担的主体。二是行政处罚的程序违法。天津市水利局在作出行政处罚决定前，未听取当事人的陈述和申辩，未告知申请人相应的权利，涉及当事人重大利益未举行听证，未按法定程序作出行政处罚。

水利部政策法规司接到行政复议申请书后依法予以审查并同意受理，于2015 年 3 月 30 日向天津市水利局送达了《复议申请受理通知书》，要求天津市水利局在规定期限内，提交作出具体行政行为的相关材料及答辩书。

4 月 8 日，天津市水利局提交了《行政复议答辩书》及相关证据材料，指出依照《天津市河道管理条例》第四十九条规定，蓟运河属于天津市行洪河道，在行洪河道内种植树木的行为违反了《防洪法》第二十二条第三款规定。乡与村订立的退耕还林工程合同书中未规定种植树木的地点，而村委会不是一级政府，申请人不能将实施违法行为归咎于政府发包的合同；按照农业土地承包合同书中的规定，本案涉及违法种植的树木，其所有、使用、收益、处分的权利都在申请人一方，申请人是该违法行为的实施者，作为具体行政行为的相对人是有事实和法定依据的。限期排除阻碍决定属限期改正错误的行政强制措施，而不是对违法当事人予以惩戒的行政处罚决定，故不适用《行政处罚法》中关于作出行政处罚决定的程序规定。

2015 年 5 月 16 日，水利部经过书面审查，依法作出《水利部行政复议决定书》认定。一、赵某等 7 户村民在行洪河道种植林木的行为违反了《防洪法》第二十二条第三款规定，天津市水利局依据《防洪法》第五十六条第三项规定对其作出的限期排除阻碍的具体行政行为，认定事实清楚，证据确凿，适用法律准确，程序合法。二、赵某等 7 户村民种植林木的地点属于天津市行洪河道，也确实是该违法行为的实施者，该具体行政行为相对人认定无误。三、责令限期排除阻碍不属于《行政处罚法》第八条列举的行政处罚种类，不适用《行政处罚法》中有关程序的规定。赵某等七户村民提出的主张，缺乏法律依据，不予支持。依据《行政复议法》第二十八条之规定，决定维持被申请人天津市水利局作出的具体行政行为。

赵某等 7 户村民接到水利部复议决定后，仍存在侥幸心理，在法定期限内未向人民法院起诉，也未履行行政复议决定。2015 年 6 月 15 日，市水利局依法向市第一中级人民法院申请强制执行。经过审查，市第一中级人民法院依法裁定，准予强制执行。

在该案转入强制执行程序后，天津市水利局水行政执法人员先后 4 次与执法法官赶赴蓟县，分别对下仓镇政府、南赵各庄村委会和违法当事人进行了多方面、多渠道、多层次的说服教育。最后在法院主持下，各方协商同意由镇政府出资 10.5 万元，对赵某等 7 户村民予以经济补偿。8 月上旬，违法当事人自行将河滩地所植的 8500 余棵树木全部清除。

本案在处理过程中需要澄清的主要问题是：责令限期排除行为是否属于行政处罚，行政机关应当遵守什么法定程序，赵某等村民是否属于行政相对人。依据案情，结合行政法有关理论，可以下分析：

观点一：责令限期排除阻碍属于行政强制措施，不必遵守行政处罚的法定程序。行政强制措施是指行政机关为了预防、制止可能发生或者正在发生的违法行为、危险状态以及不利后果，或者为了保全证据、确保案件查处工作的顺利进行，对公民、法人或者其他组织的人身、财产或者行为等采取的各种强制性措施，如查封、扣押、冻结、强制隔离等。行政处罚是国家行政机关对构成行政违法行为的公民、法人或者其他组织实施的行政法上的制裁，如警告、罚款、没收违法所得、责令停产停业等。

二者存在以下区别。一是行为性质不同。行政强制措施以相对人不履行法定义务为前提，行政处罚则是对违反行政管理秩序的相对人进行的行政制裁。二是针对的对象不同。行政强制措施不仅可以针对违法者，也可针对违法嫌疑人，而行政处罚的对象只能是违法者。三是目的不同。行政强制措施的目的是促使相对人履行法定义务或实现与履行义务相同的状态，它以实现某一行政目标为目的；而行政处罚的直接目的是对违反行政管理秩序的相对人进行制裁。四是程序不同。行政处罚须严格按照《行政处罚法》规定的程序进行，而行政强制措施的程序一般比较简便，目的是及时有效，目前我国并未对行政强制措施进行严格的程序规定。

《防洪法》第五十六条第一款第三项规定，行政相对人承担的法律责任是

"责令停止违法行为，排除阻碍或者采取其他补救措施，可以处五万元以下的罚款"。其前半段规定的立法目的在于：采取强制手段制止阻碍河道行洪的有关种植行为，使河道保持正常的行洪要求。这一立法目的与行政强制措施的特征是相吻合的，属于有关行政强制措施的规定。而后半段的罚款规定则属于对违法行为人的惩罚，属于有关行政处罚的规定。本案中，天津市水利局仅责令赵某等村民限期排除阻碍，并未对其进行罚款，在实质上仍仅属于行政强制措施，而非行政处罚。因此天津市水利局也就不必遵守行政处罚的法定程序。

观点二：赵某等村民属于行政强制措施的相对人。所谓行政相对人是指基于一定的法律事件或行为与行政主体形成利害关系，依照行政法律规范取得参与行政法律关系资格的公民、法人和其他组织。赵某等村民在河道滩地上种植树木，违反了《防洪法》第二十二条第三款的强制规定，应当承担《防洪法》第五十六条第三项所规定的行政责任，当然属于行政强制措施的相对人。尽管赵某等村民违法种植树木是由与村委会的承包合同引起的，但承包合同的存在并不能排除其作为行政相对人的地位。因为赵某等村民是以自己的名义种植树木的，其种植树木的收益也由其享有，因此其在自己违法行为所导致的行政责任中是行政行为相对人。

观点三：赵某等村民因承包合同无效的损失应依法确定。根据《防洪法》第二十一条第三款规定，河道滩地属于河道管理的范围，不属于集体土地，村委会无权将其发包给村民。因此本案中的承包合同因违反法律的强制规定而无效（《合同法》第五十二条）。根据《合同法》第五十八条的规定，合同无效后，因该合同取得的财产，应当予以返还；有过错的一方应当赔偿对方因此所受到的损失，双方都有过错的，应当各自承担相应的责任。本案中，《农业土地承包合同书》《退耕还林合同书》之所以无效，原因在于南赵各庄村委会将不属于集体土地的河道滩地予以发包，其应当对赵某等村民的损失承担主要责任。赵某等村民在被告知植树行为违法后还强行植树，从而使损失扩大，也应当对损失承担一定的责任。

本案适用的法律主要有：①《防洪法》：第二十二条第三款，禁止在行洪河道内种植阻碍行洪的林木和高秆作物。第五十六条，违反本法第二十二条第二款、第三款规定，有下列行为之一的，责令停止违法行为，排除阻碍或者采取其他补救措施，可以处五万元以下的罚款：……（三）在行洪河道内种植阻碍行洪的林木和高秆作物。②《合同法》第五十二条，有下列情形之一的，合同无效：（一）一方以欺诈、胁迫的手段订立合同，损害国家利益；（二）恶意串通，损害国家、集体或者第三人利益；（三）以合法形式掩盖非法目的；（四）损害社会公共利益；（五）违反法律、行政法规的强制性规定。

特别说明：此案例是引自《中国水利报》的真实案例，选用时仅作文字处理，案情介绍和有关分析材料未作变动。需要说明的是：第一，从刊发材料中可见，水利部复议决定中，对天津市水利局的执法行为没有给出正面定性，仅肯定它不属于行政处罚，这应该说是明智之举。第二，案例分析部分中认为责令限期排除阻碍属于行政强制措施，并对行政强制和行政处罚作了比较分析。我们认为这种分析混淆了行政命令和行政强制，因为只有在责令限期排除阻碍的行政命令没有得到违法人服从时，才启动行政强制执行行为，而不是行政强制措施。可见，这一分析出现两个混淆：行政命令与行政强制、行政强制执行与行政强制措施。

三、水行政命令的特殊价值：水事管理的目标追求

（一）不折不扣实现水行政命令的内容是法律责任规范的基本精神

（1）从具体行政行为的特性看，对于同一违法行为，责令改正是羁束行为，行政处罚则为自由裁量行为。因为责令改正要求的实现，对维护水事秩序的意义大于行政处罚。对于违法行为，一罚了之十分容易，而利益追求使责令改正违法行为难度更大。如前文所述，行政处罚与责令改正是行政管理手段，二者相互补充，缺一不可，二者的目的性质都有所不同。因此，在实施行政处罚过程中，不能一罚了之、以罚代改。而且，对有些具体违法行为，责令改正的重要性和必要性甚至超过行政处罚。例如，按照《上海市防汛条例》第四十六条规定"……擅自填堵河道的，由水行政主管部门责令停止违法行为，恢复原状或者采取其他补救措施，可以处一万元以上五万元以下的罚款……"，对填堵河道的违法者明确了处罚内容和责令改正措施。其中，责令改正是必须实施的，反而行政处罚权被设定为自由裁量权。如果在实际执法过程中，执法机构出于畏难或怕麻烦考虑，对填堵河道的违法者一罚了之，不要求其恢复原状或者采取其他补救措施，不但达不到惩戒违法者的目的，反而会助长违法行为的发生。此条款中对擅自填堵河道的处罚上限为五万元，而在上海，违法者填堵1亩土地用于房产开发就可获益数百万元，更不用说填堵更多土地所获得的丰厚回报。违法成本与违法收益相比过小，甚至小到忽略不计，违法者会对法规规定视而不见，肆意违法，将会极大地影响正常的水务管理秩序，影响防汛工作，给人民财产和生命安全带来隐患。

（2）从法律责任规范的结构看，其他行政权行使是行政命令的保障行为。从水法律法规的法律责任规定中可以看到，对于某种违法行为，法律责任条款往往同时规定了从行政命令、行政强制到行政处罚等行政责任追究制度；从内容结构看，行政命令处于前置地位，且是行政处理的必经阶段，其后以此规定了行政强制和行政处罚，当行政命令行为的内容不被违法的行政相对人服从和执行时，才启动行政强制行为，行政处罚力度和限度也因行政命令行为被执行

的状况而有不同层次的涉及，法律规范的内容结构呈现出因果逻辑、先后次序的特点。

（二）责令改正的依法行使更能保证水资源管理目标的实现

水行政命令的内容本身就是水行政管理要求的应然状态。责令改正措施的内容因水行政管理具体要求而有所不同。行政执法工作不是单纯的执法，执法是管理的手段，要为管理服务。作为执法人员，不但要熟悉法律法规，也要了解有关管理的阶段性要求，要结合管理现状下达责令改正要求。比如，从《中华人民共和国水法》《取水许可和水资源费征收管理条例》等法律法规来说，取用地下水与取用地表水一样都为限制性行为，申请后办理取水许可手续就可取水用于生产生活。不同的地方则有所不同，例如在上海，为控制地面沉降，避免地质灾害的发生，早在 2002 年市水务局就宣布了将严格控制深井开凿，原则上不开新井的政策，并规定了除战备、城市安全应急备用、科研需要、优水优用等特殊用井之外，其余深井分阶段、分步骤关闭。因此，对于无证取用地下水的违法行为，除了要求违法行为人停止取水外，还应责令其限期拆除取水设施、填实深井，而不应要求当事人去补办相关取水许可手续。即使责令补办，许可部门也不会受理。

第九章

水行政处罚的管辖与适用

第一节　水管理体制下水行政处罚管辖的特殊性

一、《水行政处罚实施办法》中的立案规定

立案是水行政处罚的启动程序，是水行政执法活动的重要环节。然而在水行政执法实践中，对立案意义的认识、立案条件的把握、立案程序的规范等问题，都存在一定程度的混乱，尤其是"先查后立、不破不立"等现象时有发生，因此有必要作进一步的研究。

（一）立案的法律意义与程序价值

立案是水行政机关启动水行政处罚程序的作为义务。水事违法行为的发生是违法行为人自觉意识作用的结果，与水行政机关并无关系。水行政机关对已经发现的客观存在的水事违法行为是否查处，是水行政机关的职权；而立案则是水行政机关决定查处水事违法行为的开始标志，即水行政机关依据职权，通过立案启动水行政处罚程序。在水行政执法实践中，水行政机关获得水事违法事实的信息渠道是多方面的，如水行政执法人员巡查发现、公民举报、受害人控告等。但获得这些水事违法信息并不等于水行政处罚程序就自然启动，也不表明水行政机关就一定要查处。是否将已获得的水事违法信息作为一个案件来查处，则应由水行政机关根据适时具体情况作出判断和决定。如果决定将获得的水事违法信息作为案件查处，那就应当由相关人员填写《水行政处罚案件受理、立案呈批表》，经水行政机关有批准权的领导人批准，立案即告完成，水行政机关有关执法人员即可开始对水事违法信息展开调查，对是否应予相对人处罚依法作出决定。立案是水行政机关保护受害人或其他利害关系人合法权益的法律行为。因此，是否立案不仅仅是水行政机关办案的内部流程问题，也涉及利害关系人的权利是否受到保护。如果水行政机关对利害关系人要求查处水事违法行为保护自己合法权益的申请不予立案，则利害关系人还可以就水行政机关不立案的行为，以不履行法定职责、行政不作为为由，向上级水行政机关

或有关人民政府提出复议申请，也可向有管辖权的人民法院提起诉讼。在我国全面步入建设社会主义市场经济、以人为本、依法行政的今天，正确对待利害关系人的"救济"申请、认真履行法定职责，对我们水行政机关具有特别重大的意义。所以，立案与否，不仅是水行政机关的内部工作或事务，它有明显的法律性质和法律后果。

立案是水行政机关追查水事违法行为的时效依据。行政处罚方面的时效大致有"追查（区别于刑事领域的追诉概念）、裁决、执行、救济"四种，《水行政处罚实施办法》（简称《处罚办法》）第七条就追究违法行为的时效作了与《行政处罚法》（简称《处罚法》）第二十九条相同的规定。据此规定，只有水行政机关没有"发现"才适用追查时效，一旦"发现"则不存在追查时效问题。这样，对水事违法行为的"发现"与否，是确定是否追查以及追查时效计算的关键。怎样才能确定水行政机关"发现"与否，《处罚办法》并没有规定标准。我国刑法关于犯罪追诉时效的规定是"在人民法院、人民检察院、公安机关采取强制措施以后，逃避侦查或者审判的，不受追诉时效的限制"。应该说这一刑事领域"发现"的规定还是较为严格的。对于水行政执法的"发现"，我们认为应当以水行政机关发现并有追查的意思为标准，即以"立案"为标志。这是因为：首先，水行政机关获得的水事违法线索只能说明有水事违法行为发生或存在的可能，并未查证确定，不能以"可能"来确定法律意义的"发现"。其次，即使水行政机关在获取水事违法行为的线索后，并不能说明水行政机关对水事违法行为有追查的意思表示。只有经过立案，才能够表明水行政机关对水事违法行为的"发现"和查处的意思表示，对水事违法行为的追查，就不受《处罚办法》及《处罚法》关于时效的限制。

（二）立案的法定条件

对于行政处罚案件的立案条件，《处罚法》没有作出规定。对于水行政处罚案件的立案条件，《处罚办法》第二十四条规定："除依法可以当场作出水行政处罚决定的以外，公民、法人或者其他组织有符合下列条件的违法行为的，水行政处罚机关应当立案查处：一是具有违反水法规事实的。二是依照法律、法规、规章的规定应当给予水行政处罚的。三是属于水行政处罚机关管辖的。四是违法行为未超过追究时效的。"然而此规定中，只有"属于本水行政机关管辖的"立案机关权限条件一般情况下未经调查容易辨别外，其他三项条件值得商榷。笔者认为，此规定的立案条件过于严格，按此规定操作必然陷入"先查处、后立案"的误区。实践中，水行政机关及其执法人员面对"侵害事实"，只有经过调查才能够确定该事实是否是违反水法律法规的行为所致，进而才能确定依照法律、法规、规章是否需要给予相对人处罚。这就形成了先调查的事实。其次，上述立案条件的规定，实际上是"定案"或"处罚"的条件。对于水行政违法事实一般情况下都应当保护现场，然后先立案再开展调查。至于是否超过追究时效，一般也难以现场作出判断，需要经核实才能确定。

水行政机关可以先调查（处置）后立案的情形。一般情况下，有管辖权的水行政机关乃至执法人员，对于其管理范围的工程场地、设施、设备等各种现场毁损、侵害事实（以下称侵害事实），在三种情况下可以先调查（处置）后立案：一是适用"当场处罚"的事实情况，即符合《处罚法》第三十三条、《处罚办法》第二十二条的规定情形。二是水行政执法人员在巡查时当场发现违法行为正在实施，不当场进行处置可能引起严重损害后果的紧急事实情况。水行政执法人员可以依据《水政监察章程》第十六条赋予的"进行现场检查、勘察和取证等；要求被调查的公民、法人或组织提供有关情况和材料；询问当事人和有关证人，作出笔录、录音或录像等；责令有违反水法规行为的单位和个人停止违反水法规的行为。必要时，可采取防止造成损害的紧急处理措施；对违反水法规的行为依法实施行政处罚或者其他行政措施"职权，采取必要的相应措施或处理。三是显而易见的自然侵害的事实情况，可以当场予以确认，做好善后工作。对于"侵害事实"一时不能确定是否是自然侵害的，也应经立案调查确定为"自然侵害"后，予以撤销案件。

水行政法律法规中缺乏立案的量化标准。合理怀疑即可构成立案条件，对于这个问题要从三方面来认识：一是要纠正有立案就必定有处罚的误区。实际上对于水利工程及设施的"侵害事实"，在排除了当场处罚、显而易见的自然侵害、程度轻微等情形外，其他情况均应先立案后进行查处。经过调查，结论可能有案件事实成立、事实成立但非为案件等情况。对于前者有给予或不予相对人处罚的问题，而对于后者则不存在处罚之说，但即便是要撤销案件也并不影响当初立案程序的成立。二是合理怀疑即可立案。应该说，在立案阶段水政机关面对"侵害事实"即可进行立案，或者在有线索和零星证据的情况下，能够形成自己的合理怀疑即可立案。三是立案标准的量化问题。何种程度的"侵害事实"可进行立案在实践中是很难把握的问题。有关水法律法规只有对水事违法行为的定性规定，并没有量化指标。该问题处理不好至少会带来两个问题：首先是行政越权（有其他行政机关和司法机关两种情形）；其次是水行政执法人员滥用自由裁量权或者不作为等。在刑事或民事领域，大多是通过司法解释解决有关案件的立案标准。因此，亟须通过规章或有关规范性文件，根据水行政处罚案件的不同分类出台有关标准，以便规范水行政执法行为。

水行政处罚案例的来源。近年来，水行政机关通过广泛深入的水法宣传，使人民群众对水法律法规有了一定的了解。通过对水行政执法范围、内容、项目的公示和设立举报电话等方式，畅通了获取案件信息的渠道。另外水行政机关"预防为主"思想的确立，使所管水利工程的执法巡查力度日益加大，应该说水行政处罚案件的来源是广泛的。实践中案件的来源主要有水行政机关执法人员巡查发现、公民或其他组织的举报、受害人的控告或申请、上级水行政机关交办、其他行政机关移送、违法行为人"自首"（借用刑事领域的术语）等多种渠道。

（三）立案的程序规定

《处罚办法》并未对水行政处罚案件的立案程序作出具体规定。实际上立案的具体程序应该说是水行政机关的内部规定：先由水行政机关具体承办的部门填写《立案审批表》，写明立案的理由与根据以及本部门意见，并附上立案来源的材料，由水行政机关或其执法机构负责人审查批准是否立案。这里有两点需要说明：一是由水行政机关或其执法机构正职还是副职领导人批准，甚至是集体决议，属于水行政机关的内部工作程序。二是立案属于水行政管理的日常事务，完全可以由执法机构负责人批准。另外，立案的时限或期限问题《处罚办法》也未涉及。实践中应依据依法行政和行政效率原则，立案的期限一般以 7 天为宜。

总之，水行政机关决定立案的，表明水行政处罚案件的查处程序正式启动，应当及时通知利害关系人。对于经审查不予立案的，应以书面形式通知利害关系人，以便在相关利害关系人不服该决定时可以申请复议或提起行政诉讼。对于经审查应当立案但不属于本水行政机关管辖的，应当将有关材料转送给有管辖权的行政机关并通知利害关系人，水行政机关不能以自己无管辖权为由而拒之不理。

二、流域与行政区域管理相结合体制下的水行政处罚管辖

《水行政处罚实施办法》对水行政处罚的管辖进行了原则规定：①国务院水行政主管部门及其所属的流域管理机构管辖法律、行政法规规定的水行政处罚。②除法律、行政法规另有规定的外，水行政处罚由违法行为发生地的县级以上地方人民政府水行政主管部门管辖。上级水行政主管部门有权管辖下级水行政主管部门管辖的水行政处罚。下一级水行政主管部门认为其管辖的水行政处罚需要由上一级水行政主管部门管辖的，可以报请上一级水行政主管部门决定。对管辖发生争议的，应当协商解决或者报请共同的上一级水行政主管部门指定管辖。③法律、法规授权组织管辖其职权范围内的水行政处罚。在执法实践中，级别管辖和跨区域的大江大河大湖地域管辖比较容易发生疑义。

（一）水行政处罚的级别管辖

水行政处罚的级别管辖是指上下级水行政主管部门之间对实施水行政处罚的分工和权限的划分，它所解决的是在水行政主管部门系统内哪些水行政处罚应由哪一级水行政主管部门实施的问题。我国现行水法规中有关水行政处罚级

别管辖的规定不尽一致。

《处罚法》第二十条对行政处罚的级别管辖作了原则性的规定，具体的行政处罚级别管辖问题必须由专业法规来解决。《水行政处罚实施办法》第4章对水行政处罚级别管辖作了原则性的规定，但还不是很具体。综合我国现行水法规中有关水行政处罚的规定，水行政处罚的级别管理辖规定分以下七种情况：一是由县级以上地方人民政府水行政主管部门（河道主管机关）管辖；二是由县级以上人民政府水行政主管部门管辖；三是由县级人民政府水行政主管部门管辖，如《水土保持法》第三十二条、第三十三条、第三十六条规定的罚款由县级人民政府水行政主管部门决定；四是由水行政主管部门或其授权的流域机构根据发放取水许可证的权限进行管辖（见国务院取水许可制度实施办法）；五是由市、县级人民政府管辖，如《水土保持法》第三十六条规定的责令停业治理的行政处罚由市、县人民政府决定；六是由法律、法规授权的组织（如流域机构或工程管理机构）管辖；七是由大坝主管部门管辖（见国务院水库大坝安全管理条例）。第一、第二两种水行政处罚级别管辖的规定形式在现行水法规中最为普遍，也是确定水行政处罚级别管辖的最主要依据。这两种规定形式只规定了有权作出水行政处罚决定的最低一级水行政主管部门县级水行政主管部门（河道主管机关）。在此情况下，上级水行政主管部门只要不超越管辖区域，原则上可以依法实施各种水行政处罚。水行政处罚实践中，需要澄清两个有关级别管辖的问题。

（1）水行政处罚的级别管辖与河道分级管理的关系。《中华人民共和国河道管理条例》规定，不同等级的河道由不同级别的河道主管机关（相当于水行政主管部门，下同）实施管理。那么在上级河道主管机关实施管理的河道管理范围内的水行政处罚，下级河道主管机关有无管辖权？这个问题的答案不能一概而论。我国目前河道管理实行统一管理与分级管理相结合的制度，除上级河道管理机关设立管理机构直接管理的河道或工程外，上级的统一管理实际上仅局限于河道管理范围内建设项目方案的审查、河道所在流域的综合规划和专业规划的制定及实施、工程调度等方面，而工程维修、养护、违反河道管理法规案件的查处等大量的日常工作，都是由河道所在地的基层河道主管机关承担的。所以在上级河道主管机关实施统一管理的河道管理范围内的水行政处罚，除法律、法规授权流域机构或其他管理组织作出规定外，下级河道主管机关有权管辖。

（2）需要经过同级人民政府或上级水行政主管部门批准的水行政处罚。经批准的水行政处罚并没改变级别管辖。《取水许可制度实施办法》规定，有相应的违法情形，并且情节严重的取水单位，由水行政主管部门或者其授权发放取水许可证的部门报县级以上人民政府批准，吊销其取水许可证。《江苏省水利工程管理条例》第三十条第一款第一项规定对违反该条例第八条规定的，情节严重，造成重大损失的，经上级水利部门批准，可以处以 1 万元至 10 万元的罚款。这两条规定中的水行政处罚的管辖权并没有因为经上级机关批准而发生改变，管辖权仍然属于下级机关。上级机关（即批准机关）在下级机关对这两种水行政处罚作出决定之前，从大的方向和综合各种利害关系进行全面分析后，作出批准或者不予批准的决定，一般不对事实问题进行全面审查，这种批准行为并不直接对行政相对人产生权利义务关系，只是对水行政处罚决定在方向性和综合性上的把关，属于监督行为，批准机关只行使监督权，承担相应的监督责任，而被批准的行政处罚的决定权仍归属于下级机关，即这两种水行政处罚的级别管辖并未因要报批而改变。

（二）流域和行政区域管理相结合：水行政处罚地域管辖的特殊性

水以流域为单元客观存在，这一自然特质使得人类不得不面对因水形成的自然与社会的复杂关系。为此，我国确立了流域管理和行政区域管理相结合的水资源管理体制，人与自然的冲突使得这一体制的实现障碍重重，在此体制下实施的水行政处罚管辖难免存在诸多困惑，此处参照实务工作者的经验，以跨区域湖泊为例进行分析。

1. 跨流域的水行政处罚地域管辖现状

我国的不少湖泊面积日见缩小甚至消失、水质渐趋恶化。原因之一在于，流域与区域之间和区域与区域之间水行政管理、处罚的管辖界定模糊，甚至没有界定。作为水资源管理基本实体法的《水法》、作为水行政处罚程序法的《行政处罚法》与《水行政处罚实施办法》，对处罚管辖的规定存在冲突，水行政执法机关因而无法正确行使水行政处罚权。我国湖泊众多，不乏流域性大湖。国务院水行政主管部门特别设立了流域机构实施对跨省（自治区、直辖市）的流域性湖泊的直接管理，各省级水行政主管部门一般也设立了跨市的省内流域性湖泊直接管理机构。流域性湖泊跨县、跨市、跨省，往往是相临省、市、县的界湖，对其水事违法行为的行政处罚管辖没有界定，即使有界定，也纯属理论层面的。实践中"流域管辖"难以覆盖到位，仅享有理论上的管辖权；"区域管辖"又于法无据，行使管辖权涉嫌超权越位。久而久之，跨流域的水行政处罚地域管辖就形同虚设。其主要原因在于以下方面。

（1）相关职能部门多头管辖。这里先借用公、检、法机关之间及其与其他行政机关之间案件查处的分工概念，来区分一下主管与管辖：主管就是各行政机关所享有的行政处罚权限，管辖则是水行政机关之间的处罚权限划分。湖泊的开发、利用、节约和保护，涉及的主管机关众多，除水利外，还有渔业、交通、国土、环保、林业、农业、旅游、开发、公安等行政机关。他们各自根据相关的法律法规行使行政权力。然而问题在于他们在行使权力时，往往只重视了利用，而轻视了管理，更忽视了保护。湖泊面积由大到小甚至到无、水质不断下降甚至恶化也就在意料之中了。就湖泊管理而言，相关行政机关不会放过对利益的追逐。渔业部门通过发放养殖证、捕捞证收取费用，同时也行使对无证进行养殖、捕捞违法行为的行政处罚。广义地说，水面也是国土的组成，但国土部门目前管理的只是土地，他们面对越来越多的建设需求和国家严格的土地政策，只能要求以"土地换土地"，而建设单位只有以"水面换土地"，"牺牲"的只有湖泊了。在此"水土转换"交易中，受益的是国土、建设主管部门，还有建设单位、开发商等。当然国土、建设等主管机关，不仅可以在上述过程中收取有关费用，而且还可在建设的过程中使用行政处罚权来获利。交通主管机关在水运、航道管理的过程中，除按规定收取相关规费外，还行使对违规从事船舶运输、损坏航道等的行政处罚权。公安机关则通过收取水上治安费、船舶寄泊费等来进行治安管理、施行行政处罚。如此种种不一而足。相比之下，水行政主管部门只是"肩挑"湖泊防洪的公益重任。

（2）属地管辖区域难以清晰界定。中华民族的历史在某种意义上就是一部治水史。而治水的重点就在大河大湖。湖泊形成时间久远，环湖的行政区划在历史发展中经过不断的变迁和调整而稳定下来，但湖泊的自然特点使得各区域的管理界限不清。例如洪泽湖，目前环湖分布着淮安市（地级市）的淮阴区、洪泽区、盱眙县，宿迁市（地级市）的泗洪县、泗阳县。该五县（区）对于湖区水域管辖权的划分是依据《江苏省人民政府关于同意调整洪泽湖区行政区划的批复》（苏政复〔1985〕140号）进行的。该批复规定相邻县间陆上"边界点"向湖心延伸所构成的三角水域即为各县的行政管辖区域。对于各县乡镇之间的湖区水域界线，也依照同样的方法划定。这样，临湖各县似乎有了法律意义上的属地管辖区域。因为"湖心"没有定义，即使有定义，面对宽阔的湖面，人们怎么把握湖心？湖面上的界线又怎样确立？所能做到的也就是纯属概念性的理论界线。一是其"地"所属实际未定；二是即使"有所定"，人们也难以"认知"。长期以来对于湖区的水事违法行为的查处，由于界限不明、责任不清，临湖政府自由处置权非常之大，甚至可以说，想过问就过问，不想过问就束之高阁。更有甚者，带头违法围垦、围养等，还美其名曰"发展地方经济"。

2. 法律上尚未解决流域和区域的管辖关系

（1）实体法上的理论冲突。主要表现为流域管辖与区域管辖的冲突。由于湖泊尤其是流域性湖泊的重要地位，加之湖泊有着"桀骜不驯"的特点，决定了国家首先要从立法的高度重视水资源的统一管理。因此，在《水法》总则中，第十二条就规定"水资源管理实行流域管理与区域管理相结合"的原则，并授权"国务院水行政主管部门在大江大河和重点湖泊设立的流域管理机构，在所管辖的范围内行使法律、行政法规和国务院水行政主管部门授予的水资源管理和监督职责"。很显然，在水资源管理权的归属上，区域优于流域。作为水行政管理权之一的水行政处罚权，也理当"流域"优于"区域"。许多省（自治区、直辖市）的地方性法规，对"省内流域"管理的机构设置和职责也有类似的规定。然而，在《水法》第七章法律责任中，第六十五～七十二条有"对于违反水法行为的处罚由县级以上水行政主管部门或者流域管理机构实施"的规定，从表面看，就存在着水行政处罚"区域"优于"流域"。从深层次讲，这不是简单的词序上的颠倒，可以看出从立法开始就存在着"流域"与"区域"的矛盾状态。即理论管理上"流域"优先，实际处罚上"区域"优先。《水法》作为水行政管理的基本法，就存在"流域"与"区域"管辖争议。现实中还大量存在"地方性法规、规章"等多种执法依据，存在诸如"法律法规授权组织"等多类行政主体，其管辖冲突严重程度就可想而知了。

（2）程序法上的理论冲突。《处罚法》第二十条规定"行政处罚由违法行为发生地的县级以上地方人民政府具有行政处罚权的行政机关管辖，法律、行政法规另有规定的除外"。由此规定可知，属地区域管辖是行政处罚的一般原则。鉴于水资源管理的特殊体制，《处罚办法》第十七条首先规定"国务院水行政主管部门及其所属的流域管理机构管辖法律法规规定的水行政处罚"，第十八条才作"除法律、行政法规另有规定外，水行政处罚由违法行为发生地的县级以上人民政府水行政主管部门管辖"的规定。这样，水行政处罚管辖采用的是流域管辖优先的原则。其冲突在于：第一，两者的管辖原则是矛盾的。《行政处罚法》确立的是"区域管辖"为一般原则，"处罚办法"规定的是"流域管辖"为一般原则。第二，从《处罚法》对于"除外"规定的要求看"处罚办法"作为部门规章无权对属地管辖的一般原则再作"除外"规定。第三，两者的"除外"规定，都排除了地方性法规对水行政处罚"省内流域管辖优先规定"的权力。也就是说像《江苏省湖泊条例》这样的地方性法规，无权作"省内流域管辖"优先的规定。

3. 跨流域的行政处罚地域管辖解决思路

（1）借鉴"领水""公海"概念，划定现实的管辖区域，分别行使处罚权。首先，参照国家领土中对领水的设置办法，划定湖泊的一定区域范围——"领湖"，由临湖泊政府（单位）管辖。领湖范围多大为宜？这里要考虑三个因素：一是该领水应该是确定且易掌握的，否则就失去了引入这一做法的意义。二是地方政府（单位）经济发展需要，否则难以调动其"治水"积极性。三是"因湖而异"。像洪泽湖这样的较大湖泊，以 $100\sim200m^2$ 为宜。还要把握两个方面：一要科学地确定"领湖基线"，即领湖从何处起算。这本不该成为问题，但是众所周知的湖泊围垦现状，使领湖基线的确定变得复杂。主要应避免"围湖成地"的合法化。二要修订完善有关水法规。如《江苏省水利工程管理条例》除规定了河道、湖泊的管理范围外，还划定了流域性河湖堤防和大中型涵闸、水库、灌区的管理范围，其中将河、湖 $10\sim200\mathrm{m}^2$ 不等的水面纳入河、湖堤防工程管理范围。另外，规定领湖以外的水域为"公湖"，由省水行政主管机关直接管辖，或者授权、委托临湖的省属水利工程管理单位行使管辖权。简而言之，就是"领湖"归"区域"，"公湖"归"流域"。各管其"辖"、各行其权、各尽其责。除对流域性湖泊水域管辖进行划分外，对于湖泊的管理和保护范围，则依据《防洪法》《河道管理条例》的规定划定，并设立界限标牌。

（2）依据湖泊保护法律法规，突破其他行业羁绊，行使湖泊行政处罚管辖权。自 1988 年《水法》颁布实施后，水利法制建设取得了长足发展，形成了以《水法》和《防洪法》为基本法律、《河道管理条例》等多部行政法规和地方性法规配套的湖泊开发、利用、节约和保护的水法律法规体系。由于社会经济的发展，各行业都试图拿起法律武器捍卫行业利益，因而法律冲突、法条竞合在所难免，行政处罚的多重主管、多重管辖现象也就屡见不鲜。水行政主管部门的优势在于：一是享有水资源的统一管理和监督权（《水法》第十二条）。其他主管部门只是"按照职责分工负责有关工作"（《水法》第十三条）。二是各湖的主要功能不同，对其有管辖权要求的其他行政主管部门一般也只有二三个。三是同一个违法行为即便在有其他机关处罚的情况下，符合水法律法规规定的情形，有管辖权的水行政主管部门依然可以实施除罚款以外的处罚。实际上，在水利工程管理范围内为防汛和水利工程建设所用的电力、通讯、防护林、堤防等，均为水利工程设施，相对人对其毁损，水行政机关有权依法予以处罚，但这些设施的相关行业主管机关也同样依法享有行政处罚权。因而强势开展水法律法规宣传、水行政执法巡查、行使水行政处罚权，是增强水法权威、提高水利地位的关键所在。

（3）理顺水行政处罚主体层级，明确处罚的事项和范围，使水行政处罚合法、周密、高效。一要制定《水法实施办法》行政法规，理顺流域与区域对于湖泊的行政管理、处罚权限的关系。二要修订《处罚办法》，规范水行政处罚的区域、级别、职能、指定、移送管辖等规定，使之符合《行政处罚法》的要求。三要运用好《处罚办法》第十八条第二款的规定，解决对因湖泊范围大、界线难以确定的水事案件（纠纷）的管辖。当然该规定是行政处罚管辖的"霸王"条款，是否合理另当别论。四要借鉴工程建设项目许可上的做法，根据水行政处罚案件的要素，比如社会影响、危害程度、涉案标的等，设置水行政处罚的管辖层级。克服管辖"霸王条款"带来的严重挫伤基层水行政主管部门积极性、上级机关又无法将行政处罚实施到位的缺陷。

第二节 水行政处罚在特殊情形下的适用

一、水法规在水事专业概念上出现差别化界定：水行政处罚的适用

水法律法规体系虽已基本形成，但仅经历 30 多年的发展过程，仍然是不成熟的专业法规体系。水事法律法规的不统一、不完善使行政处罚适用的规范性难以实现，同一种违法行为因法律法规对相关概念的定性不同，行政处罚因而存在差异。

下面以擅自凿井违法行为为例，对概念差异造成的行政处罚适用差异进行分析。

擅自凿井是违反水资源统一管理行为的主要表现形式之一。擅自凿井违法行为可以定性为擅自修建水工程、擅自修建取水工程、擅自凿井，这三种性质的违法行为在《水法》《取水许可和水资源费征收管理条例》《新疆维吾尔自治区地下水资源管理条例》有不同的处罚措施，定性不同、处罚依据不同、处罚幅度也不同。

（1）关于《水法》。《水法》第六十五条第二款规定了擅自修建水工程的处罚措施。《水法》第七十九条规定：本法所称水工程，是指在江河、湖泊和地下水源上开发、利用、控制、调配和保护水资源的各类工程。单从本条看，凿井工程是水工程的一种。但是这一条文只是规定了本法中"水工程"的基本含义。除了以上的条文外，《水法》的许多条文中也多次提到了"水工程"一词，这些"水工程"的含义并不完全一致，有些水工程只是指地表水工程，有些则是指水坝和堤防。因此，适用《水法》第六十五条时，应当根据这些条文在法律体系中的地位，按照不同的语境或上下文的语意，具体阐明法律条文规范的意旨，这在法理学中称为法律体系解释。根据这一法律解释方法，从《水法》第六十五条第一、三款的内容可以看出，该条第二款所说的水工程主要是指对行洪产生影响的水工程。因此，采用水法第六十五条作为处罚擅自凿井行为的依据并不十分恰当。

（2）《取水许可和水资源费征收管理条例》第四十九条对未取得取水申请批准文件擅自建设取水工程或者设施的违法行为作出了明确的处罚规定：责令停止违法行为，限期补办有关手续；逾期不补办或者补办未被批准的，责令限期拆除或者封闭其取水工程或者设施；逾期不拆除或者不封闭其取水工程或者设施的，由县级以上地方人民政府水行政主管部门或者流域管理机构组织拆除或封闭，所需费用由违法单位或者个人负担，可以处以 5 万元以下罚款。擅自凿井是擅自建设取水工程的一种形式，用《取水许可和水资源费征收管理条

例》第四十九条处理是适合的。

（3）与地方性法规的结合适用。《新疆维吾尔自治区地下水资源管理条例》第二十二条，对擅自凿井违法行为的处罚明确规定，责令取水单位停止违法行为，并处 1000 元以上 10000 元以下罚款；造成他人损失的，应当赔偿。相对于《取水许可和水资源费征收管理条例》而言，处罚额度不大。因此对于未经批准在建凿井工程，尚未取水、造成影响不大的违法凿井行为，建议依据《新疆维吾尔自治区地下水资源管理条例》第二十二条进行处罚。

二、发生共同水事违法行为的情形

（一）共同违法行为的情形

由于行政处罚程序的不尽完善，对共同违法行为的认定、处罚等没有具体规定，给实践中的水行政处罚带来了一定的困惑，亟须加以规范。此处以河道违法采砂行为为例进行分析。

采砂行为涉及开采、租赁、运输、销售多个环节。从违法行为的外在表现看：就开采而言，有自船开采、租船开采；就运输而言，有自船承运、租船承运；就销售而言，有自采（运）砂船上直接销售，有场地（码头）销售等；就船主而言，有直接承运，有光船租赁等；从违法行为人的主观状态看，有事先共谋，有临时组合，甚至有现场"搭班"，形形色色不一而足。这些给实施水行政处罚带来了相当的难度。

（二）对共同违法行为实施水行政处罚的法律依据缺失

首先，实体法中没有关于共同违法行为的处罚规定。《水法》第三十九条规定"国家实行河道采砂许可制度……在河道管理范围内采砂，影响河势稳定或者危及堤防安全的，有关县级以上人民政府水行政主管部门应当划定禁采区和规定禁采期，并予以公告"。由于该条授权国务院制定河道采砂许可制度实施办法，因此《水法》第七十七条特别指出"对违反第三十九条有关河道采砂许可制度规定的行政处罚，由国务院规定"。国务院《河道管理条例》第二十五条列举规定了在河道管理范围内进行包括"采砂"在内的一系列行为必须经河道主管机关批准。该条例第四十四条规定：对于未经批准或者不按河道主管机关的规定在河道管理范围内采砂……等的，县级以上人民政府河道主管机关除责令其纠正违法行为、采取补救措施外，还可以并处警告、罚款、没收违法所得；……构成犯罪的，依法追究刑事责任。上述规定不难看出，对河道采砂的管理缺乏可操作性，仅就行政处罚中运用最多的"罚款"而言，都没有数额的规定。鉴于长江黄金水道的地位以及采砂活动的日益猖獗，国务院制定了《长江河道采砂管理条例》（以下简称《条例》）这一特别法规。《条例》对长江河道采砂的规划、许可、收费、处罚等方面进行了规范，对遏制长江河道采砂的无序状况起到了十分重大的作用。

其次，程序法中关于共同违法行为的处罚规定过于原则。作为行政机关实施行政处罚的程序大法《行政处罚法》，没有提及共同违法行为。我们只能从该法总则确立的原则中把握对共同违法行为的处罚。该法第四条规定"行政处罚遵循公正、公开的原则。设定和实施行政处罚必须以事实为依据，与违法行为的事实、性质、情节以及社会危害程度相当"。这就要求我们在对共同违法行为人实施水行政处罚时，从公正的原则出发，根据共同违法人各自的违法事实、行为性质、作案情节及其违法行为在造成社会危害后果中的作用，分别予以处罚。作为水行政处罚程序的具体操作规范，可水利部的《水行政处罚实施办法》（以下简称《办法》）提到了对于共同违法行为的处罚原则。《办法》第六条规定"两个以上当事人共同实施违法行为的，应当根据各自的违法情节，分别给予水行政处罚"。遗憾的是，《办法》也没有对如何认定共同违法行为、界定共同违法行为中各自的责任分担、确定共同违法行为处罚的罚则适用等问题做出规定。水行政执法实践中对于共同违法行为的处罚，还是倍感困惑而难以实施。

最后，行政解释过于简单、武断。随着长江河道采砂管理的不断深入，实践中出现了采砂过程中对运砂船舶的处罚如何适用《条例》第十八条的问题。对于这个问题，国务院法制办在取得国务院同意后，以国法函〔2002〕238号复函做出解释（以下简称《解释》）：运砂船舶在长江采砂地点装运非法采砂船舶偷采的河砂的，属于与非法采砂船舶共同实施非法采砂行为，依照《条例》第十八条的规定给予处罚；在长江上行驶的运输船舶载有河砂，不能提供合法证件的，依照《水路运输管理条例》的有关规定给予处罚。《江苏省长江河道管理实施办法》第二十九条据此《解释》做出了相同的规定。无疑，《解释》为非法采砂活动中开采、运输等错综复杂情形的处理，提供了简捷的法规依据。尽管如此也还有诸多问题需要解决。一是运砂船舶需要甄别。尽管《解释》确定了现场运砂船舶属于共同实施非法采砂行为，但水行政处罚的实际承受者是人或法人。在光船租赁的情形下，运砂船舶就出现船主与租船（承运）人两种相对人，如何实施处罚没有明确规定。实际上采砂船舶也有类似情况。二是认定运砂船舶与采砂船舶属于共同违法过于武断。对于采砂船舶而言，实施采砂活动有义务了解有关河道的禁采区与禁采期。对于运砂船舶而言，了解有关河道的禁采区与禁采期的义务明显要低于采砂船舶。实践中采、运双方临时搭班的也不鲜见。甚至有采砂船舶蒙蔽运砂船舶，声称其采砂合乎规定是合法而为。三是认定运砂船舶与采砂船舶属于共同违法不便于实施处罚。《解释》规定，对运砂船舶依照《条例》第十八条的规定给予处罚。但对于共同违法行为，如何区分责任、确定处罚种类、罚款是限额分担还是分别适用等问题都没有规定。一旦相对人对处罚结果不服，极易提出行政诉讼，给水行政处罚机关带来被动。

（三）共同行为的刑事处罚理论与行政处罚理论的差异

第一，共同犯罪的概念、分类、处罚及罚金刑的运用。《刑法》第二十五条规定，共同犯罪是指2人以上的故意犯罪。构成共同犯罪的要件为：一是必须是《刑法》规定为犯罪的行为；二是必须具有责任能力；三是必须对犯罪有共同故意；四是必须有共同行为。就共同故意而言包括：一是各共犯人有相同的犯罪故意，即都明知共同犯罪行为的性质、危害社会的结果，并且希望或者放任危害结果的发生；二是共犯人主观上相互沟通、彼此联络，都认识到自己不是在孤立地实施犯罪，而是和他人一起共同犯罪。《刑法》对于共犯规定了主犯、从犯、胁从犯、教唆犯4类。所谓主犯，《刑法》第二十六条第一款规定为组织、领导犯罪集团进行犯罪活动或者在共同犯罪中起主要作用的。其又分为首要分子和一般主犯。当然，首要分子还有"犯罪集团中的"和"聚众犯罪中的"之分。其刑事责任，对于犯罪集团的首要分子，按照集团所犯的全部罪行处罚；对于其他组织、指挥共同犯罪的人，应当按照其组织、指挥的全部犯罪处罚；对于其他在共同犯罪中起主要作用的人，应按其参与的全部犯罪处罚。所谓从犯，《刑法》第二十七条第一款规定为在共同犯罪中起次要或者辅助作用的。从犯应对自己参与的全部犯罪承担刑事责任，但应当从轻、减轻或者免除处罚。所谓胁从犯，《刑法》第二十八条规定，是被迫参加犯罪的人。对于胁从犯，应当按其犯罪情节减轻或者免除处罚。所谓教唆犯，是指以授意、怂恿、劝说、利诱或者其他方法故意唆使他人犯罪的人。对于教唆犯的处罚，《刑法》第二十九条规定，应当按照他在共同犯罪中所起的作用处罚。其中，对于教唆不满18周岁的犯罪的，应当从重处罚；如果被教唆的人没有犯被教唆的罪，可以从轻或者减轻处罚。

由上述规定可知，成立共同犯罪的主观要件必须是共同故意。对于他们的处罚，是按照他们在共同犯罪中的作用实施。抛开《刑法》的其他刑罚种类不说，单就与行政处罚最为相似（行政处罚中运用最多）的刑罚种类罚金而言，《刑法》第五十二条规定，判处罚金，应当根据犯罪情节决定罚金数额。这里的所谓犯罪情节，是指违法所得数额、造成损失大小等。具体罚金数额，《刑法分则》又分为3种情况：一是没有规定具体数额（见第一百五十一条等）；二是规定了相当确定的数额（见第一百九十二条等）；三是以违法所得或犯罪涉及的数额为基准，处以一定比例或倍数的罚金（见第一百四十一条、第一百五十八条、第二百二十五条等）。

第二，行政违法责任的构成要件及其处罚理论。行政违法责任构成要件是指相对人违反行政法应承担行政违法责任的必要的共同构成要件。关于行政违法责任构成要件的内容，在行政法学理论界尚未达成共识。有所谓"四要素说"，即包括主体要件（具有责任能力的组织和个人）、主观要件（有故意或过失）、客观要件（违法行为与危害后果的因果关系）及客体要件（侵害一定的社会关系）；"三要素说"，即包括客观方面（违法行为）、主体方面（有责任能力的组织或个人）、法律法规明确规定应受处罚的行为；至于"二要素说"，认为只要具备主体条件（违法主体由作为行政管理对象的公民、法人或者其他组织构成）和客观要件（存在违反行政法律法规的行为）即可。上述观点中，主要的分歧点在于行政处罚责任的构成要件中，是否应当包括主观构成要件。在行政处罚责任中，所谓主观要件，是指违法行为人对自己行为会造成危害后果所具有的主观心理状态。其有两种形式：故意和过失（统称为过错）。正是由于行政法理论的众说纷纭，导致无论是《行政处罚法》还是行政单行法的规定，对违法行为人的主观心理状态都鲜有涉及。《处罚法》只是在第三条做出了"公民、法人或者其他组织违反行政管理秩序的行为，应当给予行政处罚的，依照本法由法律、法规或者规章规定，并由行政机关依照本法规定的程序实施"的原则规定。在单行行政立法中，除少数如《治安处罚法》有"故意、过失"的明确规定外，一般只是作出禁止性或限制性的法条规定，强调违反法律规定的客观特征，采取过错推定的责任原则，并不明确规定主观过错，更谈不上对主观过错再做"故意"与"过失"的区分，也就很少涉及共同违法行为的问题了。

（四）水事共同违法行为行政处罚的适用

由前述可知，由于行政处罚领域关于共同违法行为的理论研究缺乏，给行政处罚实践带来诸多困惑。面对大量的共同水事违法行为甚至是集团性的水事违法行为，水行政执法机关既不能不作为也不能乱作为。这就要求在现行法律法规框架下，把握现代法制精神，创新行政执法模式。具体思路如下。

首先，从立法看，就是要修订水法律法规，划分共同违法行为人责任类别，列入相关联违法行为。一是完善水行政处罚程序法。对《办法》第六条规定"两个以上当事人共同实施违法行为的，应当根据各自的违法情节，分别给予水行政处罚"再作细化，作出类似于《刑法》将共同犯罪行为分为"主犯、从犯、胁从犯"的规定。二是修订水法律法规。借鉴《刑法》"行为选择、对象选择、行为和对象选择并存"罪名的立法方法，将两种或两种以上的水事违法行为列入同一法条。如采用"生产、销售劣药罪"（《刑法》第一百四十二条）、"侮辱国旗、国徽罪"（《刑法》第二百九十九条）、"非法买卖、运输、携带、持有毒品原植物种子、幼苗罪"（《刑法》第三百五十二条）的方式，将采砂活动中的未经批准的"开采、运输、销售江砂、河砂"的行为，均界定为非法采砂行为。这样，水行政处罚机关可以根据违法当事人的实际行为，选择实施处罚。当然，在行政立法不能到位的情况下，可以采取行政解释的方式先行做出规定，以利实际水行政执法工作之需要。

其次，从执法看，就是要从维护公益出发把握立法精神，灵活运用罚则。就长江河道采砂管理来说，执法实践中常常遇到前已述及的共同违法行为的认定问题，由此引起《条例》的罚则适用问题，以及其罚款下限过高在实践中难以执行的问题。在长江河道非法采砂活动中，有的是使用专门制造的"大吸砂王"，每小时采砂量达 1000t 以上；有的是使用小渔船改造的"小采砂船"，每小时采砂量不足 50t。对于"大吸砂王"来说，往往有二条或三条甚至更多条运砂船帮助运砂，也时而有临时招来的船只帮助运砂。按《解释》，"大吸砂王"和这些运砂船当然可以笼而统之地认定为共同非法采砂。然而，既然共同，当属一个违法行为，也当对有关相对人立同一案卷实施处罚。根据《处罚法》有关原则，应按照《条例》第十八条规定，给予相对人 10 万元以上 30 万元以下罚款。这样处罚有两个问题：一是相对于非法采砂的暴利来说，给数相对人合计区区 30 万元（按上限）的罚款的处罚，不足以打击非法采砂行为；二是即便给予罚款 30 万元的处罚，如何分担罚款也无法律规定。可以突破《解释》的束缚，对于非法采砂活动中的开采、运输行为不强调共同实施，只认定为非法采砂而分别立卷处罚。对于小采砂船的处罚，在实践中存在罚款 10 万元下限过高难以执行的问题，倒是可以反其道而行之，运用《解释》将非法采砂活动的开采、运输行为认定为共同违法，同案立卷，分别按情节实施处罚。当然，无论是同案处罚还是分卷处罚，都必须维护社会公共利益和水资源、水工程的安全与完整，正确把握依法行政原则与精神，牢固树立证据意识，注重案卷质量，确保水行政处罚行之有效。

三、存在雇佣关系的水事违法行为情形

实践中存在着大量由雇佣关系而产生的水事违法行为，对水事违法行为的处罚无论是程序法还是实体法抑或是行政处罚，理论上都鲜有涉及。基于我国民法、《刑法》对雇佣关系所产生的侵权、犯罪行为的归责原则与处罚规定，可以初步找到因"雇佣"发生水事违法行为时，对雇、佣双方实施水行政处罚的思路。

（一）水事违法中雇佣关系存在的背景与表现

水利资源是一个广泛的概念，不仅指水资源，还包括大量的土地资源、森林资源、湿地资源、砂石资源、治水历史等"本生"资源，以及由自然景观、工程景观、水文化等"衍生"而来的旅游资源。这些资源都是国家资源，但其中的有形资源，如江河湖海及其工程管理范围、保护范围等，大多依据水法律法规的规定，通过国土资源管理部门"确权划界"，由水行政主管部门行使保护、管理、使用、收益的权利，即由"国家资源"依法转化为"水利资源"。

水利行业限于防洪保安的重大使命和无大量资金注入等原因，对水利资源的开发利用十分有限。水利资源成了其他行业乃至地方政府觊觎的目标。市政建设、旅游景点开发、房产开发、围湖造地（田）、砂石开采等争先恐后。在这些行为中，许多都是未经水行政主管部门许可的非法行为，存在着很多实质为"雇佣关系"的违法行为。比如河道非法采砂行为可能是某相对人雇佣采砂船主为其实施采砂，在采砂违法行为中，采砂船主与运砂船主之间的关系更是复杂多样。再比如，在河湖岸线的非法开发建设行为中，由业主（多为地方政府或其部门）招标、施工单位中标再转包等，对于这些违法行为，如果仅处罚"雇主"，似乎放纵了"雇员"的违法行为。

（二）处理雇佣关系的民法规定

雇佣关系本存在于民事领域。一般情况下，雇主对受雇人在执行职务期间给他人造成的损害，承担赔偿责任。当然这也是有条件的：一是雇主和受雇人之间存在雇佣关系，二是受雇人的行为是执行雇佣合同的"职务"行为，三是雇主对受雇人的选任、监督、管理上有违反注意义务的过错。这是由我国确立的民事违法行为归责原则决定的。在我国民法领域，民事违法行为通常有侵权行为、违约行为和不履行其他民事法定义务的行为。"雇佣活动或雇佣关系中侵权行为"属于特殊侵权行为，其归责为：雇员在从事雇佣活动中致人损害的，雇主应当承担赔偿责任；雇员因故意或者重大过失致人损害的应当与雇主承担连带赔偿责任。雇主承担连带赔偿责任的可以向雇员追偿。从事雇佣活动，是指从事雇主授权或者只是范围内的生产经营活动或者其他劳务活动。雇员的行为超出授权范围，但其表现形式是履行职务或者与履行职务有内在联系的，应当认定为从事雇佣活动。

（三）存在雇佣关系的水事违法行为水行政处罚的实施

行政处罚法规定了几种不予处罚或者不得给予处罚的情形，即第二十五条、第二十六条、第二十七条、第二十九条、第三十条、第三十八条的规定，也就是对无责任能力人实施的、轻微并及时纠正的没有造成后果的、过了追究时效的、违法事实不清的等违法行为不予处罚或不得给予处罚。显然，"雇员"违法未列入其中，而对业已存在的雇佣关系违法行为人的处罚，当从以下几方面进行思考。

（1）厘清雇佣关系与"劳动关系、承揽关系、帮工"等行为的法律区别。雇佣关系与劳动关系、承揽关系、帮工等法律关系相近，似易混淆，实际均有所区别。雇佣关系与劳动关系的区别如下：首先，广义上的雇佣关系包含劳动关系，但雇佣关系中的用工主体范围相当广泛，可以是自然人、法人或其他组织。而劳动关系中的用工主体则"主要指我国境内的企业、个体经济组织、民办非企业单位等组织，同时包括与劳动者建立劳动关系的国家机关、事业组织、社会团体"等。其次，雇佣关系中主体地位是平等的。他们之间是一种"劳务"与"报酬"之间的交换，受雇人可以不遵守雇佣方的内部规定（当然也不享受雇佣方的福利待遇），受雇人还可以同时选择给两家以上的雇佣方提供劳务。而劳动关系主体双方具有行政上的隶属关系。劳动者是用人单位的内部成员，一般情况下，劳动者只能在一个单位工作。再者，雇佣关系强调按照当事人双方的意思自治，只要当事人双方的约定不违反法律的强行性规定，不违反公序良俗，国家就不予干预，其权利义务的调整主要参照民法通则等民事法律规范。而对劳动关系则有大量的劳动法规予以规制。

雇佣关系与承揽关系的区别如下：后者是基于承揽合同的履行在定作人与承揽人之间所产生的法律关系。而承揽合同是指承揽人按照定作人的要求完成一定的工作并交付工作成果，定作人接受成果并给付承揽人报酬的合同。雇佣关系与帮工的区别如下：后者是指帮工人自愿或应被帮工人之邀，无偿给被帮工人提供劳务，并按被帮工人的意思，在一定时间内完成某项工作的行为。帮工具有无人身依附、时间短、一次性、无偿等特点。

（2）厘清"雇佣"违法行为中"佣"方有无过错，采用民事归责原则实施水行政处罚。我国民法体系中无过错责任原则是指当事人实施了加害行为，虽然其主观上无过错，但根据法律规定仍应承担责任的归责原则。在水事违法行为中，当存在有雇佣关系的情况时，对"雇主"采用无过错或过错推定归责原则，对"雇佣"采用过错归责原则，分别实施水行政处罚。即当被雇人按照雇主的要求实施的行为违反了水法律法规的规定，对水资源、水工程造成了侵害，应当认定雇主承担水行政法律责任，对其实施行政制裁。而在雇员因故意或者重大过失、超出雇主授权范围行事，导致水资源、水工程损害的情形下，依法对其实施水行政处罚。

（3）厘清"雇佣"违法行为中双方责任，采用刑事责任追究原则实施水行政处罚。雇佣关系在理论上一目了然，实践中雇佣关系并非一成不变，往往会在雇佣关系、协（合）作关系、单位内部关系之间游离转化。比如河道非法采砂行为，有可能开始是某相对人雇佣采砂船主为其实施采砂，而采砂船主出于利益的考虑，不甘于受雇的状态，独立实施采砂，将砂出售给某相对人，两者之间成了买卖关系，这样，实施水行政处罚的相对人就发生了变化。当然，在采砂违法行为中，采砂船主与运砂船主之间的关系更是复杂多样。再比如，在河湖岸线的非法开发建设行为中，由业主（多为地方政府或其部门）招标、施工单位中标再转包等，如果仅处罚"雇主"，似乎放纵了"雇员"的违法行为，不利于遏制目前业已存在于这些领域的水事违法行为的高发态势。实体法和程序法中均未见对"雇佣"违法行为的处罚规定，甚至行政处罚法和水行政处罚实施办法也没有述及单位违法行为问题。对于共同违法行为，水行政处罚实施办法第六条规定"两个以上当事人共同实施违法行为的，应当根据各自的违法情节，分别给予水行政处罚"。但水行政处罚实施办法没有对如何认定何为共同违法行为、界定共同违法行为中各自的责任分担、确定共同违法行为处罚的罚则适用等问题作出规定，也未见相关行政解释。笔者认为，对"雇佣"违法行为，应当参照刑事处罚中关于"共同犯罪""单位犯罪"的处罚原则实施水行政处罚。对于一起水事违法案件，应当区分参与人在其中的"主要作用、次要作用、帮助作用、雇佣作用"，依法分别作出给予处罚、从轻减轻处罚、不予处罚的决定。对于"单位"违法行为，则对该单位与主管人员和直接责任人员分别给予水行政处罚。

（4）对雇佣双方采用不同的处罚种类或行政措施实施水行政处罚。水行政管理事务繁多，具体水行政行为也有水行政许可、确认、命令、强制、征收、奖励、调解、裁决、合同、指导、监督检查、处罚等多种。就水行政处罚而言，其相对人可能是公民、法人和其他组织；其违法行为有侵占河湖、非法建设、非法圈圩、非法采砂等危害水资源、水工程的众多现象。而与其相适应的水行政处罚的种类也是多种多样的。行政处罚法规定了"警告；罚款；没收违法所得，没收非法财物；责令停产停业，暂扣或者吊销许可证，暂扣或者吊销执照；行政拘留；法律、行政法规规定的其他行政处罚"等7种。水行政处罚实施办法规定了"警告，罚款，吊销许可证，没收非法所得，法律、法规规定的其他水行政处罚"等5种。兜底的"法律、法规规定的其他水行政处罚"散见于水法律法规的法则之中。此外，水法律法规还规定了诸多水行政强制措施与水行政强制执行的方法。这样可保证水行政执法目标的实现。就对雇佣关系所致的水事违法行为的处罚而言，可以根据雇佣双方各自的实际违法情形，有针对性地施以行政处罚，达到水行政制裁的目的。一般而言，对雇主施以"财产罚（罚款、没收）、行为罚（吊销许可证）、人身罚（在违反治安管理的情况下请公安部门实施）"为主；对雇员施以"行为罚（吊销许可证）、申诫罚（警告、通报批评）"为主。此外，可以责令雇佣双方"停止违法行为、采取补救措施、恢复工程原状"，对雇佣双方施以"强制检查、强制扣押"等水行政强制措施和"强制划拨、强制吊销、强制拍卖、强制清障、强制拆除、代为恢复原状、强制治理、执行罚"等水行政强制执行。

四、水行政处罚自由裁量权的适用与规制

（一）适用水行政处罚自由裁量权的必要性

行政处罚自由裁量权是指国家行政机关在实施行政处罚过程中在法律、法规规定的原则和范围内有选择余地的处置权利。它是行政机关及其工作人员在行政执法活动中客观存在的，由法律、法规授予的职权。

　　自由裁量权在我国的水行政处罚中的必要性在于：一是水事违法行为涉及的内容广泛，情况复杂，法律、法规不可能对所有情况下的水行政处罚都规定得明确具体，详尽无遗。二是水利的专业性、时间性、地域性很强，法律、法规不应该对水行政处罚作过于僵化的硬性规定。三是我国目前的水法律法规还不够健全，有些内容还不够完备，表现出一定的"概括性"和"模糊性"，有些法律、法规尚无具体的实施细则或实施办法。总之，水法律、法规应当授予水行政主管部门在行政处罚中必要的自由裁量权，使之能根据客观形势，权衡轻重，灵活运用，在法定范围内作出合法、合理的行政处罚，以达到依法行政、维护国家权益的目标。

（二）水行政处罚自由裁量权的主要表现

　　（1）在行政处罚幅度内的自由裁量权。例如，《水法》第七十一条规定：建设项目的节水设施没有建成或者没有达到国家规定的要求，擅自投入使用的，由县级以上人民政府有关部门或者流域管理机构依据职权，责令停止使用，限期改正，处 5 万元以上 10 万元以下的罚款。这里的罚款处罚就可以由水行政主管部门在 5 万元以上 10 万元以下的幅度内进行选择。

　　（2）选择行为方式的自由裁量权。例如，《江苏省水资源管理条例》第四十七条规定：违反本条例第三十八条第一款规定，未安装取水计量设施或者安装的取水计量设施不能正常使用的，或者擅自拆除、更换取水计量设施的，责令其限期安装或者修复……逾期拒不安装或者修复的，可以吊销其取水许可证。这里的"可以"就包含了水行政主管部门作为或不作为。

　　（3）对事实性质认定的自由裁量权。例如，《中华人民共和国防洪法》（以下简称《防洪法》）第五十四条规定：违反本法第十七条规定，未经水行政主管部门签署规划同意书，擅自在江河、湖泊上建设防洪工程和其他水工程、水电站的，责令停止违法行为，补办规划同意书手续……违反规划同意书的要求，影响防洪但尚可采取补救措施的，责令限期采取补救措施，可以处 1 万元以上 10 万元以下的罚款。这里的是否影响防洪就由水行政主管部门进行认定。

　　（4）对情节轻重认定的自由裁量权。例如，《水法》第六十九条规定：有下列行为之一的，由县级以上人民政府水行政主管部门或者流域管理机构依据职权，责令停止违法行为，限期采取补救措施，处 2 万元以上 10 万元以下的罚款；情节严重的，吊销其取水许可证：（一）未经批准擅自取水的；（二）未依照批准的取水许可规定条件取水的。这里对情节是否严重的认定，也给了水行政主管部门较大的裁量空间。

（三）水行政处罚自由裁量权行使中存在的问题

　　水事违法行为的复杂性赋予水行政主管部门一定的自由裁量权，符合国家水行政管理的要求，有利于社会稳定，有利于经济发展，也有利于法制建设。

但是，我们也要看到，由于自由裁量权具有较大的主观性，因此，部分水行政主管部门违背法律的精神和目的随意使用甚至滥用自由裁量权的问题也是存在的。

（1）轻责重罚。如一些单位或个人未经批准开凿浅水井取水的行为，其造价也就几百元，责令改正后就可恢复原状，造成的社会危害也不严重，而有些水行政主管部门对此类案件的罚款远超过几百元，显然不符合罚当其责的原则。

（2）重责轻罚。《水法》第六十六条规定：有下列行为之一，且防洪法未作规定的，由县级以上人民政府水行政主管部门或者流域管理机构依据职权，责令停止违法行为，限期清除障碍或者采取其他补救措施，处1万元以上5万元以下的罚款：在江河、湖泊、水库、运河、渠道内弃置、堆放阻碍行洪的物体和种植阻碍行洪的林木及高秆作物的；围湖造地或者未经批准围垦河道的。而在实际操作中，水行政主管部门对河湖设障的处罚最多仅限于限期清除，经济处罚基本没有执行。

（3）显失公正。如《江苏省水资源管理条例》第四十四条第二款规定：在地下水限制开采区内擅自增加深井数量的，责令其限期封井或者采取补救措施，并可以处1万元以上3万元以下的罚款。同在限采区，两个规模相等的企业，开采深度也基本一样，水行政主管部门对非法凿井罚款有的1万元，有的近3万元，处罚悬殊较大，违背了平等适用原则。

（4）主观随意性大。《水法》第六十五条第三款规定：虽经水行政主管部门或者流域管理机构同意，但未按照要求修建前款所列工程设施的，由县级以上人民政府水行政主管部门或者流域管理机构依据职权，责令限期改正，按照情节轻重，处1万元以上10万元以下的罚款。在情节轻重的认定过程中，水行政主管部门随意性太大，执法人员主观臆断的案例时有发生，其认定缺乏客观性，难以服人。

（5）法律适用的倾向性选择。同样的非法凿井取水行为，可以进行处罚的依据就有《水法》第六十九条、《江苏省水资源管理条例》第四十四条、《取水许可和水资源费征收管理条例》第四十九条。由于处罚额度都不一样，发生了水行政执法人员按照情感进行选择适用的案例。

（四）水行政处罚自由裁量权的适用

法律只有处处以人为本，以人民群众的根本利益为出发点，尊重人，关心人，才能真正发挥其定纷止争的功能，处理好各方利益间的冲突，使社会主义和谐社会建设落到实处。正因为此，人性化的执法已逐步成为构建和谐社会的重要工程，而在自由裁量权的行使过程中，如何维护相对人的权益将直接决定行政执法是否实现人性化。就水行政主管部门来讲，水行政处罚自由裁量权的行使应该和社会发展的取向相适应。

（1）总体原则。第一，适当从轻。水行政处罚种类中罚款占了较大的比重，并且数额少则几千元，多则数十万元。由于罚款处罚是对相对人严厉的经济处罚，水行政执法人员在自由裁量的过程中在维护法律尊严的前提下，尽量处以低限，应当遵循教育与处罚相结合的原则，更多地对相对人进行教育，体现和谐社会的价值。第二，公平合理。行政处罚的基本价值取向是公平、合理，这也是水行政处罚自由裁量权最基本的要求。在行政执法工作中，要以事实为依据，以法律为准绳，正确行使自由裁量权，符合立法的目的和精神，做到依法行政。第三，过罚相当。在行使自由裁量权时应当考虑违法行为的事实、性质、情节以及社会危害程度等，作出的行政处罚要与违法行为相当。对于性质、情节、危害后果相同的同类案件，在实施自由裁量权时，适用的法律依据、处罚种类及处罚幅度应当相同。第四，程序正当。行使水行政处罚自由裁量权，应当严格遵守水行政处罚的法定程序。作出减轻、从轻、一般、从重处罚的，应当在送达《行政处罚告知书》或《听证告知书》时，一并告知拟作出减轻、从轻、一般、从重处罚的事实、理由和依据。

（2）具体适用。第一，考虑地区经济发展差异。地方经济的发展一直都存在不平衡性，因此，对相同或类似的案件，在处罚的过程中，要充分考虑经济差异，这才能真正体现水行政执法人员对法律基本精神的准确把握和灵活运用。例如，在同一个市域范围内，几乎同时发生了两起非法取水案件，违法主体同为规模较大企业，情节基本类似，但一个发生在经济相对落后的地区，一个在经济相对发达的地区，适用《水法》第六十九条，经济处罚在2万元以上10万元以下。办案人员在经过充分考虑的基础上，分别给予了3万元和6万元的处罚。这种看似不公正的考虑实际上体现了相对的公正，最终两起案件都顺利地执行到位。做出上述考虑是因为如果对欠发达地区的企业处罚过重，可能会挫伤企业在该地区投资的积极性，这对经济欠发达地区来讲可能是一个重要的损失，我们在坚持依法行政的基础上也要考虑地方经济发展的因素，毕竟经济发展是当前社会的主旋律。第二，考虑违法事实。在水行政处罚的自由裁量过程中，要客观公正地考虑相对人的违法事实。如非法取用地下水和擅自凿井是两个不同的违法事实，分别适用不同的处罚条款。因为有的非法凿井案件在井成之后并没有开始取水，所以不能认定为非法取水。不同的事实，处罚的适用也是不一样的，非法凿井案件适用《江苏省水资源管理条例》第四十四条或《取水许可和水资源费征收管理条例》第四十九条，而非法取水则适用《水法》第六十九条。第三，考虑相对人的主观恶意。在水行政处罚的过程中存在这样的情形，同是河道管理范围内违章建设的案件，一个发生在相对偏远的农村，农民为了改善居住条件，在河岸上扩建房屋，相对人根本就不知道这种行为是违法的；而市区的一家企业明知占用河道需要审批，却未经批准在河岸上修建码头。对于这两个同样性质的案件，我们在处罚的过程中，没有仅限于对行为的认定，根据《水法》或《防洪法》对相对人都处以几万元的罚款。而是根据相对人的主观恶意分别给予了程度不同的处罚。再者，在案件查处过程中，有的相对人能够自觉地接受教育，及时恢复原状；而有的相对人百般阻挠，对限期拆除通知置若罔闻。这些都是在自由裁量的时候必须考虑的因素，只有考虑这些因素，才能体现公正、公平。第四，考虑违法行为造成的后果。在水行政处罚过程中，违法行为造成的后果也是进行自由裁量时考虑的重要因素。如在水事违法活动中常见的河道内违法设障，如果相对人能够及时清除阻水障碍，那么对汛期的行洪并没有什么影响，就可以不进行经济处罚；如果没有及时清除，给行洪带来影响，或者由于阻水，洪水给当地财产带来损失，那肯定要进行经济处罚，甚至要追究其他责任。第五，考虑相对人承受能力。在水行政处罚过程中，尤其是实行经济处罚的时候，要充分考虑相对人的承受能力。如同样是非法取用地下水的案件，一个相对人是年营业额万元左右的个体浴室，另一个是纳税超百万的大型国有企业，适用《水法》第六十九条，未经批准擅自取水的可以处 2 万元以上 10 万元以下的罚款。即使对国有企业处以 9 万元的罚款，企业也是照常运转，而对于小型的个体经营者，罚款 2 万元都可能导致其生活难以为继。在构建和谐社会的今天，在自由裁量的过程中，考虑相对人的承受能力显得尤为重要，它关系到法律的执行效果，关系到法律的价值取向，更关系到社会的和谐稳定。

五、无水法律法规依据时涉水违法行为的处理

在水事法律法规短期内难以对违法行为的处罚提供足够支持的情况下，应当善于借力相关联法律法规的处罚作用，充分运用水事法律法规以外的法律规范处罚涉水违法行为，以维护正常的水事管理秩序。

以发生在新疆的无营业执照、无资质凿井行为为例进行分析。《新疆维吾尔自治区地下水资源管理条例》第十二条第二款规定：凿井工程承建单位应具备相应的资质等级。2002 年《新疆维吾尔自治区凿井施工单位技术资质管理规定》（新水政资〔2002〕29 号）颁布后，哈密地区经过几年的努力，对有资质的凿井单位的管理逐步规范、到位，现共有 1 家甲级、12 家乙级资质的凿井施工单位，有 67 台钻机登记注册。对无资质凿井的违法行为在现有的水法律、法规中没有明确处罚措施，在近年的违法水事案件查处中，无资质凿井主要使用无营业执照的黑钻机。从事凿井经营活动应当到所在地工商行政管理部门办理营业执照，对于没有办理营业执照而从事凿井经营活动的，有权联合工商行政管理部门给予相应的工商行政管理处罚。《城乡个体工商户管理暂行条

例》第七条规定：申请从事个体工商业经营的个人或者家庭，应当持所在地户籍证明及其他有关证明，向所在地工商行政管理机关申请登记，经县工商行政管理机关核准领取营业执照后，方可营业。第二十二条规定：凡未办理营业执照而从事经营活动的，由工商行政管理机关根据不同情况分别给予警告、罚款、没收非法所得、责令停止营业。《合伙企业登记管理办法》第二十六条规定：未经企业登记机关依法核准登记并领取营业执照，以合伙企业名义从事经营活动的，由企业登记机关责令停止经营活动，可以处 5000 元以下的罚款。《个人独资企业登记管理办法》第三十五条规定：未经登记机关依法核准登记并领取营业执照，以个人独资企业名义从事经营活动的，由登记机关责令停止经营活动，处以 3000 元以下的罚款。

第三节　水行政处罚的证据和听证

一、水行政处罚证据认定的一般规则

水行政处罚是一种比较严厉的法律制裁，在水行政管理中发挥着重要的作用。证据认定是有效实施水行政处罚的关键。证据确凿与否，直接关系到案件处理质量的高低。实施水行政处罚必须以事实为依据，这是《水行政处罚实施办法》规定的法定原则，这里的"事实"必须由充足的证据来证明。证据不足，事实失真，处罚不公，被处罚人不服，不但公民的合法权益得不到保护，水行政机关及其执法人员的形象、声誉也会受到损害。因此，对水行政处罚证据认定的一般规则应有准确把握。

（一）有效证据的基本要求

（1）证据来源的合法性。收集证据必须全面、客观、公正。调查收集证据或者进行检查时，不得少于 2 人，并应当向被调查人出示水行政执法证件，保障被调查人的合法权益。严禁用威胁、引诱、欺骗以及其他非法的方式询问。

（2）证据的真实性与可靠性。其主要指证据所载明的内容真实可靠。只有经过水行政执法人员按法定程序收集和认定的材料，才能保证真实性和可靠性，才具有法律效力。可以结合证据来源和证据种类确定。

（3）证据的关联性。各个证据之间应当相互联系、相互印证，证据之间不能出现相互矛盾的现象。

（二）证据的种类与认定

《水行政处罚实施办法》第二十一条规定，证据有书证、物证、视听资料、证人证言、当事人陈述、鉴定结论、勘验笔录和现场笔录。

（1）书证。书证指以文字、符号、图表等记载或表达的内容来证明案件真实的证据。书证一般分为原始书证如手写、刀刻、印刷、剪贴等和复写书证、复印件书证。某些证据既能以记载或表达的内容证明案件事实，又能以其外部特征再现案件事实，该种证据既是书证，又是物证。常用的书证有记载或揭示水法律关系设立、变更或者终止的裁决书、决定书、通知书、许可证、文件、票据等。

（2）物证。物证指以外部特征、内部属性或者存在状态来证明案件真实情况的证据。物证是案件事实上、物质上的客观反映，不带任何主观因素，具有较强的客观性和证明力。物证具有不可替代性，故法律规定，收集调查的物证应当是原物，原物难以搬运或者保存时，可以拍摄足以反映原物外形或者内容的照片、录像。常用的物证主要有：水行政行为指向对象的物品、侵权或损害的物品和痕迹、其他具有证明作用的物品和痕迹。

（3）视听资料。视听资料指利用录音、录像等先进科学技术储存的音响、图像和资料所反映的内容来证明案件事实的证据。常用的视听资料主要有录音带、录像带、胶卷、传真资料、电话录音、雷达扫描资料、电子计算机储存的信息资料等。视听资料必须是在案件事实发生的时间、地点制作的，不得剪辑、拼凑和伪造。

（4）证人证言。证人证言指证人将其所知道的案件情况，向水行政执法人员作出陈述的证据。一般情况下，证人证言须经过询问、质证和调查属实后，方能作为定案证据。证人证言必须是知道案情的人所作有证明案件真实情况的陈述，具有特定的不可替代性。证人亲身耳闻目睹案件事实的证言能单独、直接地证明案件事实，其证明作用具有独立性和直接性。

（5）当事人陈述。当事人陈述指当事人就案件情况向水行政执法人员作出叙述和承认的证据。当事人陈述主要是案件行为人的陈述，涉及第三人的还包括第三人的陈述。当事人陈述的内容是水行政处罚中必备的一种法定证据，对于收集、核实其他证据和全面查清案件事实具有重要作用。

（6）鉴定结论。鉴定结论也称为鉴定人意见或专家意见，指鉴定人根据查案的需要，运用专门的技术知识、技能、工艺及各种科学仪器、设备等，通过对某些专门性问题进行分析、鉴别和判断并作出书面结论，来证明案件事实的证据。鉴定结论应当同其他证据相互印证、配合使用，而不能作为直接证据单独使用，其证明作用具有间接性。常用的鉴定结论主要有毒物分析鉴定结论、痕迹检验鉴定结论、物品损害鉴定结论、工程技术鉴定结论、文书鉴定结论等。

（7）勘验笔录和现场笔录。勘验笔录是指水行政执法人员通过与案件有关的现场、物品进行勘查和检验并作出书面记录，来证明案件事实的证据。常用的勘验笔录主要有对与案件有关的现场、物品勘查检验情况和结果所作的文字记录，拍照，录像，绘图，测量，计算等，勘验笔录既是一种法定证据，又是收集、固定和保全物证等其他有关证据的重要方法。勘验笔录应同其他证据相互印证、配合使用，而不能作为直接证据单独使用，其证明作用具有间接性。现场笔录是指水行政机关或执法人员对当场处罚某些违法行为的情况作出文字记录的证据。内容包括：违法行为的时间、地点、情节、范围、处罚结果，违法人签名或盖章，作出处罚决定的水行政机关及其执法人员签名或盖章。现场笔录是水行政机关实施的一种具体行政行为，适用于依法必须当场处罚的违法行为。现场笔录与勘验笔录不同，与案件情况有直接联系，可以直接证明案件的情况，属直接证据。

上述证据必须经查证属实，才能作为认定事实的根据。

（三）证据的收集

证据收集的主要活动是调查取证，取证是水行政处罚的中心环节，没有这个环节，就无法实施处罚。实践表明，在水行政执法中：一是要认识到在水行政处罚中证据的重要性，克服处罚要不要证据都可以的思想。水事案件发生后，要及时进行取证，否则，时间长了就会给取证工作带来许多困难，甚至影响证据的准确性。二是要加强职业道德和社会公德修养，提高政治素质和道德水准。加强对业务知识和法律法规的学习，提高执法能力和办案水平，确保调查取证工作的客观、公正、合理、合法。三是要在调查取证时把好四关：①调查询问。水行政执法人员在调查案件时不仅要向当事人和证人提出询问，索取有关证据，还应向受害人和其他有关人员了解情况，掌握案件的真实情况，形成笔录材料。②现场勘查。水事案件的发生，有一定的时间和地点，执法人员受案后应及时赶赴现场，掌握第一手材料，写出现场勘查报告。③技术鉴定。在查处水事案件中，如涉及其他技术性的专门问题，要聘请有专门知识的人进行技术鉴定，写出鉴定结论。④案情分析。调查取证后，应及时对掌握的证据材料进行研究分析，只有去伪存真，去粗取精，才能准确定性，提高案件处罚效力。

二、水行政执法罚没处理的财产保全措施

（一）水行政执法罚没处理的财产保全措施的含义

由于水法规包括《水法》《防洪法》《水土保持法》《河道管理条例》等都没有允许扣押、没收、查封违法作案工具的规定，水政监察人员的水事违法案件查处工作长期因此而陷入窘境和束手无策。为了解决这个问题，必须寻求在申请人民法院强制执行前，申请人民法院对违法当事人的财产采取保全措施，以便拍卖抵顶罚没款项，保障水行政处罚决定的圆满执行。

所谓水行政执法罚没处理的财产保全措施，是指水行政处罚机关对拒绝执

行具有罚没内容的行政处罚决定的违法当事人，在申请人民法院强制执行的同时，对其所拥有的财产申请采取保全措施的作为。此只论及在申请人民法院强制执行前，申请对违法当事人采取财产保全的措施。在水行政执法工作中，对于擅自从事打井取水或者向河道管理范围内倾倒垃圾、在河道管理范围内盗采砂石以及破坏水利工程的违法当事人，常常因为其肆意逃脱无从查处，或者因为其作案工具不是本人的而没有经济能力，不能执行水行政处罚决定。

（二）法律规定及其在水行政执法中的适用

《行政处罚法》第三十七条第二款规定："在证据可能灭失或者以后难以取得的情况下，经行政机关负责人批准，可以先行登记保存，并应当在 7 日内及时作出处理决定，在此期间，当事人或者有关人员不得销毁或者转移证据。"《最高人民法院关于执行〈中华人民共和国行政诉讼法〉若干问题的解释》第九十二条规定："行政机关或者具体行政行为确定的权利人申请人民法院强制执行前，有充分理由认为被执行人可能逃避执行的，可以申请人民法院采取财产保全措施。后者申请强制执行的，应当提供相应的财产担保。"

《水行政处罚实施办法》第二十八条规定："在证据可能灭失或者以后难以取得的情况下，经水行政处罚机关负责人批准，可以先行登记保存。水行政处罚机关对先行登记保存的证据，应当在七日内作出下列处理决定：……"其中第（二）项是"依法应当移送有关部门处理的，移送有关部门"。

水政监察人员在发现违反水法规行为时，即进行现场调查，并制作询问笔录，收集违法证据。如果当事人行为已经达到必须承担罚款或者被没收非法所得的程度时，水政监察人员应立刻请示水行政处罚机关负责人批准，对当事人从事违法作案的工具和设备、设施实施先行登记保存，并同时下达预先印制的固定格式的当场填写且盖有公章的《行政处罚告知书》和《行政处罚决定书》。《行政处罚告知书》的有效期至第 3 日，《行政处罚决定书》自第 4 日开始产生法律效力。如果当事人申请听证，则以听证结束后确定的《行政处罚决定书》为准。

水行政处罚机关自《行政处罚决定书》生效起，至先行登记保存证据的 7 天法定时间内，持《行政处罚强制执行财产保全申请书》等案件相关材料，依据《最高人民法院关于执行〈中华人民共和国行政诉讼法〉若干问题的解释》第九十二条的规定，向所在地基层人民法院提出申请，对作为证据登记保存的当事人从事违法作案的工具和设备、设施，采取《行政处罚决定书》列明的强制执行的财产保全措施。

在人民法院同意采取财产保全措施的情况下，依据《水行政处罚实施办法》第二十八条第一款第（二）项的规定，将作为证据先行登记保存的当事人从事违法行为的工具和设备、设施，移送人民法院查封，直至本案执行终结为止。

(三) 水行政执法财产保全措施操作要求

第一，水行政处罚机关负责人必须做到及时批准。水行政处罚机关负责人在水政监察人员出现场办案期间，必须能够随时与之保持联系，并有能力果断确定是否同意将当事人从事违法行为的工具、设备、设施作为证据进行先行登记保存和给予当事人适当的行政处罚。

第二，为预防违法的当事人故意逃避，必须当场同时下达《行政处罚告知书》和《行政处罚决定书》。《行政处罚告知书》和《行政处罚决定书》必须是事先印制好的并且加盖公章的固定格式文书，当场填全当事人名称、地址、违法事实、证据、处罚依据、处罚种类和数额、日期和期限，并向当事人索要签收回执。

第三，在将从事违法行为的工具和设备、设施作为证据登记保存的第4～7天内，持《行政处罚决定书》和《行政处罚强制执行财产保全申请书》等案件相关材料，向所在地基层人民法院提出申请并采取移送财产保全措施。如果没有《行政处罚决定书》，法院不会受理行政处罚强制执行财产保全申请；如果超过第7天才申请办理财产保全事宜，水行政处罚机关则因登记保存证据超过期限而违法。

第四，程序应当严密。此类案件，都是在违法现场发现、现场调查、现场下达《行政处罚告知书》和《行政处罚决定书》的，而且不能采用简易程序查处，必须适用一般程序。也就是说，从发现到处理，一气呵成。这样，调查笔录、违法事实的证据包括作案的工具或者设备、设施、影像证据、《行政处罚告知书》和《行政处罚决定书》及其签收回执，还有先行登记保存证据的清单，都必须规范制作和应用，不能有半点失误和疏忽。

第五，依据准确，量罚适当。必须保证行政处罚决定准确无误，即使当事人申请听证，处罚内容也不会变更。因此，对于当场作出的行政处罚决定，依据的法律条款必须准确，确定罚款的数额既不要过高也不能过低；如果没有没收非法所得的依据，决不能作出没收非法所得的决定。只有这样，才能确保《行政处罚决定书》的内容不因当事人申请听证而变更。

第六，申请听证和变更处罚必须及时告知人民法院。违法的当事人只要拖过7天期限，"登记保存的证据"就得原物奉还。因此，当事人都有可能申请听证。只要当事人申请听证，首先行政处罚中的期限必然变更；经过听证，需要从轻、从宽处罚的，行政处罚内容也可能有所变更。所以，申请听证和变更处罚的，都必须及时告知人民法院。

总之，在水行政执法中，虽然水法律法规没有允许扣押、没收、查封违法作案工具的规定，但是，如果对从事违反水法规行为的工具和设备、设施采取罚没处理的财产保全措施，通过拍卖这些财产抵顶罚没款项，或者通过缴足罚款才允许把这些财产取回，同样能起到扣押、没收、查封违法作案工具的作用。

三、水行政处罚听证程序的概念及适用范围

听证是现代行政程序的核心制度，对促进行政机关依法行政、保护相对人合法权益有重要作用。1996 年《行政处罚法》首次从国家法律层面规定听证程序，成为我国行政程序建设发展上的一个里程碑。《水行政处罚实施办法》从水行政工作实际出发，较详细地规定了水行政处罚听证程序。在听证程序一般原理的基础上，结合水行政处罚实践，需要在理论上进一步明确水行政处罚听证程序的适用范围、主持人、听证笔录等主要内容。

水行政处罚听证是指在水行政机关作出处罚决定之前，给利害关系人提供发表意见的机会，对特定事项进行质证、辩驳的程序。听证制度的内涵是"听取相对人的意见"，尤其是在作出不利于相对人的决定之前，应当听取相对人的意见，从而体现出行政的公正。听证制度是从英美法规中的自然公正原则中演化而来的。1997 年水利部颁布的《水行政处罚实施办法》对水行政处罚听证制度作了详细规定。至今，这项制度在我国实施已近十年。人们经历了从不熟悉到熟悉直至运用其来保护自身合法权益这样一个历程。从实施情况来看，水行政听证处罚程序在重大水行政处罚案件中发挥着重要作用，它有利于水行政机关客观、公正、全面地弄清案件事实，强化水行政机关内部的自我约束和自我监督，有利于降低行政复议和行政诉讼案件的败诉率，有利于水法宣传和水法制教育，促进依法行政、依法治水。

水行政处罚听证程序适用范围即被处罚人可以就哪些水行政处罚申请举行听证，这是公民权利在水行政处罚上受保障程度和行政权力受限制程度的反映。

（1）适用范围的确定。各国界定听证范围的标准有两大类：一是根据行政行为的性质和种类确定适用听证程序的范围，称之为行为标准；二是根据被处罚人在行政程序中的利益范围确定适用听证程序的范围，称之为利益标准。《水行政处罚实施办法》第三十四条规定："水行政处罚机关作出对公民处以超过五千元、对法人或者其他组织处以超过五万元罚款以及吊销许可证等水行政处罚之前，应当告知当事人有要求举行听证的权利；当事人要求听证的，水行政处罚机关应当组织听证。"可见，我国水行政处罚听证采用的是行为标准，范围为对公民处以超过五千元、对法人或者其他组织处以超过五万元罚款以及吊销许可证等水行政处罚。

（2）适用范围的界限。除《水行政处罚实施办法》第三十四条列举的水行

政处罚外，其他水行政处罚是否可以适用听证程序，有的人认为《水行政处罚实施办法》第三十四条所含"等"字的含义应为"等内等"，有的人则认为应为"等外等"。持"等内等"看法的人认为，《水行政处罚实施办法》同《行政处罚法》的规定一样，以列举的方式规定听证适用范围，则水行政处罚适用听证的范围应仅限于所列举的罚款和吊销许可证两种行政处罚，此处的"等"字只是一个没有实际意义的虚词；持"等外等"看法的人则认为，适用听证程序的范围是难以——列举的，为防止挂一漏万，"等"字表明其他水行政处罚也可以纳入听证范围。我们赞同第一种意见。因为，目前从各国行政程序立法与实践经验看，听证程序的适用范围都是有限的，关键是如何划分适用听证与不适用听证的事项范围。行政听证程序适用的事项范围应当平衡个人利益与公共利益、听证的成本与听证的效益，能够通过其他机制保证行政程序的公正性、维护被处罚人的合法权益时，一般就不采用听证程序。在听证制度实施的初始阶段，先规定一个较小的适用范围，再随着制度的成熟逐步予以扩大，笔者认为这是《行政处罚法》的立法本意。《水行政处罚实施办法》作为下位法，其规定的听证适用范围不得违反《行政处罚法》。综上所述，水行政处罚听证程序的适用范围是有限的，仅限于对公民处以超过五千元、对法人或者其他组织处以超过五万元罚款以及吊销许可证的水行政处罚。

四、水行政处罚听证程序在现代水治理中的局限性

《水行政处罚实施办法》在听证原则、范围、程序等方面对水行政处罚听证作了比较详细的规定，但从二十多年的实践来看，其中也存在着一些不容忽视的问题。

（一）水行政处罚听证程序的适用范围较窄

行政处罚听证范围的大小，实际是公民权利在行政处罚上受保障程度和行政权力受限制程度的反映。听证范围广，说明对公民权利的保障较充分和对行政权力的限制较严格，反之亦然。听证范围的确定，需要遵循一定的原则，即：个人利益与公共利益均衡原则，成本不大于效益原则。在上述原则的指导下，"各国界定听证范围的标准有两大类：一是根据行政行为的性质和种类适用听证程序的范围，我们称之为行为标准；二是据相对人在行政程序中的利益范围确定适用听证程序的范围，我们称之为利益标准"。根据《水行政处罚实施办法》第四条规定，水行政处罚的种类有：警告、罚款、吊销许可证、没收非法所得以及法律、法规规定的其他水行政处罚。而笔者从执法实践来看，该条款中法律、法规规定的其他水行政处罚还应该包括以下几种：责令停止违法行为、限期拆除、责令限期改正。而该《办法》第三十四条仅将"对公民处以超过5000元、对法人或其他组织处以超过50000元罚款以及吊销许可证等水

行政处罚"规定为申请听证范围。水行政处罚听证范围如此规定，显得较窄。

从种类上看，我国《行政处罚法》规定，责令停产停业、吊销许可证或者执照、较大数额罚款等行政处罚决定适用听证程序。而在水行政处罚中，责令停止违法行为这种处罚的性质和实施后果应该是等同于责令停产停业的。所以说水行政处罚听证范围仅限于较大数额罚款和销许可证，显得较窄。

水行政处罚听证程序适用范围疏漏了"责令停产停业"这一处罚种类。相比于《行政处罚法》，《水行政处罚实施办法》规定的水行政处罚听证程序的适用范围并不包括责令停产停业、吊销执照。《水行政处罚实施办法》未把吊销执照列为水行政处罚听证程序的适用范围，应是出于对实际情况的考虑，并无不可。但是，责令停产停业是水行政处罚种类之一，《水行政处罚实施办法》却将责令停产停业排除在水行政处罚听证程序适用范围之外，这违反了《行政处罚法》关于听证适用范围的规定。如果被处罚人就水行政处罚机关拟作出的责令停产停业处罚要求举行听证的，水行政处罚机关并不能以不属水行政处罚听证适用范围为由予以拒绝，否则就违反了《行政处罚法》的规定，构成程序违法，导致水行政处罚决定无效。因此，应对《水行政处罚实施办法》第三十四条进行修改，将责令停产停业列入水行政处罚听证程序适用范围。

从依申请听证的罚款数额看，显得过高，限制了听证范围。《水行政处罚实施办法》规定对公民处以超过 5000 元、对法人或其他组织处以超过 50000 元罚款为听证范围。实际处罚过程中，罚款达到这个数额的情形是比较少的，这就造成听证门槛过高，不利于充分保护相对人的权益，也违背了设立听证程序的初衷。

（二）水行政处罚听证程序中的主持人人选不当

听证程序的实施质量如何，在相当程度上取决于听证主持人，听证主持人与程序公正紧密相关。如果听证主持人人选不当，势必影响到行政处罚结果的客观公正性。所以，听证主持人人选问题是一个十分重要的问题。正如美国学者施瓦茨所说，"由公正、超党派的审讯官员主持公正听证是行政裁决程序的精髓。如同法院的法官所作出的裁决一样，行政官员在听证中所作出的裁决也必须由公正、超党派的审讯官作出。如果审讯官或者行政机关受到法律的偏见和影响，那么行政裁决则是无效的"。《水行政处罚实施办法》规定：听证主持人由水行政处罚机关指定水政机构非本案调查人员担任。而实践中，水政机构通常包含水行政机关内设的法制机构和水政监察机构，两个机构人员都是水政监察员，水行政执法的调查人员就在这其中产生，如果听证程序中的主持人也由水政机构工作人员担任，那么这种听证的公正性也就很难让人信服。首先，如果指定水政监察机构工作人员担任主持人，尽管他没有参加调查，但他们的目标是一致的，因此在听证举行前，主持人和调查人势必会进行沟通、磋商；

其次，如果指定内设法制机构人员担任主持人，该机构是水行政机关内设机构，处罚又是以本机关的名义实施的，维护水行政机关形象是其职责，这令主持人无法达到"超脱"的境界。所以，这种主持人的指定范围很大程度上易使水行政处罚听证程序流于形式。

（三）水行政处罚听证笔录的效力不明确

听证笔录是行政机关对听证过程所作的书面记录。该记录对行政决定的作出具有十分重要的作用。美国、奥地利、德国、日本等国《行政程序法》规定，听证笔录是行政决定的唯一依据。《水行政处罚实施办法》第四十二条规定，听证应当制作听证笔录，听证笔录交当事人和调查人员核对后签名或者盖章，听证笔录中有关证人证言部分应当经证人核对后签名或者盖章，听证笔录应当经听证主持人审核后由听证主持人和记录人签名或者盖章。但对于听证笔录在水行政处罚决定中应起何作用，没有明确，这就产生了以下两个问题：听证笔录是水行政处罚决定的唯一依据还是主要依据或者作参考？水行政机关在听证之外又获得了新的有利证据该怎么办？如果说，听证笔录不是水行政机关作出行政处罚决定的唯一的依据，水行政机关可以依据未在听证中出示的材料作出裁决的话，那么，听证就形同虚设了，相对人的合法权益也就得不到充分尊重和保障。此外，听证程序一般是在水行政机关根据已掌握的证据和相关规定，将拟予以处罚的通知告知相对人后，由相对人提出书面听证申请才正式启动的，如果水行政机关在听证后根据新证据作出裁决，那么由于该新证据未经相对人质证，相对人的意见可能未得到充分听取，将会根本上有悖于听证是"听取相对人意见"的内涵，行政处罚决定的作出就可能失去公正、公平。同时也会变相剥夺相对人的陈述权和申辩权，导致行政处罚行为不能成立。

此外，水行政执法过程中存在规避法律、避免举行听证的情况。实践中，一些水行政执法机构因无能力组织听证或为避免举行听证的麻烦，故意将本应处以超过五千元或五万元罚款的案件的罚款数额降低到五千元或五万元以下，从而导致过罚不相当，损害社会公共利益和法律尊严。为避免出现这种情况，首先应对水行政执法人员进行培训教育，强化听证程序理念，使其消除怕麻烦的心理，熟练掌握听证的相关知识和技巧；其次应继续健全完善行政执法责任制体系，加大执法监督和错案追究力度，从外部制约水行政执法人员的执法行为，杜绝徇私枉法和规避法律的行为。

五、水行政处罚听证程序的完善

（一）适当放宽听证范围

听证范围太窄，不符合设立听证程序的立法初衷，并且鉴于当前听证案件不多的情况，适当放宽听证范围并不会降低水行政机关的行政效率。从充分保护相对人的合法权益出发，理应对水行政处罚的听证范围作适当调整。

在种类中把责令停止违法行为纳入听证范围。当然，这是将责令停止违法行为作为行政处罚为前提，对此学术界尚存争论，本书赞同行政命令。不论是行政命令还是行政处罚，当达到听证标准时，均有立法上确认的必要。责令停止违法行为的处罚有时要比单纯的罚款处罚给相对人造成的损失要大得多。2004 年颁布的《国土资源听证规定》第十九条第二款就将"责令停止违法勘查或者违法开采行为"纳入了申请听证的范围。由此可见，将给相对人造成较大损失的责令停止违法行为纳入水行政处罚听证范围具有理论和实践的依据。

水行政处罚听证是保障被处罚人权益的一项重要制度，根据"行为标准"，理应将严厉的、对被处罚人的权益影响大的行政处罚全部纳入听证范围，否则就有悖于听证制度设立的初衷。水行政处罚实践表明，没收违法所得、没收非法财物、责令拆除妨碍行洪的建筑物等处罚常常要比罚款 5000 元或 5 万元更加严厉，对被处罚人的权益影响更大，理应列入听证适用范围。当然，要扩大水行政处罚听证适用范围得先扩大《行政处罚法》规定的听证适用范围。建议立法部门把行政拘留、没收非法财物或所得等行政处罚也列为听证适用范围，以最大可能地保护被处罚人合法权益，并把行政听证分为正式听证和非正式听证，根据案件具体情况和当事人的意愿选择适用，以不至于因扩大听证适用范围而影响行政效率。

对较大数额罚款的听证申请，应降低门槛。对地方行政主管部门而言，在某些法规的适用上，可以执行部门标准，也可以执行地方标准。对于较大数额罚款的界定，《水行政处罚实施办法》规定对公民处以超过 5000 元、对法人或其他组织处以超过 50000 元罚款为听证范围，而《江苏省行政处罚听证程序规则（试行）》第二条中规定对非经营活中公民的违法行为处以 500 元以上、法人或者其他组织的违法行为处以 1000 元以上、对经营活动中的违法行为处以 20000 元以上的罚款为听证范围。笔者认为，由于地方法规的规定存在差异，地方水行政主管部门来说，从充分保护相对人合法权益的角度出发，应该执行地方标准。

（二）水行政处罚听证主持人的选任和指派

听证主持人是指受行政机关指派，依法独立行使职权，组织和主持听证，确保听证程序合法完成的工作人员。听证主持人是听证程序中的核心人物，负责调节和控制听证活动，可以接受证据，对有关问题进行询问，保障被处罚人实现其听证权利，同时，为了保障听证的顺利进行，还可以采取一定的强制措施。

在听证主持人的选任、管理、使用上有一个很重要的原则——职能分离原则。职能分离原则是指听证的主持人与作出调查、作出裁决的人不能是同一机构或是同一个人。该原则来源于自然公正原则，强调每个人不能作为自己的法官。职能的分离有内部分离和外部分离两种。职能的内部分离是指调查、听证和裁决由行政主体内部的不同机构或人员来实施，又可称为职能的相对分离；职能的外部分离则是指调查、听证和裁决分别由多个独立的行政主体或组织来实施，也称为职能的完全分离。水行政处罚调查、听证、决定职能分离的规定是职能的内部分离，即水行政处罚机关内部部门和人员上的职能分离。

根据《水行政处罚实施办法》的相关规定，水行政处罚听证主持人应符合以下条件：是水政机构中地位相对独立的人员，不参与本案的调查取证和处罚决定的作出，与本案无直接利害关系，由水行政处罚机关指定。应该说，这样条件下的听证主持人人选是明确的，操作性也比较强，但存在的弊病也十分明显：一是实践中，水政机构包括水政科（司、处）和各级水政监察队伍，二者分别是水行政处罚机关的职能科室和下属事业单位，通常是一套人马两块牌子。因此，水行政处罚听证主持人的人事关系隶属于水行政处罚机关，其任免、考核、升迁、工资福利等完全决定于所属行政机关，只能听命、服从于其所属机关及其首长。这样体制下的听证主持人没有独立的法律人格，其行为不可能真正实现独立自主，提出的听证意见可能就是水行政处罚机关首长的意见，会使水行政处罚听证程序最终流于形式。二是听证主持人和案件调查人同属一个工作机构，两者在听证前的单方面接触是很难避免的，使得听证主持人在听证前已形成先入为主的印象观点，可能影响听证的公正性。三是未进行资格限定，听证主持人素质得不到保证，影响听证程序的正常实施和发挥应有的作用。目前水行政处罚听证主持人难以取得被处罚人的信任，无法保证听证结果的公正性，更多的被处罚人宁愿放弃听证这一事前救济途径，而选择行政复议、行政诉讼、信访等事后救济方式，由此造成了行政复议、行政诉讼案件和信访增多。

听证主持人独立、公正超脱的法律地位以及良好的专业素质，是保证听证结果的公正性、实现听证制度目的的必然要求，也是听证制度的发展趋势，应成为健全完善我国水行政处罚听证制度的一项重要内容。当前，笔者对听证主持人有些设想：把听证主持人的选任管理纳入正在试行的公职律师制度，将主持行政处罚听证会列为公职律师的职责之一；各级人民政府法制工作部门在本行政区域的公职律师中选任听证主持人，形成听证主持人名单，并负责业务培训、级别晋升和罢免等；各级人民政府法制局、处、办公室根据听证案件的具体要求，从名单中统一选派听证主持人；行政处罚机关无权指定听证主持人，公职律师不能主持与其所在单位有关的听证活动；听证所需经费单独列入各级财政预算，专款专用，不得挪用挤占。以上设想可以增强听证主持人地位的独立性，保证听证主持人具有良好的专业素质和队伍相对稳定，而且不增加人员编制和太大财政负担，应有较强的操作性和可执行性。

有人提出在仲裁员中选定听证主持人也具有合理性。听证主持人在听证程序中扮演着重要角色，并直接关系到听证的效果和行政处罚的结果。由水行政机关指定水政机构非本案调查人员为主持人，具有明显的不合理性。笔者认为，我国的仲裁制度比较成熟，且仲裁员的法律素养普遍比较高，建议听证主持人可从仲裁员中选用，这样可以在一定程度上保证听证主持人的中立立场，维护相对人的合法权益。

（三）将听证笔录提升为作出处罚决定的重要依据

水行政处罚听证笔录是水行政处罚听证过程中对调查取证人员、案件当事人陈述的意见和提供的证据所作的一种书面记载。听证所形成的笔录是封闭的，未经听证的证据不得成为笔录的组成部分，它在水行政处罚听证程序中有极其重要的意义。水行政听证笔录的效力主要指听证笔录在水行政处罚机关作出处罚决定过程的地位和作用。我国《行政处罚法》关于听证笔录只提到"听证应当制作笔录，笔录应当交当事人审核无误后签字或者盖章；听证结束后，行政机关依据本法第三十八条规定作出决定"，而对听证笔录的地位和效力并无明确规定，《水行政处罚实施办法》对此也没有作进一步的规定。

在听证笔录效力问题上，美国行政程序法首倡案卷的排他性原则。案卷的排他性原则是指行政机关按照正式听证程序作出的决定只能以案卷为根据，不能在案卷以外以当事人未知悉和未论证的事实为根据，即行政机关不能在听证之外接纳证据，只能以听证笔录作为作出行政决定的唯一依据。我国多数学者支持案卷的排他性原则，但也有一些人认为我国和美国的法制环境和传统有着巨大差异，该原则并不适合引入我国的听证程序。我们认为我国水行政处罚听证程序可以也应该引进案卷的排他性原则，听证笔录应作为水行政处罚的唯一依据而不是主要依据或参考依据。如果听证笔录不是作出水行政处罚决定的唯一依据，水行政处罚机关可以依据未在听证中出示的材料作出决定的话，那么听证程序也就失去存在的必要，当事人的合法权益也就无法得到充分尊重和保障。如果不视听证笔录为主要依据或参考依据，水行政处罚决定就带有很强的主观性，容易使听证笔录变成可有可无的会议记录，不能对水行政处罚决定的作出产生拘束力，不能有效避免听证后作出处罚决定的随意性，操作性较差。采用案卷的排他性原则已成为我国听证立法原则，如《劳动行政处罚听证程序规定》第十六条规定："劳动行政部门不得以未经听证认定的证据作为行政处罚的依据"；《行政许可法》第四十八条第二款规定："行政机关应当根据听证笔录，作出行政许可决定"。基于以上认识，笔者建议将案卷的排他性原则引入水行政处罚听证制度，以充分发挥听证制度在保障被处罚人权益方面的积极作用，防止水行政执法部门"暗箱操作"，保证水行政处罚决定公正、公平和公开。

听证笔录的效力决定着听证程序的意义。《水行政处罚实施办法》对听证笔录的效力未作规定（实际操作中有的仅作为作出处罚决定的参考），因此听证程序也没有发挥应有的价值。2004年7月1日实施的《行政许可法》第四十八条第二款规定，行政机关应当根据听证笔录，作出行政许可决定。这一规定正是听证笔录"排他性规则"的体现，也说明我国立法已经意识到听证笔录在作出行政行为时的重要性。笔者认为，应在现行的水行政处罚听证程序中运用排他性规则。只有强调听证笔录的"排他性规则"，才能充分发挥听证制度在保障相对人权益方面的积极作用，防止水行政机关"暗箱操作"，从而做到行政处罚决定公正、公平和公开。

需要指出的是，水行政处罚机关在听证之后获得的证据不能成为处罚决定的依据。因为，听证程序一般是在水行政处罚机关根据已掌握的证据和相关规定，将拟予以处罚的相关情况告知被处罚人后，由被处罚人提出听证申请才正式启动的，如果水行政处罚机关在听证后根据新证据作出决定，那么由于该新证据未经被处罚质证，被处罚人的意见可能未得到充分听取，将有悖于听证是"听取当事人意见"的本质，水行政处罚决定就可能失去公正、公平，同时也会变相剥夺被处罚人的陈述申辩权，导致水行政处罚决定不能成立。因此，如果水行政处罚机关要根据听证之后获得的新证据作出处罚决定，还是应重新举行听证，对新证据进行出示、质证和辩论，并记载于听证笔录中，方能成为处罚决定的依据。

第十章

亟须强化的水行政强制

第一节　行政强制措施与行政强制执行

一、行政强制的含义

《行政强制法》所称行政强制，包括行政强制措施和行政强制执行。所谓行政强制措施，是指行政机关在行政管理过程中，为制止违法行为、防止证据损毁、避免危害发生、控制危险扩大等情形，依法对公民的人身自由实施暂时性限制，或者对公民、法人或者其他组织的财物实施暂时性控制的行为。其特点：一是其主体是行政机关；二是其性质是对人身或财物实施暂时性限制或控制；三是其目的是制止违法行为、防止证据损毁、避免危害发生、控制危险扩大。所谓行政强制执行，是指行政机关或者行政机关申请人民法院，对不履行行政决定的公民、法人或者其他组织，依法强制履行义务的行为。其特点：一是其主体为行政机关或人民法院；二是客体为行政决定确定的相对人义务；三是目的是以强制手段保证义务履行。行政强制执行与行政强制措施的区别在于有无义务先行存在，行政强制执行是对先行存在义务的执行，而行政强制措施则不存在这种先行存在的义务，而是为了维护行政管理秩序采取的即时或临时性强制手段。

二、行政强制措施

（一）行政强制措施的种类

根据《行政强制法》第九条的规定，行政强制措施的种类包括：第一，限制公民人身自由。具体形式包括盘问、留置盘问、传唤、强制传唤、扣留、拘留、人身检查、强制检测、约束、隔离、强制隔离、强行带离现场、强行驱散、驱逐、禁闭等。第二，查封场所、设施或者财物。查封是行政机关限制当事人对其财产的使用和处分的强制措施。主要是对不动产或者其他不便移动的财产，由行政机关以加贴封条的方式限制当事人对财产的移动或者使用。法律、法规中还有"封存""封闭""关闭或者限制使用场所""禁止或者限制使用设备、设施"等表述。第三，扣押财物。扣押是行政机关解除当事人对其财物的占有，并限制其处分的强制措施。除了使用"扣押"外，一些法律、法规还经常使用"暂扣""扣留"等。第四，冻结存款、汇款。冻结主要是限制金融资产流动的强制措施。除了使用"冻结"外，还使用"暂停支付"一词。第五，其他行政强制措施。这是一个兜底性的规定。例如，"登记保存""采取临时集中定价权限""部分或者全面冻结价格的紧急措施""隔离、扑杀、销毁易感染动物和动物产品"等。另外，根据第十条的规定，行政法规也可以创设新的行政强制措施种类。

（二）行政强制措施的设定

（1）法律的设定权。行政强制措施由法律设定，法律可以设定各种行政强制措施。但是，法律在设定行政强制措施时，也要受到制约：一是根据第五条的规定，设定行政强制措施应当适当、合理。这种合理性的判断属于立法机关的裁定权。二是程序限制，在起草时应采取听证会、论证会等形式听取意见，并进行必要性分析。通过公众参与和程序制约，使设定的行政强制措施处于合理的限度内。

（2）行政法规的设定权。行政强制法授权行政法规部分行政强制措施设定权。但有两点限制：一是尚未制定法律且属于国务院行政管理职权事项的；二是不得设定第九条第一项（限制人身自由）、第四项（冻结存款、汇款）和应当由法律规定的行政强制措施以外的其他行政强制措施。今后，还有哪些强制措施不能由行政法规设定，需要由其他单行法律再行厘清。

（3）地方性法规的设定权。地方性法规的设定权也有两点限制：一是尚未制定法律、行政法规，且属于地方性事务的；二是地方性法规只能设定第九条第二项（查封）、第三项（扣押）的行政强制措施。法律、法规以外的其他规范性文件不得设定行政强制措施。

（三）实施行政强制措施的一般程序

《行政强制法》第十八条规定了实施行政强制措施的基本程序要求。除第十九条规定的事后报告批准程序外，不得降低程序要求。实施行政强制措施一般程序可以分为内部程序和外部程序。

（1）决定与实施分离：即实施行政强制措施前必须向行政机关负责人报告并经批准，具体执法的主体与批准执法的主体必须相分离。

（2）表明身份：即出示执法身份证件。执法证件中，应当载明其所代表的行政机关名称及该执法人员所任职务等内容。

（3）通知当事人到场。实践中如出现联系不到当事人或者当事人无法及时到场的情况，应邀请与当事人或者与案件没有利害关系的人员到现场见证行政强制措施的实施过程。

（4）告知和说明理由。当场告知当事人采取行政强制措施的理由、依据以及当事人依法享有的权利、救济途径。告知应在实施行政强制措施时当场进行，具体形式可以在行政强制措施决定书中载明，如情况紧急，也可以口头告知。

（5）听取意见和申辩。陈述权和申辩权是当事人所享有的重要权利，听取当事人的陈述和申辩也是行政机关的法定义务。

三、行政强制执行

（一）行政强制执行的种类

行政强制执行的方式可分为直接执行和间接执行两类。第一，加处罚款或者滞纳金。加处罚款或者滞纳金属于执行罚，是间接强制的执行方式。执行罚是对拒不履行行政决定确定的金钱给付义务的当事人，加处新的金钱给付义务的执行方式。在我国，执行罚主要针对不履行罚款、税款、行政收费、社会保险费等金钱给付义务。第二，划拨存款、汇款。划拨存款、汇款是一种直接强制执行方式。采取该种执行方式，需要由法律明确授权。目前，行政机关划拨存款、汇款，只适用于税收和征收社会保险费等少数领域。一些法律、法规也使用"扣缴"一词。第三，拍卖或者依法处理查封、扣押的场所、设施或者财物。这是为执行金钱给付义务而采取的直接强制。适用时需注意第四十六条的有关规定。第四，排除妨碍、恢复原状。排除妨碍就是排除对权利人行使人身权或者财产权的阻碍，恢复原状就是通过修理等手段使受到损坏的财产恢复到损坏前的状况。第五，代履行。代履行是当事人拒绝履行行政决定的义务时，由行政机关或者第三人代替当事人履行行政决定的义务，并向当事人收取履行费用的执行方式。截至 2017 年，我国共有 17 部法律、18 件行政法规规定了代履行。第六，其他强制执行方式。这是兜底性规定。如强制拆除、强制销毁、强制停产、强制消除安全隐患、强制封闭煤矿、强制填埋、强制拆迁等，其他强制执行方式应当由法律设定。

（二）行政机关自行强制执行

1. 种类

实践中，由于情况复杂，为了保证效率，应对一些紧急情况，保证行政机关在紧急情况下的执法需要，行政强制法规定在下列四类情况下行政机关可以自己执行：

一是代履行。代履行是与执行罚、直接强制执行并列的一种行政强制执行方式。其核心是义务的替代履行，对当事人而言是将作为义务转化为金钱给付义务，对行政机关而言是通过代履行，避免强制手段的使用，实现行政管理的目的，恢复行政管理秩序。代履行适用于他人可替代履行的义务，同时，行政强制法又作了进一步限制，即必须是后果已经或者将危害交通安全、造成环境污染或者破坏自然资源的可替代性义务。根据行政强制法的规定，行政机关和第三人都可以实施代履行。

二是执行罚。第四十五条规定："行政机关依法作出金钱给付义务的行政决定，当事人逾期不履行的，行政机关可以依法加处罚款或者滞纳金。"这是一种间接强制，目的是促使当事人尽快缴纳罚款或者税、费，履行金钱给付义务。为了防止加处罚款或者滞纳金被滥用，法律明确规定了加处罚款或者滞纳金的适用条件：一是当事人逾期不履行金钱给付义务（包括欠费、欠税以及罚款等）的行政决定。二是行政机关有告知义务。加处罚款或者滞纳金的标准应当告知当事人。三是加处罚款或者滞纳金不得超过本金。

三是依法强制拆除。第四十四条对强制拆除违法建筑物、构筑物、设施进行了规定。根据这一条的规定，第一，依法强制拆除的对象是违法的建筑物、构筑物和设施，不适用于合法建筑物、构筑物和设施的拆除。第二，实施强制拆除的前提是当事人在法定期限内不申请行政复议或者提起行政诉讼。第三，实施强制拆除前，应当由行政机关予以公告，目的是催促当事人在一定期限内自行拆除。

四是拍卖、查封、扣押财物。第四十六条第三款规定了行政机关取得行政强制执行权的特殊情形和要件：第一，当事人在法定期限内不申请行政复议或者提起行政诉讼；第二，当事人经催告仍不履行行政决定所确定的义务；第三，行政机关在实施行政管理过程中已经采取了查封、扣押措施。上述三个条件缺一不可。但是，其强制执行的权力仅限于将查封、扣押的财务依法拍卖抵缴罚款，而不能采用执行罚、代履行等强制执行方式。

2. 行政机关强制执行程序

（1）催告。催告是强制执行的第一道程序。其意义在于为当事人自觉履行留有必要的空间。行政决定作出后，应当给予当事人合理的自觉履行期限，在期限届满后，方可进入强制执行程序。

（2）听取意见。在催告程序中当事人享有陈述权、申辩权。行政机关应正确对待当事人意见，对当事人提出的事实、理由和证据，行政机关应当进行记录、复核；当事人提出的事实、理由或者证据成立的，行政机关应当采纳。

（3）决定。经过催告，当事人逾期仍不履行行政决定，并且当事人陈述和申辩的意见中没有提出正当理由足以令行政机关采信的，行政机关可以作出强制执行的决定。强制执行决定书必须以书面形式作出。

（4）执行。实施行政强制执行的行政机关应注意：第一，可以在不损害公共利益和他人合法权益的情况下，与当事人达成执行协议。执行协议可以约定分阶段履行。当事人采取补救措施的，可以减免加处的罚款或者滞纳金。当事人不履行执行协议的，行政机关应当恢复强制执行。第二，行政机关不得在夜间或者法定节假日实施行政强制执行，紧急情况除外。行政机关不得对居民生活采取停止供水、供电、供热、供燃气等方式迫使当事人履行相关行政决定。

（5）执行中止或完毕。中止执行有四种法定情形：一是当事人履行行政决定确有困难或者暂无执行能力的；二是第三人对执行标的主张权利，确有理由的；三是执行可能造成难以弥补的损失，且中止执行不损害公共利益的；四是行政机关认为需要中止执行的其他情形。完毕，即终结执行。第四十条规定了终结执行的情形，包括：一是公民死亡，无遗产可供执行，又无义务承受人的；二是法人或者其他组织终止，无财产可供执行，又无义务承受人的；三是执行标的灭失的；四是据以执行的行政决定被撤销的；五是行政机关认为需要终结执行的其他情形。

（三）申请人民法院强制执行

对于行政决定（具体行政行为）的执行，根据执行主体的不同，分为两类：一是行政机关自行强制执行，以该行政机关享有法律规定的行政强制权为前提；二是行政机关申请人民法院强制执行。而申请人民法院强制执行又可细分为两种：一是公民、法人或者其他组织拒绝履行人民法院生效的行政判决、裁定的；二是具体行政行为的相对人对具体行政行为在法定期限内没有提起行政复议或者行政诉讼，行政机关可以申请人民法院强制执行，即非诉行政执行。

1. 申请人民法院强制执行的要件

申请人民法院强制执行的实质要件如下：

（1）主体要件。根据《行政强制法》的有关规定，具有申请资格的主体分为两类：一是没有强制执行权的行政机关可以申请人民法院强制执行，依据是《行政强制法》第十三条和第五十三条；二是已有强制执行权的行政机关，行政机关既可以依法自行强制执行，也可以申请人民法院强制执行。依据《行政强制法》第四章与行政诉讼法《若干解释》第八十七条第二款。

（2）行为要件。主要有两种情形：一是行政机关提出申请的，以行政相对人在法定期限内既不申请行政复议或者提起行政诉讼，也不履行行政决定为行为要件；二是对于法定的行政终局行为，即依法不能提起行政诉讼的具体行政行为，如果行政相对人在履行期限到来后仍然拒绝不履行，行政机关在符合其他实质要件的情况下，可以申请人民法院强制执行。

（3）执行依据要件。作为人民法院强制执行依据的具体行政行为必须具有执行力。具体行政行为要具有执行力，应当符合以下条件：一是具体行政行为必须合法。对具体行政行为是否合法的判断标准应采取重大违法标准，即《强制法》第五十八条第一款规定的"明显缺乏事实根据、明显缺乏法律、法规依据、其他明显违法并损害被执行人合法权益"。二是具体行政行为必须已生效并具有可执行的内容。三是具体行政行为必须属于法院的受案范围。四是被申请人必须是行政机关作出的具体行政行为所确定的义务人。对三、四两个条件的审查主要放在形式审查阶段（即立案受理阶段），对合法性的审查则放在书面审查阶段。

申请人民法院强制执行的程序要件如下：

（1）催告要件：行政机关在申请人民法院强制执行之前，必须以书面形式催告相对人履行义务，依据催告送达规定，催告书送达10日后相对人仍未履行义务的，行政机关方可申请。

（2）管辖要件：首先，在地域管辖方面，原则上由行政机关所在地的人民法院管辖，如果执行对象是不动产，则由不动产所在地的人民法院管辖。其次，在级别管辖方面，原则上由基层人民法院管辖，但基层人民法院认为执行确有困难的，可以报请上级人民法院执行；上级人民法院可以决定由其执行，也可以决定由下级人民法院执行。

（3）期限要件：一是没有行政强制执行权的行政机关，应当自行政相对人的履行期限和行政争议期限均告届满之日起三个月内向人民法院提出申请。二是已有行政强制权的行政机关，如欲申请人民法院强制执行，应当自被执行人的法定起诉期限届满之日起180日内向人民法院提出申请。

申请人民法院强制执行的形式要件如下：人民法院在受理阶段只进行形式审查，这种审查包括但不限于对申请材料的审查，目的是确认申请材料有无反映实质要件和程序要件，但不进行证据调查和质证，可以归纳为"只看有无，不辨真伪"；人民法院在立案受理后，对申请材料内容进行书面审查，并在必要时进行实质审查，这是申请材料在案件审理各个阶段中的不同作用。根据《行政强制法》第五十五条的规定，行政机关向人民法院提交的材料应包括：①强制执行申请书；②行政决定书及作出决定的事实、理由和依据；③当事人的意见及行政机关催告情况；④申请强制执行标的情况；⑤法律、行政法规规定的其他材料。

2. 无强制执行权的行政机关申请人民法院强制执行

《行政强制法》第五十三条规定："当事人在法定期限内不申请行政复议或者提起行政诉讼，又不履行行政决定的，没有行政强制执行权的行政机关可以自期限届满之日起三个月内，依照本章规定申请人民法院强制执行。"适用此条规定需要解决的主要问题如下：

（1）无强制执行权的行政机关申请法院强制执行无需其他法律专门规定。行政机关采取自行强制执行需要《行政强制法》之外的其他法律的专门授权，但行政机关申请人民法院强制执行却并不需要其他法律的授权。《行政强制法》实施后，其他法律既可以规定无强制执行权的行政机关可以申请人民法院强制执行，也可以不作这样的规定。因为本条作为普遍性的授权条款，已经授权行政机关在法律没有赋予其强制执行权的情况下，依据本条的规定申请人民法院强制执行的权利。为了保证生效行政决定的执行，行政机关申请人民法院强制执行既是其权利，更是其义务和职责。而人民法院受理行政机关依法申请的强制执行既是其权力，也是其职责。《最高人民法院关于执行〈中华人民共和国行政诉讼法〉若干问题的解释》第八十七条第二款规定："法律、法规规定既可以由行政机关依法强制执行，也可以申请人民法院强制执行，行政机关申请人民法院强制执行的，人民法院可以依法受理。"对此条的正确理解应当是除非法律规定了行政机关的强制执行权，否则人民法院自然拥有对行政决定的强制执行权。

（2）利害关系人不能代替行政机关申请强制执行。行政机关不申请强制执行，行政决定的利害关系人能否代替行政机关申请强制执行，《行政强制法》对此没有作出规定。《最高人民法院关于执行〈中华人民共和国行政诉讼法〉若干问题的解释》第九十条规定，行政机关根据法律的授权对平等主体之间民事争议作出裁决后，当事人在法定期限内不起诉又不履行，作出裁决的行政机关在申请执行的期限内未申请人民法院强制执行的，生效具体行政行为确定的权利人或者其继承人、权利承受人在 90 日内可以申请人民法院强制执行。享有权利的公民、法人或者其他组织申请人民法院强制执行具体行政行为，参照行政机关申请人民法院强制执行具体行政行为的规定。司法解释的上述规定，旨在防止部分行政机关消极怠工，更好地维护利害关系人的合法权益。比如，某甲因邻居某乙侵犯其宅基地建房而申请乡政府对土地权属作出处理决定，乡政府在权属处理决定中作出限期某乙拆除违章建筑的决定后，某乙没有自动拆除，乡政府也没有在法定期限内申请人民法院强制执行该行政决定。根据上述司法解释的规定，某甲作为利害关系人可以在一定期限内自行申请人民法院强制执行。法院依法受理后也可以作出强制执行的裁定。这样的制度设计，表面上看是保护了利害关系人的权利，但另一方面，却是纵容了行政机关的消极怠工。而且，在利害关系人申请人民法院强制执行的案件中，法院在审查时会遇到诸多不便，如证据材料的收集、行政机关的配合、被执行人异议的处理。因此，我们认为，行政机关代表国家作出行政决定之后，也必须保证行政决定得到实施。在《行政强制法》实施后，行政机关是能够申请人民法院强制执行的唯一主体，利害关系人不能再申请。司法解释的上述规定应当不再执行。当然，如果行政机关不申请而导致行政决定无法得到实施，则利害关系人可以另行起诉行政机关不依法履行法定职责。人民法院可以视情况作出责令重做的判决。行政机关怠于行使申请权或者因其过错未及时申请给利害关系人造成损失的，应当依法承担相应的赔偿责任。

（3）行政机关可依法采取适当间接强制措施以实现行政决定。行政法理论根据强制执行方式（手段）是否直接强制性地实现行政决定义务的内容，把强制执行划分为间接强制执行和直接强制执行。间接强制执行包括代履行和执行罚。直接强制执行包括划拨存款、汇款，以及拍卖或者依法处理查封、扣押的场所、设备或者财物，以及其他直接实现行政决定义务的方式。没有强制执行权的行政机关仍然可以依据《行政强制法》的相关规定，采取特定的强制执行措施。

《行政强制法》第四十六条第三款规定，没有行政强制执行权的行政机关应当申请人民法院强制执行。但是，当事人在法定期限内不申请行政复议或者提起行政诉讼，经催告仍不履行的，在实施行政管理过程中已经采取查封、扣押措施的行政机关，可以将查封、扣押的财物依法拍卖，抵缴罚款。该款规定实际上赋予了没有强制执行权的行政机关可以在法定条件具备后，直接将查封、扣押的财物依法拍卖，抵缴罚款的权利。这有利于与行政管理过程中的行政强制措施相衔接，提高行政效率，保证行政决定的顺利实施。但此款立法也可能会诱导没有行政强制执行权的行政机关滥用查封、扣押手段，即不是为了查清事实、固定证据、阻止危害发生，而是把查封、扣押等行政强制措施当作行政强制执行的一种手段。这在实践中，应当特别予以关注。对行政机关违背立法目的，滥用查封、扣押措施的，人民法院不应支持。

《行政强制法》第十五条还规定，行政机关依法作出要求当事人履行排除妨碍、恢复原状等义务的行政决定，当事人逾期不履行，经催告仍不履行的，其后果已经或者将危害交通安全、造成环境污染或者破坏自然资源的，行政机关可以代履行，或者委托没有利害关系的第三人代履行。该条规定将行使代履行这种间接强制执行措施的权力授予行政机关，相关行政机关即可依该条实行代履行，无需其他部门法另行规定。

（4）复议、诉讼期间不停止执行原则及例外。所谓行政复议或行政诉讼期间不停止具体行政行为的执行，是指行政机关不因当事人申请行政复议或者提起行政诉讼而暂时停止行政决定的执行。对此法律是有明确规定的。《行政诉讼法》第四十四条规定："诉讼期间，不停止具体行政行为的执行"；《行政复议法》第二十一条规定："行政复议期间具体行政行为不停止执行"；《行政处罚法》第四十五条规定："当事人对行政处罚决定不服申请行政复议或者提起行政诉讼的，行政处罚不停止执行，法律另有规定的除外。"从上述规定可以看出，行政复议或者行政诉讼期间不停止具体行政行为的执行是有明确法律依据的。强调此原则主要是基于以下三个原则：一是有利于保障行政机关合法有效地行使行政权和保障行政管理活动的正常进行；二是行政机关代表国家行使行政权和对社会的管理权，权力本身就具有强制力和执行力；三是有利于维护行政管理活动的稳定性和连续性。

目前的司法实践中，对行政复议或者行政诉讼期间不停止具体行政行为执行这一原则，有着两种不同的理解和认识：

第一种观点认为，不停止执行原则，包括不停止自动履行和不停止行政强制执行及司法强制执行两个方面的内容。不停止自动履行是指行政管理相对人在复议和诉讼期间仍应当自觉履行义务。不停止行政强制执行和司法强制执行是指行政机关的有管辖权的人民法院在行政复议或者行政诉讼期间仍然可以采取强制手段来实现行政决定的内容。其理由有以下几个方面：一是从保护公民、法人和其他组织合法权益的途径来看，行政复议和行政诉讼均是对行政机关的具体行政行为的一种事后救济手段。也就是说，具体行政行为一经作出，即具有法律效力，具有强制力和执行力，因此，在没有被人民法院确认违法之前，它具有法律效力，不能因为行政管理相对人申请行政复议或者提起诉讼而使其丧失法律效力。即使在行政复议或行政诉讼期间，仍然可以对具体行政行为进行行政强制执行或申请人民法院强制执行。二是从行政管理的需要和社会的现实状况来看，行政机关的管理活动应具有稳定性、连续性和一贯性。如果具体行政行为一经行政复议或者行政诉讼就中断或间断对其执行，势必会影响社会秩序的稳定和国家行政管理活动的稳定，从而导致社会的无序和混乱，会使法律秩序处于不稳定状态。特别是行政复议和行政诉讼可能会旷日持久，数年才会有最终结论，如果数年后才去执行行政决定，可能行政决定的目的已经难以完全实现。三是对具体行政行为的行政复议或行政诉讼不同于诉讼程序中的两审终审制，具体行政行为一经作出，即具有法律效力，就应当运用国家赋予的强制力来保证具体行政行为内容的实现。行政复议或者行政诉讼是保证具体行政行为合法、公正的一种事后补救措施。而诉讼程序中的二审程序则是在第一审裁判尚未生效的状态下进入的，上诉期未满或二审未终结，第一审裁判尚不生效，实际上是诉讼过程中的审判监督。

第二种观点认为，不停止执行原则指除人民法院不能强制执行，在行政复议和行政诉讼期间，相对人仍应当自觉履行义务，相对人不自动履行义务的，有强制执行权的行政机关可以采取行政强制执行措施，不受行政复议和行政诉讼期限的限制。没有强制执行权的行政机关可以依据《行政强制法》第四十六条第三款规定和第五十条规定，通过拍卖、查封、扣押物品或者代履行的方式，实现行政决定的内容。复议、诉讼期间仅仅是人民法院停止对具体行政行为的强制执行。其理由有以下几个方面：有关法律、法规规定了在行政复议或者行政诉讼期间人民法院不能对具体行政行为强制执行。《行政诉讼法》第六十六条规定："公民、法人或者其他组织对具体行政行为在法定期限内不提起诉讼又不履行的，行政机关可以申请人民法院强制执行，或者依法强制执行"；《最高人民法院关于执行〈中华人民共和国行政诉讼法〉若干问题的解释》第八十六条规定，行政机关申请执行其具体行政行为，应当具备"具体行政行为已经生效"的条件；第九十四条规定：在诉讼过程中，被告或者具体行政行为确定的权利人申请人民法院强制执行被诉具体行政行为，人民法院不予执行，只有在特殊情况下人民法院才可以先予执行。这也就是味着生效的行政决定一般并不具有特别紧迫性，不需要立即执行。否则立法机关就应当决定赋予行政机关强制执行权，而没有必要要求行政机关只能在行政复议和行政诉讼起诉期限届满后，才能申请人民法院强制执行。

在行政决定生效后且具有执行内容的，其执行力应当分别通过以下方式实现：一是对于行政机关作出的行政决定，在行政复议或者行政诉讼期间，要对行政管理相对人加强法制宣传和教育，敦促其自觉履行行政决定所确定的义务。凡法律、法规对行政机关授权了强制执行权力的，行政决定一经作出，在未经法定程序确认为无效前，为维护行政管理的连续性和社会管理的稳定性，就立即进入行政强制执行程序，以保证行政决定所确定的内容得以较迅速的实现。二是在行政决定经法定程序维持或撤销后，按照行政复议或行政诉讼所确定的内容最后实施执行。对行政复议或者诉讼不停止执行原则的理解，应当是：在行政复议和行政诉讼期间，相对人应当自觉履行行政决定所确定的义务；相对人不自动履行义务的，有强制执行权的行政机关可以采取行政强制执行措施，不受行政复议和行政诉讼期限的限制。没有强制执行权的行政机关可以依据《行政强制法》第四十六条第三款规定和第五十条规定通过拍卖查封扣押物品或者代履行的方式，实现行政决定的内容。复议、诉讼期间仅仅是人民法院停止对行政决定的强制执行。

（5）计算3个月申请强制执行期限的几种特殊情形。《行政强制法》第五十三条规定，当事人在法定期限内不申请行政复议或者提起行政诉讼又不履行行政决定的，没有行政强制执行权的行政机关可以自期限届满之日起3个月内，申请人民法院强制执行。这里的3个月，它的起算点是自申请行政复议期限或者提起行政诉讼的期限届满，而申请行政复议的期限一般为60日，提起行政诉讼的期限一般为3个月。但要注意的是，此处的"60日"和"3个月"的期限是可变的，而非除斥期间。

这种变化主要表现在以下几个方面：第一，法律对行政决定申请复议和提起诉讼的期限可能有特别规定。比如，《行政复议法》第九条规定："法律规定的申请期限超过60日的除外"；《行政诉讼法》第三十九条规定："法律另有规定的除外。"第二，当事人延期提出复议申请或者提起诉讼，可能存在正当理由，行政复议机关和人民法院可能在上述的"60日""3个月"的期限届满后仍然受理。《行政复议法》第九条第二款规定："因不可抗力或者其他正当理由耽误法定申请期限的，申请期限自障碍消除之日起继续计算"；《行政诉讼法》

第四十条规定："公民、法人或者其他组织因不可抗力或者其他特殊情况耽误法定期限的，在障碍消除后的 10 日内，可以申请延长期限，由人民法院决定。"第三，期限的起算点能否一律由行政决定送达之日起计算仍存在变数。通常，行政决定一经作出后即发生法律效力，但这种效力是对行政机关而言的，即行政机关不论是否送达相对人，都不得随意改变该行政决定。确需变更原行政决定的，也必须依法定的决策程序进行。但行政决定对当事人的生效只能在有效送达时才发生。只有有效送达当事人的行政决定才能正式生效，并拘束相对人。有多个相对人的，由于送达的时间不同，对不同当事人的生效日期也可能不同，当事人受到行政决定拘束的时间点也会不同。除此之外，根据我国现行对行政行为理论的理解，没有交代或者没有全面、完整、正确交代申请复议和提起行政诉讼权利的行政决定是不完整的，对其申请复议或者提起诉讼的期限也不能简单以"60 日"或者"3 个月"来确定，而应按照特别规定来确定具体的申请复议期限和提起诉讼期限。第四，期限可能会因为复议和诉讼衔接规定的不同有不同的变化。一是如果法律规定行政复议是终局的，即当事人在行政复议后不能向法院起诉的，如果当事人在 60 日内没有申请行政复议又不履行行政决定的，没有直接强制执行权的行政机关可以在当事人收到行政决定之日起 60 日后的次日起的 3 个月内申请法院强制执行。二是法律规定在提起行政诉讼前必须先行复议前置的，具体行政行为相对人不经复议不得向法院起诉。如果具体行政行为相对人在收到行政决定后，在法定期限内既不申请复议又不履行行政决定的，则行政机关可以向法院申请强制执行。三是如果法律规定当事人可以直接向法院起诉，当事人在 3 个月内没有提起行政诉讼又不履行行政决定的，行政机关可以申请法院强制执行。

需要说明的是，如果行政决定确定的相对人自动履行的期限长于申请复议或者提起行政诉讼的期限，那么行政机关就应当在自动履行期限届满后次日起的 3 个月内申请人民法院强制执行。比如，一个责令限期改正的行政决定，给予相对人限期改正的期限为 6 个月。而相对人在通常的 3 个月法定期限内既未申请复议也未提起行政诉讼。但此时行政机关仍然不能申请人民法院强制执行，因为虽然行政决定已经具有不可救济性，具有不可争力，但仍然没有强制执行力。必须等待 6 个月自动履行期限届满后，行政机关才能申请法院强制执行。

第二节　水行政法中稀缺的水行政强制措施

一、法律层面尚无水行政强制措施立法例

《行政强制法》规定的行政强制措施的种类有：限制公民人身自由；查封

场所、设施或者财物；扣押财物；冻结存款、汇款；其他行政强制措施。目前水行政管理涉及的行政强制措施仅有"扣押财物"一种，而且是由行政法规、地方法规设定的。

（1）水法律没有设定行政强制措施。在整个水法律体系中，《水法》《防洪法》《水土保持法》以及《水污染防治法》法律效力最高，涉及水行政管理相对人的权利范围也最广，都是水行政执法的主要依据。但是，四部法律均未设定行政强制措施，由于没有强有力的水行政强制措施的法律支持，水行政执法的实施相对于其他行政执法更难。

（2）水法规中较少规定行政强制措施。国务院《长江河道采砂管理条例》《江苏省人民代表大会常务委员会关于在长江江苏水域严禁非法采砂的决定》规定了"扣押非法采砂船舶"的行政强制措施，《江苏省湖泊保护条例》规定了"暂扣从事违法活动的机具"的行政强制措施。这三部法规设定的行政强制措施均是"扣押财物"。

需要指出的是，先行登记保存不属于行政强制措施。《行政处罚法》第三十七条第二款规定："行政机关在收集证据时，可以采取抽样取证的方法；在证据可能灭失或者以后难以取得的情况下，经行政机关负责人批准，可以先行登记保存，并应当在七日内及时作出处理决定，在此期间，当事人或者有关人员不得销毁或者转移证据。"这是一种证据保全措施，而不属于行政强制措施，所以其处理时限七日的规定与行政强制措施三十日的规定不一致。在水行政执法工作中要注意不要滥用先行登记保存，更不能将其变相执行为行政强制措施，先行登记保存主要针对的是证据收集与固定，意图不是对违章设施、场所、财物、资金的控制。

二、现行法规中仅有的水行政强制措施的合法性

《行政强制法》第十条第一款规定："行政强制措施由法律设定。"此处的法律狭义理解为全国人大及其常委会制定的法律。那么，上述水行政强制措施并不符合这一规定，是否无效呢？该法第十条第二款规定："尚未制定法律，且属于国务院行政管理职权事项的，行政法规可以设定除本法第九条第一项、第四项和应当由法律规定的行政强制措施以外的其他行政强制措施。"该法第十条第三款规定："尚未制定法律、行政法规，且属于地方性事务的，地方性法规可以设定本法第九条第二项、第三项的行政强制措施。"从该规定来看，目前长江河道采砂管理方面还没有制定法律，且该职权事项属于国务院行政管理的范围，湖泊保护方面也没有制定法律和行政法规，且该事项属于地方性事务，所以《长江河道采砂管理条例》中的"扣押非法采砂船舶"和《江苏省湖泊保护条例》中的"暂扣从事违法活动的机具"的行政强制措施应该符合该法

律规定。至于《江苏省人民代表大会常务委员会关于在长江江苏水域严禁非法采砂的决定》中的"扣押非法采砂船舶"，因其行政强制措施的对象、条件、种类与《长江河道采砂管理条例》中的"扣押非法采砂船舶"一致，可理解为引用了行政法规设定的行政强制措施，并非自身设定，所以也应该符合该法律规定。

三、现行水行政执法体制下水行政强制措施的实施主体缺位

（一）水政监察组织不能成为水行政强制措施实施主体

《行政强制法》第十七条第二款规定"行政强制措施由法律、法规规定的行政机关在法定职权范围内实施，行政强制措施权不得委托"。该法明确规定"行政机关"行使行政强制措施权，并且不得委托。但行使行政处罚权的，除了具有行政处罚权的行政机关外，还有法律、法规授权的具有管理公共事务职能的组织，也有"依照法律、法规或者规章的规定"，受行政机关委托的符合规定条件的组织。目前，各地水政监察大队在机构性质上多属于参照或不参照公务员管理的事业单位，受水行政机关委托行使行政处罚权，但却不能行使行政强制措施权，这就使得水行政强制措施权在行使上可能会遇到操作层面的问题。因为，在具体执法实践过程中，行政强制措施权的行使往往是在具体行政执法中来操作，如果处罚权与行政强制措施权相分离，执法往往会出现尴尬局面。

（二）行使扣押财物强制措施权的规则

《行政强制法》确立了行政强制和实施的法定原则、适当原则、坚持教育与强制相结合原则、不得为单位和个人谋利原则、赔偿救济原则、突发事件例外原则，并在第十八条就实施程序作出了十项规定。在《行政强制法》实施后，应重点把握以下几点：

（1）水行政强制措施权只能由水行政机关来行使，水行政强制措施应当由水行政机关具备资格的行政执法人员实施，其他人员不得实施。因此，"事业单位"性质的水政监察大队及其他组织机构无权行使这一权利，其执法人员也不得实施行政强制措施。在水行政机关没有相应能够行使查封、扣押等行政强制措施的执法人员队伍的情况下，必然会造成执法困难的不良局面。

（2）目前水行政主管部门的行政强制措施权仅涉及"扣押财物"，在没有新的法律法规规定之前，不能再采用其他强制措施。

（3）实施水行政强制措施前须向水行政机关负责人报告并经批准，紧急情况下应在 24 小时内向水行政机关负责人报告，并补办批准手续。

（4）在扣押相关执法文书上应注明"申请行政复议或者提起行政诉讼的途径和期限"。目前安徽省的水行政执法文书中已设有此项固定的内容，注意填

写完备。扣押的内容一定要在现场检查笔录中体现。

（5）要注意扣押的期限。《行政强制法》第二十五条规定了查封、扣押的期限不得超过三十日，情况复杂的，经行政机关负责人批准可最多延长三十日。延长查封、扣押的决定应当及时书面告知当事人，并说明理由。要求执法机关对查封、扣押的场所、设施或者财物，必须在六十日内作出处理决定。对于需要对物品进行检测、检验、检疫或者技术鉴定的，查封、扣押的期间不包括检测、检验、检疫或者技术鉴定的期间，但检测、检验、检疫或者技术鉴定的期间应当明确，并书面告知当事人。

（6）对于涉嫌犯罪需移送公安机关侦办的案件，一定要将查封、扣押的财物一并移送，并书面告知当事人。这也是新规定，需要在工作实践中补充执法文书。

第三节　支撑水治理的水行政强制执行：代履行

一、代履行的法定实施程序

代履行是有权行政机关实施行政强制执行的方式之一，《行政强制法》设一节内容予以规定。第一，行政机关依法作出要求当事人履行排除妨碍、恢复原状等义务的行政决定，当事人逾期不履行，经催告仍不履行，其后果已经或者将危害交通安全、造成环境污染或者破坏自然资源的，行政机关可以代履行，或者委托没有利害关系的第三人代履行。第二，代履行应当遵守下列规定：（一）代履行前送达决定书，代履行决定书应当载明当事人的姓名或者名称、地址，代履行的理由和依据、方式和时间、标的、费用预算以及代履行人；（二）代履行三日前，催告当事人履行，当事人履行的，停止代履行；（三）代履行时，作出决定的行政机关应当派员到场监督；（四）代履行完毕，行政机关到场监督的工作人员、代履行人和当事人或者见证人应当在执行文书上签名或者盖章。此外，代履行的费用按照成本合理确定，由当事人承担。但是，法律另有规定的除外。代履行不得采用暴力、胁迫以及其他非法方式。第三，需要立即清除道路、河道、航道或者公共场所的障碍物或者污染物，当事人不能清除的，行政机关可以决定立即实施代履行；当事人不在场的，行政机关应当在事后立即通知当事人，并依法作出处理。

二、以强制执行水行政命令为目标：水法中代履行的特点

如前所述，广义的水法包括《水法》《防洪法》《水土保持法》等涉水法律法规。依据《行政强制法》第十二条规定的行政强制执行的方式种类划分，水

行政强制执行的方式没有一部专门的法律规定，散见于各个水法律法规和规章，主要有代履行，加处罚款或者滞纳金以及排除妨碍、恢复原状三种行政强制执行方式。水法中关于代履行的规定主要如下（仅选取部分内容）。

《水法》第六十五条规定，在河道管理范围内建设妨碍行洪的建筑物、构筑物，或者从事影响河势稳定、危害河岸堤防安全和其他妨碍河道行洪的活动的，由县级以上人民政府水行政主管部门或者流域管理机构依据职权，责令停止违法行为，限期拆除违法建筑物、构筑物，恢复原状；逾期不拆除、不恢复原状的，强行拆除，所需费用由违法单位或者个人负担，并处一万元以上十万元以下的罚款。未经水行政主管部门或者流域管理机构同意，擅自修建水工程，或者建设桥梁、码头和其他拦河、跨河、临河建筑物、构筑物，铺设跨河管道、电缆，且防洪法未作规定的，由县级以上人民政府水行政主管部门或者流域管理机构依据职权，责令停止违法行为，限期补办有关手续；逾期不补办或者补办未被批准的，责令限期拆除违法建筑物、构筑物；逾期不拆除的，强行拆除，所需费用由违法单位或者个人负担，并处一万元以上十万元以下的罚款。第六十七条规定，在饮用水水源保护区内设置排污口的，由县级以上地方人民政府责令限期拆除、恢复原状；逾期不拆除、不恢复原状的，强行拆除、恢复原状，并处五万元以上十万元以下的罚款。

《防洪法》第五十七条规定，违反本法围海造地、围湖造地、围垦河道的，责令停止违法行为，恢复原状或者采取其他补救措施，可以处五万元以下的罚款；既不恢复原状也不采取其他补救措施的，代为恢复原状或者采取其他补救措施，所需费用由违法者承担。第五十八条规定，未经水行政主管部门对其工程建设方案审查同意或者未按照有关水行政主管部门审查批准的位置、界限，在河道、湖泊管理范围内从事工程设施建设活动的，责令停止违法行为，补办审查同意或者审查批准手续；工程设施建设严重影响防洪的，责令限期拆除，逾期不拆除的，强行拆除，所需费用由建设单位承担；影响行洪但尚可采取补救措施的，责令限期采取补救措施，可以处一万元以上十万元以下的罚款。

《水土保持法》第五十五条规定，违反本法在水土保持方案确定的专门存放地以外的区域倾倒砂、石、土、矸石、尾矿、废渣等的，由县级以上地方人民政府水行政主管部门责令停止违法行为，限期清理，按照倾倒数量处每立方米十元以上二十元以下的罚款；逾期仍不清理的，县级以上地方人民政府水行政主管部门可以指定有清理能力的单位代为清理，所需费用由违法行为人承担。第五十六条规定，违反本法开办生产建设项目或者从事其他生产建设活动造成水土流失，不进行治理的，由县级以上人民政府水行政主管部门责令限期治理；逾期仍不治理的，县级以上人民政府水行政主管部门可以指定有治理能力的单位代为治理，所需费用由违法行为人承担。

此外，《取水许可与水资源费征收管理条例》第四十九条规定，未取得取水申请批准文件擅自建设取水工程或者设施的，责令停止违法行为，限期补办有关手续；逾期不补办或者补办未被批准的，责令限期拆除或者封闭其取水工程或者设施；逾期不拆除或者不封闭其取水工程或者设施的，由县级以上地方人民政府水行政主管部门或者流域管理机构组织拆除或者封闭，所需费用由违法行为人承担，可以处5万元以下罚款。《河道管理条例》第三十六条规定，对河道管理范围内的阻水障碍物，按照"谁设障，谁清除"的原则，由河道主管机关提出清障计划和实施方案，由防汛指挥部责令设障者在规定的期限内清除。逾期不清除的，由防汛指挥部组织强行清除，并由设障者负担全部清障费用。《抗旱条例》第六十条规定，违反本条例规定，水库、水电站、拦河闸坝等工程的管理单位以及其他经营工程设施的经营者拒不服从统一调度和指挥的，由县级以上人民政府水行政主管部门或者流域管理机构责令改正，给予警告；拒不改正的，强制执行，处1万元以上5万元以下的罚款，等等。

从这些规定中可以看到如下特点：

（1）水法中代履行主要是对水行政命令的强制执行，违法行为人对责令改正或责令限期改正决定中的义务不履行，即启动了代履行程序。例如《水法》第六十五条第一款规定的"强行拆除"，和它前面规定的"限期拆除违法建筑物、构筑物，恢复原状"这一行政命令相伴随，属于行政强制执行，由于该法授权可由水行政机关行使，因而这里的"强行拆除"就是代履行。行政命令意味着必须令行禁止，必须得遵守和实现。行政相对人违反行政命令，行政主体可依法对其进行制裁，有时也可以采取行政强制执行。因此，行政命令的作出往往会成为行政制裁或者行政强制执行的原因或根据，而行政强制制裁或者行政强制执行往往成为行政命令的形成效力得以最终实现的后续保障。从《水法》第六十五条第一款来看，县级以上人民政府水行政主管部门或者流域管理机构依据职权，"责令停止违法行为，限期拆除违法建筑物、构筑物，恢复原状"是水行政机关对行政相对人设定作为和不作为义务的行政命令，当这个行政命令不被遵守，也就是行政相对人"逾期不拆除、不恢复原状"时，水行政执法主体可以采取"强行拆除"的行政强制执行和"并处一万元以上十万元以下的罚款"的行政制裁。

（2）代履行与行政罚款在一个法条里同时指向同一个违法行为，对此违法行为的处理，代履行是必须实施的行为，即羁束行政行为，而罚款处罚则可能是自由裁量行为。例如，《防洪法》第五十七条、《取水许可与水资源费征收管理条例》第四十九条均做了这样的规定。

（3）在这些法律文件中，对同样是代履行的行为的表述方式存在较大差异。这不单是立法技术问题，更重要的是反映了民主法制理念的不断强化。共运用多种表述方式，《水法》第六十五条、第六十七条均表述为"强行拆除"；《防洪法》第五十七条规定为"代为恢复原状或者采取其他补救措施"，第五十八条规定为"强行拆除"；《水土保持法》第五十五条、第五十六条均规定为"县级以上人民政府水行政主管部门可以指定有治理能力的单位代为治理"。《取水许可与水资源费征收管理条例》第四十九条规定为"由县级以上地方人民政府水行政主管部门或者流域管理机构组织拆除或者封闭"。《河道管理条例》第三十六条规定"由防汛指挥部组织强行清除"。《抗旱条例》第六十条规定为"拒不改正的，强制执行"。总的规律是制定较早的法规用的是"强制拆除"，制定较晚的法规则更倾向于用"代为"表述。

（4）以上法条均明确了水行政强制执行主体。《行政强制法》第十三条规定："行政强制执行由法律设定。法律没有规定行政机关强制执行的，作出行政决定的行政机关应当申请人民法院强制执行。"因此，行政强制执行继续实行法院司法执行和行政机关自行执行的双轨制，主体为两类：一类是由行政机关依照法律、法规的授权对行政相对方直接采取强制执行措施；另一类是由行政机关向人民法院提出强制执行申请，由人民法院执行。这里的行政机关包括：水行政主管部门、县级以上地方人民政府或其防汛指挥机构。行政强制执行权不得委托，有执行权的行政机关和法院可以在必要的情况之下委托他人实施相关的执行行为。

（5）法规、规章规定的水行政强制执行方式的合法性。《行政强制法》第十三条规定："行政强制执行由法律设定。法律没有规定行政机关强制执行的，作出行政决定的行政机关应当申请人民法院强制执行。"那么，法规、规章规定的上述水行政强制执行方式是否一律无效呢？我们认为应区别对待：法规、规章规定的水行政强制执行的对象、条件、种类没有超出法律设定的行政强制执行规定的范围，视为该法规、规章引用了法律设定的行政强制执行，并非自身设定，应该具有合法性；法律没有设定或者法律虽然有设定，但法规、规章规定的水行政强制执行的对象、条件、种类超出该法律设定的行政强制执行规定的范围，视为该法规、规章设定了水行政强制执行，不符合《行政强制法》的规定，就不具有合法性。例如，《中华人民共和国河道管理条例》第三十六条规定的"代履行"就是引用了《防洪法》第四十二条的规定，应具有合法性；再如，《长江河道采砂管理条例》第二十二条规定的"按日加收 3％的滞纳金"没有法律设定，不具有合法性。

三、符合水治理客观需求的行政强制执行期限

在河道管理范围内违法建筑、在水库湖泊内筑坝、拦河等水事违法案件频频发生，水行政执法过程中遇到的突出问题主要是行政处理时间较长，到申请

法院强制执行时，需要 3 个多月的时间，在此时间内，违法者大多数未停止违法行为，且采取昼伏夜出等方式逃避监管，到执行阶段时往往违法建筑已经形成，直接导致了执法成本高、相对人抵触激烈等问题。

（一）"限期拆除违法建筑物"中的"限期"

《水法》《防洪法》等法律法规中，对于有关水事违法案件的处理，规定了"限期拆除""责令限期拆除"等，但都没有规定限期的时间。我们在行政执法实践中，在作出责令停止违法行为的决定书以及下达行政处罚决定时，往往作出限期 10 日或 5 日等规定，但逾期后往往不能直接进行实施强制执行，严重影响水行政执法的效果，因此如何在法律法规没有规定限期的时间情况下，制定拆除期限则显得尤为重要。

（二）与强制执行直接相关的期限规定

《行政复议法》第九条规定"公民、法人或者其他组织认为具体行政行为侵犯其合法权益的，可以自知道该具体行政行为之日起六十日内提出行政复议申请"。《行政诉讼法》第六十六条规定"公民、法人或其他组织对具体行政行为在法定期限内不提起诉讼又不履行的，行政机关可以申请人民法院强制执行"。最高人民法院《关于执行行政诉讼法若干问题的解释》第八十八条规定"行政机关申请人民法院强制执行其具体行政行为，应当自被执行人的法定起诉期限届满之日起 180 日内提出，逾期申请的，除有正当理由外，人民法院不予受理"。由于水行政主管部门是依法履行法律法规赋予的强制执行权，因此，在实行行政强制执行时，也应参照人民法院强制执行的时间和要求，即强制执行的启动时间是"被执行人的法定起诉期限届满之日"。

（三）水行政执法中对"限期"的处理思路

通过对上述几个法律概念的理解，可以解决限期的时间和水行政强制执行等问题。行政机关在作出该类行政处罚决定，且处罚决定中有并处罚款等内容时，应当在处罚决定书中明确责令限期拆除的期限，可以设定限期在 3 个月内自行拆除。这样就使得与一般处罚申请强制执行的法定起诉期限相吻合，也符合《行政复议法》《行政诉讼法》和最高人民法院《关于执行行政诉讼法若干问题的解释》的规定，从而解决了拆除这一特别规定与罚款等一般规定申请执行期间不一致的矛盾。对于河道堤防管理范围内的违法建设，因其社会影响较大，水利部门如不依法尽快处理，会导致"狼群效应"，即违法参与者越来越多，处理难度不断加大。因此在《水法》《防洪法》对"限期拆除"的期限未做特别规定的情况下，为了及时制止违法行为、减少违法损失、降低执法成本和提高执法效率，在处理此类案件时，水行政主管部门应当根据《防洪法》，可只作出限期拆除的决定书（如在主汛期可直接由防汛指挥机构直接下达清障令），不再并处罚款。限期的时间以 15 日为宜。时间到期后，就可按照相应的强制执行方式开展执法活动。这样既增强了法律条款的可操作性，又达到了维护水法规尊严的目的。

四、水行政强制拆除实践中的经验与执法技巧

坚持教育与处罚相结合的原则，做到教育先行，尽量让当事人自行拆除违法建筑。广泛、深入地宣传《水法》《防洪法》等水法律法规，并有针对性地指出该违法行为的危害及可能引起的严重后果，以情动人、以法感人，起到教育、感化的作用，达到敦促当事人自觉拆除违法建筑物、构筑物的目的。教育与处罚相结合的原则作为行政处罚的一项基本原则，它要求水行政执法人员要做好水法律法规的宣传教育工作，营造全社会学习《水法》、宣传《水法》、遵守《水法》的氛围；在实施具体的水行政处罚时，要加强对受罚人的法制教育，使其知道自己行为的违法性和应受的惩罚，责令其自行拆除违法建筑；在水行政执法人员作了大量细致的说服教育工作而受罚人在规定的期限内仍未自行拆除的情况下，可以以法定程序，在尽量减少受罚人财产损失的前提下组织强行拆。

针对水事违法个案的不同特点，制定周密的强行拆除方案。水行政机关在制订强行拆除方案时要注意：一是实体上的必要性。即当事人所实施的行为必须确实违反了水法律、法规的规定，必须予以拆除。二是程序上的合法性。程序合法贯穿于水行政执法的始终，在对违法的建筑实施强行拆除时，要严格履行必要的法律手续，做到无懈可击。三是手段上的灵活性。由于目前实施强行拆除还没有严格的程序规定，加之水行政机关没有对人身的强制权和必要的强制手段，因此实施强行拆除时必须选择有利时机避免正面冲突，尽量减少当事人的损失。四是对象上的区别性。对于法人、社团或其他组织实施的违法行为，要向其上级主管部门说明情况，争取他们的理解和支持；对于公民个人实施的违法行为，要争取其周边群众的声援和支持。

正确把握当事人的违法事实。针对"在河道管理范围内建设妨碍行洪的建筑物、构筑物，或者从事影响河势稳定、危害河岸堤防安全和其他妨碍河道行洪的活动"，进行细致、严谨的调查取证。必须查明违法事实及危害后果，可能的情况下，还需要对危害后果进行定量测算和定性评价两方面调查。核心目的是对该行为进行案件定性，即究竟是否构成水事违法案件。本阶段工作成果为：最终形成具有高度说服力的行政证据体系，证据之间互为补充，互为印证，互为支持，有完整的证据链条，能够充分证明违法事实。对某些违反《水法》的行为，实施强行拆除措施是法律赋予水行政机关在特定的条件下行使的行政职能，并且与其他的行政处罚不一样，它不需要经过行政复议、行政诉讼等司法救济途径即可达到行政处罚的目的。因此，水行政机关在采取强行拆除

这一手段时，要特别注意查明当事人的违法事实和证据，准确运用法律规定，严格遵守处理程序，否则要承担赔偿的责任。

出示的法定文书齐全，确保见证人到位。强制拆除实施前，执法人员应当向义务人出示身份证件、行政处罚决定书和强制拆除通知书，并说明有关情况；应当履行义务的公民、法人或其他组织的法定代表人不在场时，执法人员应邀请公民的亲属、该单位的工作人员，也可以邀请当地派出所或居委会的同志到场作为执行见证人。见证人有证明执行情况和在有关记录文件上签字的义务。需要有关单位协助执行的，可以依法申请有关单位予以协助。

争取相关部门的支持、配合。强制拆除实施中，邀请公安、城管等部门协同配合，依法排除妨碍。依靠"三法"和加强"借用"力量的联络。水行政机关对某些违法建筑物、构筑物实施强行拆除措施是法律赋予的行政职权，但法律并没有赋予水行政机关对拒不履行"强行拆除"处罚的强制执行权。因此，强行拆除措施的实施在目前还是有相当大的难度。这就要求各级水行政机关既要严格执法，又要善于执法，通过向当地立法机关的人大常委会、地方人民政府的法制工作机构、人民法院（即"三法"）汇报等办法取得他们的支持以及当地县乡（镇）人民政府、村民委员会、公安机关和新闻媒体的配合，达到既保护水行政执法人员的人身安全，也壮大水行政执法的声威的目的。

违法单位或个人应当承担强行拆除违法建筑物、构筑物的费用计算。首先，水行政主管部门需要核算强制执行的全部费用：一是强制执行的直接费用，如租赁作业工具、机械等所付出的直接开支；二是强制执行的间接费用，如由于封锁航运、交通管制等造成的间接损失；三是行政工作成本，如出动水政监察人员、公安警员的开支。三者要准确计算。一般情况下，水行政主管部门只能责令当事人负担第一部分，即强制执行的直接费用。行政工作成本应该从行政机关执法经费中列支，如果还有间接费用，应建议损失方以"违法单位或者个人"为被告，向人民法院提起民事诉讼（水行政主管部门可以作为证人出庭作证）。其次，水行政主管部门向当事人送达书面的法律文书，要求当事人限期缴纳至指定地点或账户。如果当事人没有按期缴纳执行费用，又没有说明理由，水行政主管部门可申请人民法院执行。本阶段工作成果为：形成强制执行费用构成清单、限期缴纳执行费用通知书。水行政机关实施强行拆除措施发生的所有费用即为法律上规定由违法单位或个人应当负担的费用，包括执法人员的误餐费，强行拆除的时间（含途中）超过3小时的按半天计，超过6小时的按全天计，其标准按当地财政部门规定的误餐费或差旅费；由于某些拆除工作需要特殊工种的人员，其雇用人员的工资、补贴等；执法车辆及其他机械动力的燃油费，过路、过桥（渡）费；拆除时必需的铲车、推土机等机械的租赁费；其他不可预见性的费用。

第四节　防汛中的强制转移权

一、防汛法规对强制转移权的规定

汛期相对于平日是一种非常状态。在防汛过程中，如何在人身自由和公共安全之间、在突发事件处置和平常秩序维护之间寻求平衡，不断考验着政府的处置能力和法律技艺。这种考验也在催生对有关行政措施的需求，促成相关的制度创设活动。在《水法》《防洪法》《防汛条例》等涉及防汛的法律法规颁布实施后，浙江省于2007年4月颁布实施《浙江省防汛防台抗旱条例》（以下简称条例）。条例第三十条第四款规定："在可能发生直接危及人身安全的洪水、台风和山体崩塌、滑坡、泥石流等地质灾害或者政府决定采取分洪泄洪措施等紧急情况时，组织转移的政府及有关部门可以对经劝导仍拒绝转移的人员实施强制转移。"该款规定为相应的政府及部门设定了"强制转移权"。此前，浙江省有关行政机关在防汛过程中实施的强制转移措施不断引发争议形成诉讼。由于其实施没有法律依据，因此往往败诉。那么，强制转移权的设定是否意味着这一问题已经得到有效解决？进一步而言，强制转移权设定本身是否经得起检视？归根结底，到底应当如何看待有关行政措施和人身自由的关系？这些问题都需要作出回答。

二、强制转移权设定的形式合法性

强制转移措施涉及公民的人身自由。它实质上是在紧急危险的情况下由行政主体所采取的对相对人人身实施暂时性控制的措施，是一种限制人身自由的强制措施。我国《宪法》第三十七条第一款规定："中华人民共和国公民的人身自由不受侵犯"。它清晰地表明人身自由属于公民基本权利，受到我国宪法的保护。因此，这一措施的设定必须符合形式合法性的要求。

（一）强制转移权的设定属于法律保留事项

强制转移是一种限制人身自由的强制措施，因此其权力的设定必须符合法律的规定。我国《立法法》对此作出了明确的规定。在该法第八条限定的只能制定法律的各项立法事项中，第（五）项就将"限制人身自由的强制措施和处罚"列入其中。可以看出，任何对公民人身自由进行限制的强制措施和处罚的设定都属于全国人大及其常委会的专属立法事项。法律以下的任何法规范都不得对这一权力进行设定。

条例文本中明确记载，条例于2007年3月由浙江省第十届人民代表大会常务委员会第三十一次会议通过。很显然，条例属于地方性法规。其对强制转移权的设定侵入了全国人大及其常委会的专属立法权范围。

（二）强制转移权的设定不属于地方性法规的立法事项

《立法法》第六十四条规定了地方性法规可以作出规定的事项，包括：①为执行法律、行政法规的规定，需要根据本行政区域的实际情况做具体规定的事项；②地方性事务中需要制定地方性法规的事项；③在全国人大及其常委会专属立法权之外，中央尚未立法的事项。因此，作为地方性法规的条例只能就其权限范围内的事项进行立法。而条例中强制转移权的设定并不属于其权限范围内的事项。首先，强制转移权的设定不是法律、行政法规的执行性规定。条例第一条明确指出其制定根据是《水法》《防洪法》《防汛条例》等法律、行政法规。其中，《水法》《防洪法》属于法律。因此，如果其对强制转移权进行了设定，浙江省可以根据本行政区域的实际情况和需要作出执行性、具体化的规定。通过查阅《水法》《防洪法》《防汛条例》文本，并没有发现关于强制转移权设定的规定。因此，在有关上位法并未设定强制转移权的情况下，条例不存在就此进行执行性、具体化规定的可能。其次，强制转移权的设定不属于地方性事务。"地方性事务是与全国性的事务相对应的具有地方特色的事务，一般来说，不需要或在可预见的时期内不需要由全国制定法律行政法规来作出统一规定。例如，烟花爆竹燃放管理和风景名胜区管理等。"现在看来，我们很难认可防汛等事务是具有地方特色的事务，也很难认同防汛等事务属于不需要由全国制定法律、行政法规来作出统一规定的事务。《防洪法》《防汛条例》的制定和颁布实施就在事实上确认了这一点。何况，强制转移权的设定涉及了人身自由，对公民基本权利的限制显然不是地方性法规有权做出规定的事。

最后，强制转移权的设定不属于地方可先行规定的事项。"最高国家权力机关的专属立法权，是地方性法规的'禁区'，无论国家是否制定法律，地方都不能作出规定，否则地方性法规就是越权，是无效的。"只有在法律保留的范围之外，地方性法规才可以作出先行规定。强制转移权的设定属于《立法法》第八条规定的立法事项，即使全国人大及其常委会没有作出规定，浙江省人大常委会以及任何地方性法规制定主体也不能对其进行先行规定。

（三）强制转移权的设定没有也不可能得到授权

条例并没有表明其制定得到了全国人大及其常委会的授权。实际上，关于强制转移权的设定，包括浙江省人大常委会在内的地方性法规制定主体也不可能得到授权。

根据《立法法》第九条的规定，该法第八条规定的事项尚未制定法律的，全国人大及其常委会有权作出决定，授权国务院可以根据实际需要，对其中的部分事项先制定行政法规，但是有关犯罪和刑罚对公民政治权利的剥夺、限制人身自由的强制措施和处罚、司法制度等事项除外。从该条规定来看，一方面，授权的对象只能是国务院；另一方面，授权的事项只能是第八条中相对保留的事项。而强制转移权的设定作为限制人身自由的强制措施属于绝对保留事项，即使国务院也不可能得到授权。因此，浙江省人大常委会不可能就该事项获得授权进行立法，事实上也没有得到任何授权。

由此可见，以《立法法》关于法律保留的规定来分析强制转移权的设定，存在着无法忽视的形式合法性瑕疵。《立法法》关于地方性法规立法权限的规定和授权立法的规定也能够提供相应的佐证。

三、强制转移权设定的实质合法性

除了形式合法性的要求之外，对公民基本权利的限制还必须符合包含合目的性、必要性和平衡性在内的比例原则的要求。该原则的实质性内容在国务院《全面推进依法行政实施纲要》"依法行政的基本要求"中的"合理行政"部分有清晰、明确的体现。司法实践中，也出现了适用这一原则进行判决的案例。其后，有学者对这一判决中比例原则的运用作出了评析。也有学者运用这一原则对其他事件进行了评析。比例原则逐渐得到了越来越广泛的认同和接受。

行政权的行使需要遵循比例原则，行政权的设定也应当遵循这一原则。后者是宪法意义上的比例原则，它要求立法者只有在公共利益所必要的范围内才能设定对公民基本权利的限制。因此，立法目的上有无立法的必要，个案情形中限制公民基本权利的法律及其限度是否过度侵犯公民的权利，都可以援引这一原则作为检验立法是否违宪的标准。

（一）强制转移权设定的合目的性

合目的性原则又称为适当性原则或妥当性原则，即所采取的行政措施应至少有助于行政目标或任务的实现。对拒绝转移的群众进行强制转移，与通常情形下限制公民人身自由以维护公共秩序、保障公共安全在形式上存在一定差别。例如，抗 SARS 和防控甲型 H1N1 流感期间实施强制隔离措施，其目的在于通过限制个人人身自由以防止疾病的传染和流行。此时，行政上的目的与被隔离的个人在利益取向上并不必然一致，甚至存在直接的冲突。为了维护公共秩序、保障公共安全，不得不采取强制措施，对人身自由进行限制。而汛期拒绝转移的个人在形式上不危害公共秩序和公共安全，也并不违法，但是处于危险之中的公众的安全在实质上也构成一种公共安全，行政机关对此负有维护的法定职责。因此，设定强制转移权赋予有关行政机关限制人身自由的权力以采取必要的强制转移措施符合立法和行政上的目的。

（二）强制转移权设定的必要性

必要性原则又称为最小侵害原则，它的内涵可以用"割鸡焉用牛刀"或著名行政法学者弗莱纳（Fleier）的名言"勿以炮击雀"加以精确呈现。它要求为达到相同的目的，在可供选择的手段中采取对相对人权益侵害最小的手段。这就要求细心搜求所有可以达到行政目的的手段，在此基础上进行精确比对并作出审慎决定。

强制转移权设定的目的在于保障相对人生命健康安全，维护公共安全。因此，有关行政机关对拒绝转移的相对人采取限制人身自由的手段时，必须证明其采取的这一手段是在所有可能采取的各种手段中对相对人侵害最小的，即强制转移措施应当具有必要性。

根据人类趋利避害的本能，在重大危险来临时，除非已经准备赴死，否则一个有通常理智的人一定会选择转移，因而无需强制。此时需要的是及时有效的救助措施。不愿意转移的情形通常发生在对危险来临的确定性、危险的程度和危险可能损及利益的重要性有不同认知的情况下。考虑到相对人有可能对有关紧急情况的信息没有准确、充分了解，从而无法作出正确的个人决定，因此行政机关必须对有关信息进行充分披露和解释。绝大部分人可能基于这一信息而接受实施转移的行政指导，作出转移的决定，因此也无需强制。应当相信相对人作为完全行为能力人在得到行政机关提供的充分信息之后能够作出最有利于自身的判断。行政机关在充分公开信息、实施行政指导和提供必要的救助措施后，通常并不需要过分扩张以进入个人自主决策的领域。也不需要采取对相对人人身权利产生实质限制的手段。只有在上述手段无法奏效后，为了有效保障相对人的人身安全，才可以实施限制人身自由的措施。条例规定，在发生有关自然灾害和紧急情况时，对经劝导仍拒绝转移的相对人可以实施强制转移。当拒绝转移的相对人经过劝导仍然坚持拒绝转移时，可供行政机关选择的有效手段已经极为有限，实施限制人身自由的强制措施成为一种无奈之举。在这种紧急情况下，对有关相对人实施行政应急强制措施具有必要性。

（三）强制转移权设定的平衡性

平衡性原则又称为法益相称性原则、狭义比例原则或过度禁止原则。它要求对采取措施本身所克减的权益与实现目的后所增益的权益进行衡量，只有在经过衡量后认为后者是性质上更重要的权益或者数量上更大的权益，即有助于实现更重大的权益时，有关措施才是值得和应当采取的。也就是说，不可以"杀鸡取卵"。

与 SARS 爆发期间人们往往出于对公共安全的考虑自愿同意和接受隔离不同，防汛期间相对人的坚决拒绝转移，使得强制转移权的正当性有时会受到质疑。行政机关迫不得已强行进入通常由个人自主决策的领域，对相对人的人身自由进行适当的限制以保障其生命健康权。如果拒绝转移的相对人并不存心放弃生命，那么手段的采取在客观上符合其意愿。如果拒绝转移相对人存心放弃生命，则可由基本人权不可放弃推导出紧急情况下运用该强制措施的正当性。当然也有比较极端的观点认为，当相对人不是存心拒绝救助以放弃生命时，限制其人身自由以保护其人身安全是一种典型的法律家长主义。甚至只要相对人在能够自主决策的情况下选择放弃生命，也不得对其实施干预措施。实际上，在紧急情况下实施强制转移措施时确实涉及一对存在冲突的权利，即生命健康权和人身自由权。为了保障生命健康权，对人身自由权进行适度有限和有期限的克减，符合平衡性原则。可见，以比例原则加以审视，强制转移权的设定具有合目的性、必要性和平衡性，其在实质合法性方面并无明显瑕疵。

四、形式合法性与实质合法性的整合

（一）不可扼杀地方产生制度创设和立法冲动的积极性

从《立法法》关于法律保留的规定和地方性法规立法权限的规定来看，强制转移权设定在形式合法性方面存在着难以回避也尚未得到修复的瑕疵；以合目的性、必要性和平衡性等比例原则的基本要求来对照，强制转移权设定在实质合法性方面又似乎经得起细细的推敲。高位阶实定法的规定与现实需求的不同指向使决策者处于两难境地，甚至动辄得咎。这显然是一幅纠结的图景。

作为台风灾害影响频繁、强度明显逐年增强的省份，浙江省面临着防汛的巨大压力。与此同时，"问责制"对地方政府提出了更高的要求，其必须在灾害防治上实现更好的效果，尤其是要尽全力避免重大的人员伤亡。而避免伤亡的主要办法则是迅速转移高危地区的人员。因此，近年来，浙江转移人员规模日益扩大，仅2006年"桑美"来袭时，转移人数就高达百万人。2009年"莫拉克"来袭之际，转移人数也一定不在少数。既然及时转移是一种主要的有效措施，它就必然会被采用，在实践中也很可能出现转移时间更早、范围更大和频率更高的倾向。相应地，诉讼一定会逐渐增多，败诉风险也必然存在。在这一背景下，地方必然会产生难以抑制也合情合理的制度创设和立法冲动。

面对客观需求，地方机关试图通过对强制转移权的设定从而使行政机关的强制转移行为获得法规范上的依据。但是，动机的合理正当并不能够必然证成措施的合法。统合和超越形式法治和实质法治已成为法治发展的方向。形式合法性不能回避实质合法性的追问，实质合法性也不能无视形式合法性的基本要求。任何有所偏废的做法最终都可能对法治造成严重的伤害，进而对人民的权益和社会的发展造成损害。因此，必须对二者进行有机的整合。

（二）以立法领域中央和地方的有效互动实现整合

如要修复强制转移权设定所存在的明显瑕疵，修订有关法律文本是最有效的方式。但是，这不是浙江省可以决定的。这一议题的走向取决于全国人大及其常委会的认知和态度。在我国目前的立法体制下，地方的立法需求能否和如何得到法律制度框架内的表达和实现机会是首先需要关注的一个重要问题。

省级地方可以在参加一年一度的全国人大会议时以代表团或者三十名以上代表联名的形式向全国人民代表大会提出修订有关法律的议案，主要根据是我国《立法法》第十三条关于代表团和代表联名提出法律案的规定，以及第五十三条关于法律的修改适用立法程序的规定。但是，能否被列入会议议程则由主席团决定。由于全国人大会议任务繁重，会议频率较低和会期较短，因此地方的立法需求能否被列入会议议程具有较大的不确定性。但是，这确实是《立法法》为地方表达立法需求所设置的制度通道，应当加以善用。《立法法》关于全国人大常委会立法程序的规定未赋予地方提出法律案和修改议案的权力。因此，地方也许只能通过立法游说，向有权向全国人大常委会提出法律案的主体，如国务院、全国人大专门委员会和常务委员会组成人员等提出请求，通过其提出修改法律的议案。

强制转移是否是一种保护性约束措施，《突发事件应对法》的有关规定，即第十一条关于应对突发事件的措施与突发事件可能造成的社会危害的性质程度和范围相适应以及有多种措施可供选择时，应选择有利于最大程度地保护相对人权益的措施的规定，以及第四十九条关于政府在突发事件应急处置中应当采取防范性、保护性措施的规定能否为强制转移提供合法性资源，似乎可提供思考的路径。但是，对这些规定的解释同样不是地方立法和行政机关能够自行决定的。但浙江省人大常委会可以根据《立法法》第四十三条的规定，向全国人大常委会提出法律解释要求，也可以向其法制工作委员会提出询问，请求答复。全国人大常委会的解释和其法制工作委员会的答复决定着上述尝试能否由可能变为现实。此外，司法机关在有关案件审理和判决中如何对上述规定加以适用也值得关注和期待。基于正常秩序而形成的法律规范——例如《立法法》上关于法律保留的规定，在面对突发事件和紧急情况——例如防汛时，是否有可能表现出一定的伸缩空间？但是，从二战后德国、日本等国法治发展的趋势来看，对基本权利的限制适用法律保留原则似乎很难有所松动。

地方分别拥有提出修改法律的议案和提出法律解释要求以表达其立法需求的制度通道，似乎可以通过修订法律或解释法律的有效手段以整合有关限制人身自由措施形式合法性和实质合法性。这一通道在当下还显得较为逼仄。但是，正如鲁迅先生所说，世上本没有路，走的人多了也就成了路。当然，这条通道能否成为法治的康庄大道最终还是取决于全国人大及其常委会。这就对全国人大及其常委会提出了更高的工作要求，要求其切实体察和积极回应地方的立法需求，化解其制度创设和立法冲动。由此在立法领域形成中央和地方的有效互动，在包括突发事件应对处置在内的行政事务中实现实质法治，这是一种经由形式法治的实质法治。

第十一章

水事纠纷处理中的内部行政行为

　　防治水害和开发水利是人类社会改造自然的伟大实践。由于水利事业涉及面广，在水资源开发利用中，上下游、左右岸之间以及防洪、治涝、灌溉、排水、供水、水运、水能利用、水环境保护等各项涉水事业之间，往往存在着不同的要求和需要，存在着相互作用、错综复杂的利害关系。这些水事利害关系如果处理不得当，就会引起水事纠纷。随着人口的增长和经济社会的快速发展，我国的水资源状况发生了重大变化。水资源短缺的矛盾已经充分暴露出来，在某些地区已经成为严重阻碍经济发展的主要问题。同时，日趋严重的水污染不仅破坏了生态环境，而且进一步加剧了本来就十分严重的水资源短缺矛盾，引发水事纠纷的因素发生了新的变化：20 世纪 80 年代以前，主要是平原地区排涝纠纷，主要影响农业生产；20 世纪 80 年代以后，随着经济的发展和人口的增长，由排水矛盾造成的水事纠纷呈下降趋势，而由争水、争地、水污染、水资源开发利用等矛盾造成的水事纠纷逐年上升，其影响已经扩展到社会生活的各个方面。随着经济社会的快速发展，利益格局深刻调整，利益主体多元化，利益关系复杂化，水事纠纷呈多发趋势，严重的水资源缺乏，使水事纠纷呈现出涉及面更广、矛盾更复杂的特点。要进一步增强政治敏锐性和责任感，完善水事纠纷预防和调处机制，维护和谐稳定的水事环境。水事纠纷有民事纠纷和行政争议两类。水行政主管部门应依法实施水行政行为，正确把握水行政准司法与法院司法等行为的区别。调解、裁决是处理水事纠纷的两种基本机制，二者具有不同的程序，但坚持的基本原则大致相同，在实践中各有侧重。水事纠纷不同于一般的经济纠纷，不适用仲裁。按照可持续发展治水思路和民生水利的要求，应当加强工程技术措施，完善社会运行与调节机制，预防水事纠纷的发生。

第一节　水事纠纷行政处理行为的性质及其特殊性

一、行政机关参与水事纠纷处理时的第三方行为性质

　　行政机关解决纠纷行为的性质在行政法学界存在争议。绝大多数学者认为

该行为属于准行政行为，是行政行为的一种。有学者认为这种观点在理论上含糊不清，实践上也十分有害，认为行政机关解决纠纷行为是委任司法行为。我们赞同这一观点。从行政法学理论层面理清行政机关解决纠纷行为的性质，有助于认识水行政机关解决水事纠纷的行为性质。

（一）委任司法的源起与法律性质

在西方，18 世纪资产阶级革命胜利后，三权分立学说被奉为治国之道，人们深信三权必须分立，政府只能充当"守夜人"，否则就会产生专断擅权。19 世纪末 20 世纪初，随着科技进步、经济发展、社会变迁，特别是社会立法的大量增加，议会立法越来越不能满足社会需要，不得不授权行政机关制定行政管理法规，补充议会立法的不足。与立法一样，司法权也面临同样的问题。社会立法的增加必然导致纠纷的增加，特别是立法调整内容的技术性日益增强，使传统的司法体系难以承受。于是，在解决新的社会矛盾中具有优势的行政司法制度便应运而生。无论是行政立法还是行政司法，虽然都是由行政机关来行使权力，但并未改变立法权和司法权的性质，所不同的只是这些权力在不同的机关转移而已。其实，立法权、行政权由哪些机关行使并不重要，重要的是不管哪个机关行使立法权、行政权，都必须尊重该权力的特性和遵循该权力行使的原则和规律。

有学者对行政法学界长期以来把行政机关行使立法权的行为、行政机关行使司法权的行为定性为行政行为或准行政行为有不同看法的，认为行政机关解决纠纷的行为不是行政行为，而是司法行为。首先，行政机关解决纠纷制度之所以在我国存在种种问题，理论上的模糊是造成这些问题的根本原因。把行政机关解决纠纷的行为界定为准行政行为或准司法行为，固然比较全面，但不可避免地弱化甚至掩盖了其司法性，强化了其行政性。其次，从行为的属性上看，司法的本质在于解决纠纷，包括民事纠纷、刑事纠纷、行政纠纷以及宪法纠纷等。衡量一个行为是立法行为、行政行为还是司法行为，不是看这个行为是由谁行使的，而是看它是什么属性。难道行政机关没有民事行为吗？司法机关没有行政行为吗？再次，在解决纠纷制度的产生和发展中，西方国家行政机关从未改变解决纠纷行为的司法性质，更没有不遵守司法的规则。英国的行政裁判所制度、美国的行政法官制度、法国的行政法院制度都是如此，人们甚至为弄清一个机构到底是法院还是行政机构而犯难。为什么呢？就是因为这个机构是解决纠纷的，而解决纠纷就需要这个机构有独立的地位，有职业化的人员，有适合解决纠纷的程序。如果这些问题没有解决，那么，由行政机关来司法就必然会出现公正性危机。同样的道理，如果一个称之为法院的机构不具备这些条件，由它来司法，也和行政机关一样会出现同样的问题。当然，行政机关解决纠纷的行为之所以是司法行为，还在于社会需要一个不同于传统意义的法院，而不是需要一个行政机关。因为行政机关承担部分司法职能，除程序简便、时间迅速、费用低廉和具有灵活性外，更主要的是由于近现代许多社会立法中所发生的争端需要专门知识才能处理。而解决这些争端既需要法律头脑，也需要理解立法政策和具备行政经验，普通法院法官往往不能胜任。于是一个新型的行政机关解决纠纷的司法制度便应运而生了。行政裁判所、行政法官等逐步取得独立地位就恰好说明了这一点。

（二）维护公共利益与秩序需要行政机关司法性的行为

（1）行政机关行使司法权的理论依据。按照美国宪法第三条规定，合众国的司法权属于最高法院和为随时制定法律而设立的下级法院。如果对此条规定做严格解释，国会不能制定法律把司法权授予行政机关，否则就违背分权原则。美国法院曾经使用过两个标准来说明司法权力委托能够符合宪法。一个是公权力理论，这是美国传统的司法权力委托理论。法院认为国会在其权限内所制定的法律中，有些事项政府以主权者的资格进行活动和诉讼，以公共利益为内容，属于公权力。对于公权力的争端可由法院受理，国会也可以制定法律授予非司法机关受理这类争端。而对于私权利的争端完全由法院受理。公权力理论在20世纪30年代遇到了严重的困难。美国很多州先后制定了工人赔偿法。工人和雇主之间由于职业原因所引起的赔偿争端，不由普通法院管辖，而由行政机关管辖。关于这类争端，原来由法院管辖，现在法律规定由行政机关管辖。如果以公权力作为委任司法权的标准，必然认为工人赔偿法违背宪法的分权原则。1932年最高法院对克罗威尔诉本森案件的判决使委任司法理论有了新的发展。该案申诉人主张工人赔偿法授予行政机关司法权力，违背宪法分权原则。法院承认工人赔偿法规定的争端属于私权利，但法院认为宪法第三条只规定司法权属于法院，不要求为了保持司法权的基本特征，一切私权利案件必须由法院审理。宪法不妨碍国会规定用行政方法审理私权利案件。经验证明，为了处理成千上万的某些私权案件，行政方法是非常重要的。只要行政机关的裁决受法院司法审查的监督，宪法第三条规定的司法权的本质就已经保全。根据这个判决，司法权力的委任是否符合宪法的分权原则，以是否接受司法审查作为标准。国会制定的司法权力委任的法律，只要没有排除司法审查，就不违背分权原则。

（2）行政机关行使司法权的实际需要。美国国会授予行政机关司法权力同授予行政机关立法权力一样，其理由是出于现代行政的需要。现代行政日趋专门化，解决行政上的争端需要行政事项的专门知识，但法官既缺乏行政方面的专门知识，心理上也缺乏解决行政问题所需要的开拓和进取精神。美国在20世纪30年代经济危机时期，法院就成为当时政府推行新政策的阻力。近代行政职务扩张，行政争议众多，法院没有时间解决全部行政争端，而且行政争端需要迅速解决，法院的程序规则不能适应行政上的需要。为了有效执行国会的政策，国会不仅需要授予行政机关立法权力，也必须授予行政机关司法权力。第一，行政机关解决纠纷具有专业性。现代市场经济的快速发展，必然带来社会的精密分工，技术性与专业化要求越高，政府部门的行政职能也就随之专业化。行政机关在管理指导这些事务时，不但需要法律知识，而且必须具有该行业的专业知识。一旦当事人之间发生纠纷，申请行政机关解决，行政机关就可以凭借对相关行业的管理经验、专业知识以及法律知识解决这些纠纷。而这些与特定行业紧密联系的纠纷让法院去审判或调解，且不说成本、效率，单就千奇百怪的专业技术、五花八门的行业术语就会让法官无所适从，更不要说让他们从中裁决了。同时，由于现代行政事务日益增多，行政上的争议数量惊人，法院在时间上也无力保证解决全部争端。加之法院的程序规则也不能适应迅速解决争端的需要，所以，行政机关解决民事纠纷已成为行政职能扩张以及专业化发展的必然产物。第二，行政机关解决纠纷的范围具有广泛性。按照不同的标准可以把行政机关解决的民事纠纷划分出不同的种类：有的学者认为包括四类，即赔偿纠纷、补偿纠纷、权属纠纷和民间纠纷；也有的学者认为包括七类，即缔约纠纷、侵权纠纷、侵犯特殊类型人权益纠纷、权属纠纷、民间纠纷、事故责任认定和处理、在某一特定历史阶段出现的某类民事纠纷等。如果以民事纠纷是否与行政管理有关为标准，还可以把民事纠纷划分为两类：一类是与行政管理无关的民事纠纷，如按司法部 1990 年颁布的《民间纠纷调处办法》的规定，由乡镇政府处理的民事纠纷；另一类是行政机关在行政管理过程中附带解决的民事纠纷。在我国，目前仅法律、行政法规规定政府对与行政管理有关的民事纠纷的裁决就有近 20 项，职能部门对与行政管理有关的民事纠纷的裁决有 30 多项，几乎涵盖了行政管理的绝大部分领域。如此广泛而又数量巨大的民事纠纷，仅靠法院一家解决是不可想象的。第三，行政机关解决纠纷时间迅速、程序简易、成本低廉。司法输出的是一种程序正义，其必然要求当事人和国家为此支付昂贵的制度成本。与高薪供养的法官、苛刻繁杂的仪式、一丝不苟的判决相比，行政官员的供养成本及行政解决纠纷的制度成本要远远低于诉讼成本。法院的任务是实现高标准的公正。"一般而言，公众总是需要尽可能的最好的产品，并准备为此付出代价。但在处理社会事务当中，目的就不同了。这个目标并不是不惜任何代价以获得最好的结果，而是在符合有效管理的基础上取得最好的结果。为了节省国家和当事人的开支应当使争议得到迅速和经济的处理。"

（三）行政机关的公权力定位使其解决纠纷行为存在困境

我国行政机关解决民事纠纷的制度在缓和社会矛盾、维护社会稳定中发挥了巨大的作用。但是，在实际运作中这一制度仍存在不少问题，需要完善有关的法律制度。

（1）缺乏对行政机关解决纠纷行为的科学定性。如前所述，行政机关解决民事纠纷的行为本来属于司法行为，但我国行政法学界和实务界长期以来把它作为行政行为来对待，忽视其司法性，强调其行政性，并由此带来了一系列问题。例如，《行政复议法》第八条第二款规定："不服行政机关对民事纠纷作出的调解或者其他处理，依法申请仲裁或者向人民法院提起诉讼。"但不明确该诉讼是何种诉讼；对同样是行政机关解决民事纠纷的行为，涉及自然资源的所有权和使用权的裁决则可以通过申请复议得到救济，而对涉及其他事项的裁决则只能申请仲裁或向法院提起诉讼。此外，从实践上看，只要行政机关以调解的方式解决的民事纠纷，当事人不服，可以向法院提起民事诉讼。行政机关以裁决的方式处理的民事纠纷，当事人不服，可以向法院提起行政诉讼。这种划分方法不仅让人莫名其妙，而且导致的后遗症非常严重。一是行政机关抵触情绪大，不理解；二是因为怕当被告，该处理的不处理；三是一律采用调解手段，调解不成让当事人向法院起诉，增加了当事人和法院的负担。

需要确立行政机关解决民事纠纷的司法性质和独立地位。应通过立法明确行政机关解决民事纠纷（包括行政纠纷）的行为属于行政机关经法律授权行使司法权的行为。确立行政机关解决纠纷的司法程序，如行政裁决机关解决民事纠纷遵循合议、回避、公开听证和遵循先例原则；行政裁决机关解决民事纠纷适用调解；行政裁决机关解决民事纠纷应当坚持公正、公平、高效、廉价和便民的原则；行政裁决机关在机构、人员、职权和财政供给上独立；行政裁决机关依法独立行使司法权，不受所在行政机关的干预等。

（2）解决纠纷的机关没有取得独立地位。行政机关裁决民事纠纷的行为既然是司法行为，就需要裁决机构具有独立性，以减少干预，保证裁决行为的公正性。在我国，虽然行政机关承担了大量的司法职能，但基本上没有独立性，和一般的行政机关没有区别。这样的地位很难保障其裁决的公正性，也是目前制约行政裁决制度健康发展的关键因素，更难以适应加入 WTO 后世贸组织规则对行政裁决机构公正性的要求。

需要建立行政裁判所制度。制定《行政裁判所法》，在乡镇设立民间纠纷裁判所；在县级以上人民政府职能部门设立与行政管理有关的民事纠纷裁判所。行政裁判所设主裁决员一～二人，裁决员二～四人。主裁决员为专职人员，逐步从通过全国司法考试，取得资格的人员中统一录用。裁判所所长由主裁决员担任，有两名主裁决员的，两人分年度轮流担任。裁决员为兼职人员，从当地法律界、管理界以及相关技术界有声望的人士中聘任。行政裁判机构另设书记员一～二名，从法律院校毕业生中公开招聘。行政裁判所的设立、变更或撤销，裁决人员的任免、晋升、奖惩、待遇等事项，统一由《行政裁判所法》设立的裁判所委员会管理。

（3）行政机关调解民事纠纷行为缺乏效力保障。由于担心当被告，行政机关解决民事纠纷很少适用裁决手段，可以说绝大多数适用调解手段。我国现行立法规定行政调解民事纠纷不具有法律效力。虽然调解的纠纷双方当事人达成调解协议并且签收调解书，但是一旦一方不履行协议，另一方则无权请求行政机关或法院强制执行。这样就失去了行政机关居中调解的意义，既浪费了国家资源，当事人的纠纷也未得到解决，还会在一定程度上挫伤行政机关的积极性，减弱当事人对行政机关的信赖感。

需要完善行政裁判的程序制度。行政裁判所裁决案件参照适用民事诉讼的简易程序。行政裁判所裁决民间纠纷一般实行独任制。行政裁判所裁决与行政管理有关的民事纠纷一般实行合议制。裁决员裁决案件实行少数服从多数，审理案件的组成人员必须是三人以上的单数。行政裁判所作出裁决前，必须进行调解。调解不成的，方可作出裁决。行政裁判所作出的裁决书，当事人不服的，可以向当地的基层人民法院提起上诉。经行政裁判所达成的调解书，一经送达，即发生法律效力。当事人对调解不服的，不能向法院提起上诉。但调解书违犯法律的例外。人民法院对当事人不服行政裁判所裁决的案件所作的判决为终审判决。发生法律效力的裁决书和调解书，一方当事人拒不履行的，另一方当事人可以申请人民法院强制执行。

（4）行政机关解决民事纠纷的程序不健全。我国目前几乎所有的立法缺乏对行政裁决和行政调解的程序的规定，以至于行政机关处理民事纠纷的程序呈现一种"各自为政，各行其是，杂乱无序的状态"。虽然行政裁决和行政调解的程序应当简便，但为了保障公民的程序权利，行政裁决和行政调解必须要有基本的程序规范要求。我国目前没有统一的规范行政裁决、行政调解行为程序的立法，甚至连现代行政程序的基本原则也未作规定。

需要完善行政裁判的程序制度。行政裁判所裁决案件参照适用民事诉讼的简易程序。行政裁判所裁决民间纠纷一般实行独任制。行政裁判所裁决与行政管理有关的民事纠纷一般实行合议制。裁决员裁决案件实行少数服从多数，审理案件的组成人员必须是三人以上的单数。行政裁判所作出裁决前，必须进行调解。调解不成的，方可作出裁决。行政裁判所作出的裁决书，当事人不服的，可以向当地的基层人民法院提起上诉。经行政裁判所达成的调解书，一经送达，即发生法律效力。当事人对调解不服的，不能向法院提起上诉。但调解书违犯法律的例外。人民法院对当事人不服行政裁判所裁决的案件所作的判决为终审判决。发生法律效力的裁决书和调解书，一方当事人拒不履行的，另一方当事人可以申请人民法院强制执行。

二、行政处理机制解决水事纠纷的特殊性

（一）其他部门不可替代的适应性

水行政机关处理涉水民事纠纷具有其他部门所不具备的独特优势。目前，我国水事纠纷行政处理机制的适应性主要体现在以下几点：

其一，专业性和技术性。按现行的水资源管理体制，人民政府下设的水行政机关是对本行政区的水利工作实施统一监管的水行政主管部门，拥有专业的技术队伍和相应的监测技术手段、取证手段，依法享有现场检查、调查、采样监测、拍照录像、取证、水土流失防治设施监理、检查运行记录等行政权力，可以对侵权者依法行使各项行政管理权力，并可以对正在进行的侵害行为采取相应的处理措施，如警告、罚款、吊销取水许可证、责令停止违法行为、限期整改等。除了对当地水资源状况、水环境问题和水工程状况最熟悉之外，水行政机关较为全面地掌握水法律法规和政策，这不仅可以克服当事人举证能力不足的缺陷，还可以借助专家的力量准确认识水事违法的事实和原因，确定责任，计算损害大小，并得到比审判更为合理的解决结果。

其二，社会利益的综合衡量。众所周知，对抗制的诉讼必然会产生一个是非明确权利义务清晰的结论，而这一点对水事纠纷的解决而言，恰恰是最招致批评。因为水事纠纷具备涉及面广、权利义务关系复杂、责任认定时争议大、损失难以确定等特点。水民事纠纷所涉及的当事双方的利益可能都有其合理性，而唯独缺少社会利益的代言人。在解决纠纷双方争议的过程中，水行政机关可以把社会利益考虑其中。

其三，选择上的优先性。从现代环境资源法的产生、发展以及法律传统上看，我国环境资源法属于自上而下的制度设计，有极其浓厚的行政化色彩。自环境资源法制建设之始，我国环境资源法制的建设与发展就一直由一系列的自上而下的行政化的政策和制度推动。在整个水法律体系中，行政性的处罚条款比比皆是，而有关公民公共权益保护的实体以及程序性规定却是模糊的、缺乏可操作性的。同时，由于我国特殊的历史文化传统，公民对行政机关的依赖心理和"厌诉"心理一样根深蒂固。在纠纷发生后，公民会首先想到向有关行政机关投诉，请求行政解决。只有在这种努力不产生效果时，公民才会迫不得已地选择诉讼。

（二）水事纠纷行政处理机制的局限性

与适应性比较，我国涉水民事纠纷行政处理机制的局限性并不突出，具体可归纳为以下几点：其一，法律规定上的局限性。在涉水民事纠纷的处理问题上，我国法律对行政机关的授权不够充分、清晰。不同的行政机关之间职能存在交叉和重叠，比如：在管理河道滩地纠纷时，土地和水利部门可能互相推

透。其二，行政机关自身的局限性。在较不发达地区，超标准用水企业往往同时是当地政府重点保护的经济支柱。水利部门在正常处理纠纷时，就会受到来自政府的阻力和控制；而地方政府本身就是当地水利部门的主管机关，掌管其资金预算、人员编制和官员升迁等事项，因此，纠纷处理的公正性和中立性难以得到保障。另一方面，在我国，企业家进入行政的状况很常见，这意味着行政人员与企业有更多的牵连，更清楚企业的困难，对企业可能存有内心的偏袒。此外，由于行政工作人员的流动性大，容易换任，所以对涉水民事纠纷的解决，尤其是有较大影响的案件，容易久拖不决。其三，对法治不利的社会效果。行政处理纠纷可能形成各种不一致的结果，虽然我国没有遵循先例的司法传统，但是如果不能形成一个大致相同的社会期待，使纠纷的处理结果成为一个可期待的目标，这对法治的建立和发展也会产生或多或少的破坏力。

（三）符合行业管理规律的不可诉性

依据《水法》，我国行政机关处理涉水民事纠纷主要表现为调解。在实践中会出现水行政机关不履行行政调解的不作为行为。当相对人对此提起诉讼时法院是否受理？我们认为对这种起诉应予以裁定驳回，告知其可以申请仲裁或提起民事诉讼。主要理由如下：

其一，不履行行政调解的行为不属于行政诉讼法所规定的法院受案范围。从行政诉讼法有关法院受理或不受理行政诉讼的规定来看，与本案有关的规定涉及该法第十一条的三个款项，即第一款第五项"申请行政机关履行保护人身权、财产权的法定职责，行政机关拒绝履行或者不予答复的"、第八项"认为行政机关侵犯其他人身权、财产权的"、第二款"除前款规定外，人民法院受理法律、法规规定可以提起诉讼的其他行政案件。"由于本案中原告与村小组之间的土地经营权及分红纠纷实质上是农村土地承包经营纠纷，按照《农村土地承包法》和即将实施的《农村土地承包经营纠纷调解仲裁法》的规定，乡（镇）政府只在当事人请求且双方同意调解时才给予行政调解，该行政调解不具有人身权、财产权保护的性质。从司法解释和学界通说来看，第八项所涉及的行政案件包括行政裁决、行政确认、行政检查和行政合同等案件。第二款是指其他法律或法规明确规定可以提起行政诉讼的案件，如政府信息公开条例第三十三条第二款规定的"公民、法人或者其他组织认为行政机关在政府信息公开工作中的具体行政行为侵犯其合法权益的，可以依法申请行政复议或者提起行政诉讼"。《农村土地承包法》第五十一条第二款规定，对土地承包纠纷当事人不愿协商、调解或者协商、调解不成的，可以向农村土地承包仲裁机构申请仲裁，也可以直接向人民法院起诉，并没有规定政府不履行行政调解义务的，当事人可以提起行政诉讼。因此，本案原告不具有行政诉权。

其二，行政诉讼法第二条规定，公民、法人或者其他组织认为行政机关和行政机关工作人员的具体行政行为侵犯其合法权益，有权提起行政诉讼。可诉行政行为分为作为与不作为两类，两者是因行政公权力的行使或怠于行使而直接决定、改变或影响到行政相对人的合法权益，即它们之间具有法律上的因果关系。由于行政调解是行政机关劝导发生民事争议的当事人自愿达成协议的一种行政活动，其启动有赖于当事人的请求和争议各方的同意，缺乏公权力的强制属性，调解结果也没有法律约束力，其对当事人的合法权益并不产生直接的实质性影响，两者之间没有法律上的因果关系，因此，行政调解行为不具有可诉性，这也是《最高人民法院关于执行〈中华人民共和国行政诉讼法〉若干问题的解释》（以下简称行诉法司法解释）把行政调解行为排除在行政诉讼之外的原因所在。行政机关不履行行政调解职责与当事人的合法权益之间更是如此，故行政调解的不作为属于行诉法司法解释第一条第二款第六项规定的"对公民、法人或者其他组织权利义务不产生实际影响的行为"，其同样没有可诉性。

其三，行政诉讼的受案范围是指人民法院可以依法受理行政争议的种类和权限。依行诉法法理，在难于确定当事人是享有行政诉权还是民事诉权的情况下，应当以有利于相对人或者争议的解决为原则，赋予有关争议以行政争议的性质，在两可的情形下，当事人具有提起行诉或民诉的选择权。如果对不履行行政调解的行为可以提起行政诉讼，由法院判决责令行政机关限期调解或答复，则在一方不同意调解或调解不成或达成调解协议后反悔时，当事人只能转而寻求仲裁或提起民事诉讼，这显然不利于争议的解决和当事人权益的保障。

其四，行政调解只是社会纠纷多元化解决机制中的一种方式，具有非行政权力的性质，行政机关在是否调解或继续调解的问题上，可以根据具体情况进行选择。

第二节　行政机关参与水事纠纷调解

我国《水法》中明确规定了对水事纠纷的调解和裁决的程序，为表述的方便许多著述运用了"水行政调解"和"水行政裁决"的称谓，此种称谓存在的问题是：第一，"水行政调解"是仅指民事性质水事纠纷的调解，还是包括行政区域之间水事纠纷的调解，在内容框架的处理上存在困惑；第二，"水行政裁决"是《水法》作为特别行政法的特别规范设计，容易与作为具体行政行为的行政裁决混同。因此，本书采用的称谓是"水事纠纷调解"和"水事纠纷裁决"（以下简称为水事调解和水事裁决）。

一、我国水法规定的"水事纠纷调解"不属于行政调解

2004 年 33 名人大代表提出关于制定"行政调解法"的议案：我国现行调

解制度主要由法院调解、行政调解和人民调解组成，但目前因缺乏统一规范，行政调解的作用及效力没有得到充分发挥。为此，需要尽快制定"行政调解法"。制定"行政调解法"，有利于缓解法院和各级政府信访部门的工作压力，可以帮助弥补国家行政法制建设中的立法空缺，保障行政调解工作的有效运行。议案的提出说明行政调解在我国有很重要的作用。

《水法》规定，"单位之间、个人之间、单位与个人之间发生的水事纠纷，应当通过协商或者调解解决。"水事调解就是指政府或水行政主管部门依照有关的水法律、法规、政策，通过说服教育的方法，对单位之间、个人之间、单位与个人之间发生的水事纠纷进行调停、斡旋，促使水事纠纷双方当事人友好协商，达成协议，解决水事纠纷的活动。其特点有以下几点：①调解的主体是水行政主管部门，由水行政主管部门主持调解，而与法庭调解、人民调解不同。②调解的对象是当事人之间的水事纠纷。③依申请而为，当事人自愿，始终不具有强制性。④需要法律授权，必须依法进行。⑤水行政纠纷的范围是一般水行政纠纷，不是特定水行政纠纷，只要法律无相反规定，行政机关就可处理。⑥水事调解是诉讼外调解，不是诉讼必经程序，不能限制当事人的诉讼权。

二、在水事调解机制中行政机关的选择性主体地位

单位之间、个人之间、单位与个人之间的水事纠纷一般属于民事纠纷性质，应当按照一般处理民事纠纷的法律程序进行调处。因此，《水法》第五十七条规定：单位之间、个人之间、单位与个人之间发生的水事纠纷，应当协商解决；当事人不愿协商或者协商不成的，可以申请县级以上地方人民政府或者其授权的部门调解，也可以直接向人民法院提起民事诉讼；县级以上地方人民政府或者其授权的部门调解不成的，当事人可以向人民法院提起民事诉讼；在水事纠纷解决前，当事人不得单方面改变现状。由这一规定可知，水行政调解的机制如下：

第一，当事人之间可以像处理一般民事纠纷自行协商解决，自行协商的形式在合法范围内不限，达成协议后，双方应当共同签订协议书，以保证双方遵守协议承诺，彻底解决矛盾。协商与调解不同，协商只需要水行政主管部门为其创造一定的条件，或者做一些必要的说服动员工作，促使纠纷双方坐在一起共同协商，并就纠纷事项达成协议，最后形成协议书。协商不需要第三者必须参加。但是必须说明，其具体协议事项应经水行政主管部门审查，必须是有关解决双方纠纷的具体事项，必须符合法律规定的原则。协议书经纠纷双方签字生效。

第二，当事人如果不愿意协商或者协商不成的，可以选择申请行政调解或

向人民法院起诉。如果申请行政调解的话，其处理结果是形成调解书，纠纷双方签字和调解人签章方能生效。水行政机关在作出行政调解决定后，当事人若对调解结果不服，只能向法院提起行政诉讼，法院依照行政诉讼法的规定对行政调解的合法性进行审查，而如果直接向人民法院提起民事诉讼的，法院按照处理一般民事纠纷的程序来加以处理。值得注意的是：当事人双方或一方对调解或者处理决定不服的，如向人民法院起诉，应把对方当事人作为民事被告向法院起诉，而不能把人民政府或者其授权的主管部门列为行政诉讼中的被告向法院起诉；如果当事人对人民政府或者授权的主管部门，就水资源使用权归属问题所作的处理决定不服的，可以依法向人民法院提起行政诉讼。

三、水事纠纷调解关系的参与人

（1）水事调解机关。水事调解机关是指依照法律授权，在当事人自愿申请的前提下，对水事纠纷进行调解处理的业务部门，主要指水行政主管部门和政府业务主管部门。双方当事人不在同一个管辖区的，原则上由合同纠纷发生地或被诉方所在地水行政主管部门和业务主管部门负责调解。

（2）行政调处参加人。水事纠纷双方当事人指发生水事纠纷的单位和个人；第三人，即水行政调解机关，指县级以上地方人民政府或者其授权的部门。

四、水事纠纷调解程序

《水法》对调处水事纠纷的程序有两条规定。第五十七条规定的是单位之间、个人之间及单位与个人之间发生的水事纠纷，其调处程序是双方协商解决，如不愿协商或协商不成的，可以请求县级以上地方人民政府或其授权的主管部门调解，也可以直接向人民法院起诉。调解不成的，当事人可以在接到通知之日起 15 日内向人民法院起诉。第五十八条规定，县级以上人民政府或其授权的主管部门在处理水事纠纷时，有权采取临时处置措施，当事人必须服从。临时处置是调处水事纠纷中的一项重要措施，它能够防止矛盾进一步激化，为以后的调处工作奠定了可靠的基础。

单位之间、个人之间、单位与个人之间水事纠纷的水行政调处案件类似人民法院审理的民事案件。故其查处程序应参照民事案件的审理程序进行。

（1）申请与受理。水事纠纷当事人可向主管部门提出纠纷调解，申请书一式三份，纠纷简单或当事人要求紧急的，也可由当事人口述，调解人员做笔录代申请书。调解申请书类似民事权益受到侵害的当事人的起诉状，应当写明申请人和被申请人（纠纷对方）的基本情况、调解请求和所根据的事实与理由，提供有关证据和证据来源、证人姓名和住所、图片、有关部门的报告，提出调解申请的日期和调解处理要求。水行政主管部门接到调解申请后，应迅速审核是否符合以下条件：申请人请求调解的纠纷属于水事纠纷，并危害其合法权益；有明确的被申请人；有具体的调解请求和事实证据；属于本行政管辖范围。符合条件的，就立即报告同级人民政府，取得授权后，即决定受理；如果没有取得授权或调解申请不符合其中之一项条件，则不受理，并及时将原因告诉申请人；调处申请书内容不全的，应发还申请人，要求补正。

（2）立案。水行政主管部门决定受理的水调解案件，应由水行政机构填写《水调解案件立案呈批表》，提出调解委员会名单和指定调解承办人员，并请求水行政机关主管部门领导批准立案。水调解案件经批准立案后，水行政机关应及时将《水事纠纷调解申请书》副本和答辩通知书发送被申请人，限期提出答辩书。同时向申请人发送立案通知书，要求双方在水事纠纷解决之前，不得单方面改变水的现状，不得扩大、激化矛盾。纠纷当事人一方人数众多时，可通知当事人推举代表人参加调解，代表人参加调解的行为对代表的当事人发生效力。对方当事人从《水事纠纷调解申请书》副本和答辩通知书送达之日起 5 日内，提交《答辩书》一式三份和可就有关问题进行陈述，将《答辩书》送达申请人；《答辩书》内容应包括：答辩人、单位、地址和对方当事人的关系；对申请人提出的主张和要求进行认定和否定；陈述有关事实和理由并附相关证据。

（3）调查取证。即根据双方当事人提交的《申请书》《答辩书》和对问题的陈述，对纠纷进行调查研究、核实、调解。调解承办人员要认真审阅调解案件文书等有关材料，写出调查提纲，收集纠纷当事人行为事实的一切证据，包括历史的和当时的书证、物证、视听材料、证人证言、当事人陈述、鉴定结论、现场勘测笔录。通过调查取证，迅速找出引起纠纷的症结和纠纷行为事实对纠纷对方、他人的危害以及是否违法。案件调查结束后，承办人员应写出《水调解案件调查报告》，并视案情分别提出处理意见：①纠纷当事人一方或双方行为事实违法。转入水行政案件查处程序，依法作出行政处罚决定。②纠纷行为事实未构成违法，但对纠纷对方和他人造成明显经济损失或妨碍，应当提出采取补救措施和赔偿的协商调解方案。③被申请人的行为事实既没违法，又没有对申请人构成明显危害或妨碍，应当说服纠纷双方自行协商和解。④预计调解不成时，应就其赔偿和解决纠纷事项提出具体的裁决处理意见。《水调解案件调查报告》的格式，可以采用与《水行政案件调查报告》相同的格式。

（4）案件评议。水调解案件的调查材料和调查报告经水政机构审查后，由水政机构建议，水行政机关领导主持调解委员会会议，承办人员作详细汇报。然后，调解委员会集体讨论，水行政机关领导对水调解案件提出处理意见。案件承办人员要对案件集体讨论情况作笔录。

（5）动员协商争议。根据调查掌握的事实，对纠纷当事人双方进行说服动员。分清是非，讲清道理，说明利害关系，本着团结为重、增进睦邻关系的原则，给他们一段时间，尽可能自行协商解决争议。如能自行和解，要形成协议书，协议书事项应经调解承办人员审查，双方签字或盖章后生效。

（6）调解解决。当事人双方不愿意协商或者协商不成，则由调解承办人员根据水行政机关领导对案件提出的处理意见，主持纠纷双方在自愿的原则下进行调解。调解达成的协议，包括解决纠纷的方法、对纠纷损害采取补救或赔偿的方式、数额及期限等事项，协议内容不得违反法律规定。调解承办人员制作《纠纷调解协议书》，由双方当事人签名盖章后，送达双方当事人执行；不能达成协议时，制作《纠纷处理意见书》送双方当事人。调解处理过程中的有关费用由责任者承担。

第三节　水事纠纷行政裁决：特殊的内部行政行为

一、水事行政裁决不同于作为具体行政行为的行政裁决

（一）水事纠纷行政裁决的特征

水事纠纷行政裁决简称水事行政裁决或水事裁决，是指县级以上政府或者其授权的水行政主管部门依照法律、法规的规定，对不同行政区域之间发生的、与水行政管理活动密切相关的、与合同无关的民事纠纷进行审查，并作出裁决的活动。水事裁决的内容，是水行政主管部门根据水事纠纷当事人双方的陈述和调查的结果，对纠纷当事人的行为事实给对方和他人造成的妨碍和经济损失的补偿事项，依法作出公正合理的裁决。水事裁决的特征如下：

水事裁决的对象是与行政管理相联系的民事纠纷，而不是单纯的民事纠纷，也不是单纯的行政争议。如由水资源的所有权和使用权引起的争议，由水污染引起的赔偿争议，都是水行政裁决的适用对象。正因为与行政有关联性，才可以由行政机关来裁决。虽然我国现行法律法规中也有把行政机关主动实施的行政管理行为称为裁决的规定，如《治安管理处罚法》规定的行政机关的裁决处罚等，但我们认为，既然法律法规已有相应的更准确的概念来表述，如"处罚""决定"等，再用"裁决"来表达，不但于事无益，反而更会增加混乱。

水事裁决的主体是法律授权的县级以上政府和水行政主管部门。没有专门法律的授权，水行政主管部门便不能成为裁决的主体。

水事裁决必须以业已存在争议或纠纷并大都由当事人依法提出申请为前提。除法律法规特别规定外，行政裁决是一种依申请的行为，因而裁决主体非

依法律授权或未经当事人依法申请不得主动实施，这类似于法院遵循的不告不理规则。在裁决关系中，裁决主体是作为独立于纠纷当事人之外的第三方参与其间的，从而形成了裁决关系中与法院审判相类似的三方法律关系。因此，行政主体依法主动行使职权对相对人实施的行政行为如行政处罚等，不属于行政裁决。

水事裁决具有法律效力。行政行为是行政主体依法行使国家行政权而作出的具有法律效力的行为。水事裁决作为行政行为的一种，行政主体同样要为当事人设定法律上的权利义务，这种权利义务同样具有确定力、拘束力和执行力等法律效力。这与行政调解等行为是不同的。

（二）从作为具体行政行为的行政裁决看水事裁决

通过对《水法》中规定的裁决行为即水事裁决与行政法中行政裁决有关原理的比较，可以看出水事裁决不属于行政裁决。目前通行的对行政裁决的界定是行政机关或法定授权的组织，对平等主体之间发生的、与行政管理活动密切相关的、特定的民事纠纷（争议）进行审查并作出裁决的具体行政行为。行政裁决的特征主要如下：

（1）行政裁决的主体是法律法规授权的行政机关。行政裁决是经法律法规授权的特定行政机关，而不是司法机关，但是并非任何一个行政机关都可以成为行政裁决的主体，只有那些对特定行政管理事项有管理职权的行政机关，经法律法规明确授权，才能对其管理职权有关的民事纠纷进行裁决，成为行政裁决的主体。如《商标法》《专利法》《土地管理法》《森林法》《食品卫生法》《药品管理法》等对侵权赔偿争议和权属争议作出规定，授权有关行政机关对这些争议予以裁决。

（2）行政裁决的民事纠纷与行政管理有关。当事人之间发生了与行政管理活动密切相关的民事纠纷，是行政裁决的前提。随着社会经济的发展和政府职能的扩大，行政机关获得了对民事纠纷的裁决权。但行政机关参与民事纠纷的裁决并非涉及所有民事领域，只有在民事纠纷与行政管理密切相关的情况下，行政机关才对该民事纠纷进行裁决，以实现行政管理的目的。

（3）行政裁决是依申请的行政行为。争议双方当事人在争议发生后，可以依据法律法规的规定，在法定的期限内向特定的行政机关申请裁决。没有当事人的申请行为，行政机关不能自行启动裁决程序。

（4）行政裁决具有准司法性。行政裁决是行政机关行使裁决权的活动，具有法律效力。行政机关在实施行政裁决时，以第三者的身份居间裁决民事纠纷，有司法性质，同时又是以行政机关的身份裁决争议，具有行政性质。因此，行政裁决具有司法性和行政性，称为准司法性。

（5）行政裁决是一种具体行政行为。行政机关依照法律法规的授权针对特定的民事纠纷进行裁决，是对已经发生的民事纠纷依职权作出的法律结论。这种行政裁决具有具体行政行为的基本特征。行政相对人不服行政裁决而引起的纠纷属于行政纠纷。对此，除属于法定终局裁决的情形外，当事人可依法申请行政复议或提起行政诉讼。

根据我国目前法律、法规的规定，行政裁决的种类如下：

（1）侵权纠纷的裁决。侵权纠纷是由于一方当事人的合法权益受到他方侵犯而产生的纠纷。平等主体一方当事人涉及行政管理的合法权益受到他方侵害时，当事人可以依法申请行政机关进行制止和决定赔偿，行政机关就此争议作出裁决。法律明文规定行政主体在对违法行为做出处理的同时，对违法行为人的侵权行为造成他人的损害可依法做出强制性赔偿裁决。如《水污染防治法》第五十五条规定："造成水污染危害的单位，有责任排除危害，并对直接受到损失的单位或者个人赔偿损失。赔偿责任和赔偿金额的纠纷，可以根据当事人的请求，由环境保护部门或者交通部门的航政机关处理；当事人对处理决定不服的，可以向人民法院起诉。当事人也可以直接向人民法院起诉。"

（2）补偿纠纷的裁决。补偿，在现代汉语中的解释是"抵消损失、消耗，补足缺失、差额"；在法学词语中，是指对财产侵害行为造成损失的补偿，着眼于被剥夺的财物，予以公平弥补。如《城市房屋拆迁管理条例》第十四条规定，"拆迁人与被拆迁人对补偿形式和补偿金额、安置用房面积和安置地点、搬迁过渡方式和过渡期限，经协商达不成协议，由批准拆迁的房屋拆迁主管部门裁决。"涉及补偿的还有草原、水面、滩涂、土地征用的补偿等。

（3）损害赔偿纠纷裁决。损害赔偿纠纷是一方当事人的权益受到侵害后，要求侵害者给予损害赔偿所引起的纠纷。这种纠纷通常存在于食品卫生、药品管理、环境保护、医疗卫生、产品质量、社会福利等方面。产生损害纠纷时，权益受到损害者可以依法要求有关行政机关作出裁决，确认赔偿责任和赔偿金额，使其受到侵害的权益得到恢复或赔偿。如《环境保护法》第四十一条规定："造成环境污染危害的，有责任排除危害，并对直接受到损害的单位或者个人赔偿损失。赔偿责任和赔偿金额的纠纷，可以根据当事人的请求，由环境保护行政主管部门或者其他依照法律规定行使环境监督管理权的部门处理；当事人对处理决定不服的，可以向人民法院起诉。当事人也可以直接向人民法院起诉。"

（4）权属纠纷的裁决。权属纠纷是指双方当事人因某一财产的所有权或使用权的归属产生争议，包括土地、草原、水流、滩涂、矿产等自然资源的权属争议，双方当事人可依法向行政机关请求确认，并作出裁决。如《土地管理法》第十三条规定："土地所有权和使用权争议，由当事人协商解决；协商不成的，由人民政府处理。全民所有制单位之间、集体所有制单位之间、全民所有制和集体所有制单位之间的土地所有权和使用权争议，由县级以上人民政府处理。个人之间、个人与全民所有制单位和集体所有制单位之间的土地使用权争议，由乡级人民政府或者县级人民政府处理。"人民政府对土地权属争议所作的处理，就是行政裁决。

（5）国有资产产权裁决。如《国有资产产权界定和产权纠纷处理暂行办法》第二十九条规定："全民所有制单位之间因对国有资产的经营权、使用权等发生争议而产生的纠纷，应维护国有资产权益的前提下，由当事人协商解决。协商不能解决的，应向同级或共同上一级国有资产管理部门申请调解和裁定，必要时报有权管辖的人民政府裁定，国务院拥有最终裁定权。"

（6）专利强制许可使用费裁决。如《专利法》第五十四条规定："取得实施强制许可的单位或者个人应当付给专利权人合理的使用费，其数额由双方协商；双方不能达成协议的，由国务院专利行政部门裁决。"

（7）劳动工资、经济补偿裁决。所谓劳动工资、经济补偿纠纷，是指因用人单位克扣或者无故拖欠劳动者工资，拒不支付劳动者延长工作时间工资报酬，低于当地最低工资标准支付劳动者工资，或者解除劳动合同后未依法给予劳动者经济补偿而发生的纠纷。如《劳动法》第九十一条规定："用人单位有下列侵害劳动者合法权益情形之一的，由劳动行政部门责令支付劳动者的工资报酬、经济补偿，并可以责令支付赔偿金：（一）克扣或者无故拖欠劳动者工资的；（二）拒不支付劳动者延长工作时间工资报酬的；（三）低于当地最低工资标准支付劳动者工资的；（四）解除劳动合同后，未依照本法规定给予劳动者经济补偿的。"

（8）民间纠纷的裁决。如国务院颁布的《民间纠纷处理办法》规定，基层人民政府可以依法裁决民间纠纷。基层人民政府对民间纠纷作出处理决定应当制作处理决定书，并经基层人民政府负责人审定、司法助理员署名后加盖基层人民政府印章。基层人民政府作出的处理决定，当事人必须执行。如有异议的，可以在处理决定作出后，就原纠纷向人民法院起诉。超过十五天不起诉又不执行的，基层人民政府根据当事人一方的申请，可以在其职权范围内，采取必要的措施予以执行。

特别需要指出的是行政裁决可以进入救济程序，可以提起行政复议和行政诉讼。第一，行政裁决可以提起行政复议。行政裁决不属于《行政复议法》第八条第二款所规定的"不服行政机关对民事纠纷作出的调解或者其他处理"的情形。调解行为对当事人的民事权利、义务虽然发生一定影响，但调解是在当事人自愿的基础上进行的。对当事人权利、义务产生影响的决定因素是当事人的意志。调解没有执行力，当事人可以遵守，也可以不遵守。而行政裁决的内容直接确定或影响了双方的权利和义务，并且行政裁决是行政机关单方面作出的，不以当事人意志为转移，具有行政强制执行效力的行政行为。《行政复议法》第六条规定："有下列情形之一的，公民、法人或者其他组织可以依照本法申请行政复议：认为行政机关的其他具体行政行为侵犯其合法权益的。"行政裁决属于具体行政行为，行政裁决一经作出，即具有公定力、预决力、确定力、约束力及执行力，因此，行政裁决是可以被提起行政复议的具体行政行为。第二，关于行政诉讼问题。1987年最高人民法院《关于人民法院审理案件如何适用〈土地管理法〉第十三条〈森林法〉第十四条规定的批复》规定，人民法院审理此类案件应以原争议双方为诉讼当事人。根据该批复精神，各级法院曾一度将所有的行政裁决案件均作为民事案件受理。1991年最高人民法院《关于贯彻执行〈中华人民共和国行政诉讼法〉若干问题的意见》改变了上述答复的态度，规定公民、法人或者其他组织对人民政府或者其主管部门有关土地、矿产、森林等资源的所有权或者使用权归属的处理决定不服，依法向人民法院起诉的，人民法院应当作行政案件受理。根据上述规定，法院将行政裁决案件作为行政诉讼案件受理。1999年11月24日最高人民法院发布的《关于执行〈中华人民共和国行政诉讼法〉若干问题的解释》也未将行政裁决案件排除在受案范围之外，审判实务中对行政裁决案件属于行政诉讼受案范围也渐趋一致，各级法院也都受理了大量的行政裁决案件。

与行政裁决权范围不同，水事纠纷裁决权的范围相对有限。水事行政裁决权指向的纠纷范围包括：①水资源权属纠纷的裁决。水资源权属纠纷，指双方当事人因水资源的所有权或使用权的归属发生争议。双方当事人可依法向水行政机关请求确认，水行政机关依法作出裁决，裁决结果是水资源权属关系得以确认。②侵权纠纷的裁决。侵权纠纷的裁决，指不同行政区域之间发生的、与水行政管理活动密切相关的民事纠纷中，一方当事人的合法权益受到他方侵犯时，受侵犯方可请求水行政主管部门裁决。③损害赔偿纠纷的裁决。如水污染造成的损害，水行政裁决机关可依法作出裁决，确认赔偿责任和赔偿金额。

水事裁决权是指水行政机关裁决争议、处理纠纷的权力。裁决争议、处理纠纷本来是法院的固有权力，但在现代社会，由于社会经济的发展和科技的进步，水行政管理涉及的问题越来越专门化，越来越具有专业技术性的因素。这样，普通法院在处理与此有关的争议和纠纷方面越来越困难和越来越感到不适应，而水行政机关因为长期管理这方面的事务，恰恰具有处理这类争议、纠纷的专门知识、专门经验和专门技能。于是，法律赋予水行政机关以准司法权，即允许水行政机关在水行政管理过程中裁决和处理与相应管理有关的民事、行政争议和纠纷。水行政机关在行政管理过程中，直接裁决和处理与此有关的争议、纠纷，显然有利于水行政管理目标的实现。当然，为了保障公正和法治，水行政机关的行政裁决通常还要受到司法审查的监督。

对比作为具体行政行为的行政裁决，水事纠纷裁决不属于行政裁决，主要理由是：水事纠纷裁决从表面上看，属于行政裁决种类之一，即权属纠纷的裁决。但权属纠纷立法本意强调的是发生在个人之间、个人与全民所有制单位和集体所有制单位之间的自然资源使用权争议，而不是行政区域之间的权属争议。《水法》第五十七条规定的纠纷情形本属于行政裁决适用的权属纠纷，但《水法》并未授权行政机关对此具有裁决权，而只授予县级以上水行政主管部门的调解权。因此，我国的水行政主管部门仅有对特定民事纠纷的调解权，没有行政裁决权；县级以上政府对水事纠纷也没有法理意义上的行政裁决权，其裁决行为是《水法》设定的特别行政行为。此外，从具体行政行为的内涵看，具体行政行为是行政主体指向行政相对人的行为，它发生在行政系统之外；而水事纠纷裁决指向的是行政区域之间的纠纷，也即裁决行为发生在行政系统之内，因此，可视为内部行政行为，是在行政组织内部对国家资源的使用权进行调整或者配置。

二、水事行政裁决机制法律设计的缘由及其运行中的问题

我国的水事纠纷多属跨地区纠纷，而地区间的水事纠纷具有显著的地区性和群体性，纠纷双方的当事人代表是相邻地区的政府及其水行政主管部门，我们所说的水行政纠纷其实多表现为这种类型。我国《水法》第五十六条规定："不同行政区域之间发生水事纠纷的，应当协商处理；协商不成的，由上一级人民政府裁决，有关各方必须遵照执行；在水事纠纷解决前，未经各方达成协议或者共同的上一级人民政府批准，在行政区域交界线两侧一定范围内，任何一方不得修建排水、阻水、取水和截（蓄）水工程，不得单方面改变水的现状。"这说明我国地区之间水行政纠纷的调处机制以自行协商为主、行政裁决为辅，行政裁决为最终处理，必须执行。行政裁决由当事双方共同的上一级人民政府作出。上一级人民政府可以委托有关主管部门处理，但处理决定须以人民政府的名义作出。上一级人民政府或其委托的主管部门作出的裁决决定，除涉及水资源使用权属外，具有终审裁决的法律地位，各方当事人无论是否满意，都不得起诉或复议，必须无条件服从。但在实践中，纠纷的真正当事人（村委会、有关单位）如果对于上一级人民政府作出的处理决定不服，还是以自己的名义，向复议机关提出复议，向法院提起诉讼。这实际上是与法律不符的。

根据全国人大常委会法工委有关人士的解释，2002年的《水法》对地区间的水事纠纷没有规定可以向人民法院起诉，主要因为考虑到：第一，水资源属于国家所有，人民政府及其水行政主管部门作为国家所有权的代表，有权按照统筹兼顾的原则依法对水事权益进行处分，也就是说这类纠纷在本质上属于

行政争议，而不是一般的民事纠纷；第二，调处地区间的水事纠纷往往涉及水资源的调配、江河治理、水利规划和水利建设，不少纠纷需要采取工程措施和巨额的资金投入，所有这些只有政府和水行政主管部门才能胜任。

综观水事纠纷的裁决机制，其不足之处表现在以下方面：首先，在裁决的程序制度化方面，2002 年《水法》并未作出明确而详细的规定，这不仅造成水事裁决主体在执行水法赋予的实体职权时陷于无法可依、无章可循的尴尬局面，而且缺乏严格法律程序的规范保障，容易诱使裁决部门徇私枉法、权力腐败或误政失职。比如，许多政府机关过分偏重自己的利益、权力和权威，在处理水事行政纠纷过程中经常不考虑成本和效益，有的纠纷一拖再拖、劳民伤财且长期得不到解决，导致社会的不满。其次，随着社会经济的发展以及我国水资源环境客观状况的改变，水权纠纷在各地区水民事纠纷中所占的比例将越来越大，但是我国《水法》目前对水权、水权转让制度和水价形成机制并无明晰具体的规定，仅有原则性规定，这给水权纠纷的处理增添了许多难题。第三，为了保障水事纠纷的及时与妥善处理，《水法》还规定，县级以上人民政府或者其授权的部门在处理水事纠纷时，有权采取临时处置措施，有关各方或者当事人必须服从。如果从立法目的来看，这条规定对水事纠纷的及时与妥善处理无疑有重要意义，但是从立法技术来说，这条规定有过于抽象之嫌，很可能会导致这一权利被滥用，这对于维护当事人权益是极其不利的。如防洪抗旱救灾、水工程建设过程中涉及征用地、疏散或转移群众等问题，很可能就会因为公共利益安全的需要而侵犯到群众个人在人身和财产方面的合法权益，这些都需要得到法律的严格规制。

三、以上一级人民政府为主体的水事行政裁决程序

地区之间的水事纠纷案件的水行政裁决过程，实质是地方政府间行政争端的行政处理过程，《水法》对此类水事纠纷没有规定处理程序，只规定由当事各方协商解决，协商不成的，由上一级人民政府处理。从理论上讲，水行政裁决大致应有以下程序：

（1）水行政主管部门调解处理。水事纠纷都是由当事人一方的水事活动引起的，当事人一方的水行政主管部门对本地区与其他地区发生的水事纠纷，应当迅速查清原因；通告对方水行政主管部门，互相制止本方引起纠纷的水事活动，同时行文报告政府领导和上一级水行政主管部门，以便得到及时处理和解决。

（2）上一级人民政府裁决。

1）申请：水事纠纷双方当事人在争议发生后，协商解决不成的，可依据法律、法规的规定，在法定期内向上一级人民政府申请裁决。

2）受理：上一级人民政府收到当事人的申请后，应对申请书进行初步审查。符合条件的，应当受理；不符合条件的，应及时通知申请人并说明理由。

3）调查、审理：上一级人民政府应对纠纷的事实和证据进行查证核实，可以自行调查、审理，也可以责令当事人举证。

4）裁决：上一级人民政府在审查、了解情况之后，应及时裁决，同时还要通知当事人能否起诉以及起诉期限和管辖法院。

5）执行：水行政主管部门对水事纠纷当事人不愿意通过调解解决的纠纷，而就其行为给对方和他人造成损失的赔偿问题作出的裁决，文书一经送达，则具有单方性和强制性的法律效力，属于具体行政行为，当事人必须执行。

水事纠纷当事人，如对水行政机关就其赔偿问题作出的裁决不服，可以向作出裁决机关的上一级主管部门申请复议，也可以向人民法院提起诉讼。如果当事人对水行政裁决逾期不申请复议、不起诉又不执行时，作出裁决的水行政主管部门为了维护行政执法的尊严，应当申请人民法院强制执行。执行结束后，人民法院将执行情况书面通知申请执行的水行政机关。

如果当事人申请复议或向人民法院起诉，在复议机关和人民法院没有通知停止执行时，也不影响执行或强制执行。但原作出行政裁决的水行政机关应当积极参加复议或应诉，并认真收集复议或应诉过程中有关案件的各种材料和资料。根据最高人民法院《关于贯彻执行〈中华人民共和国行政诉讼法〉若干问题的意见（试行）》第四项的规定，"公民、法人或者其他组织对行政机关就赔偿问题所作的裁决不服的，可以向人民法院提起行政诉讼"。因此，这时的水调解案件已经转化为水行政案件。

对地区之间水事纠纷的水行政裁决处理，由共同的上一级人民政府作出，与单位之间、个人间、单位与个人之间水事纠纷的水行政裁决不同，不允许纠纷双方提起诉讼，应视为终审裁决。

四、水事行政裁决与《仲裁法》调整对象的差异

由于新的仲裁法实施后，我国的仲裁制度发生了根本性的改革，特别是对仲裁范围、仲裁机构的设置等方面的规定有了较大的变化。根据新仲裁法的规定，边界水事纠纷不适用仲裁。

《中华人民共和国仲裁法》（以下简称《仲裁法》）于1995年9月1日起施行，这是对我国仲裁制度根本性的改革。在《仲裁法》颁布以前，我国有14个法律、82个行政法规和190个地方性法规，作出了有关仲裁的规定。涉及涉外经济合同纠纷、技术合同纠纷、版权纠纷、劳动纠纷等经济、技术、行政领域的纠纷。全国上下相应设立了各种类别的仲裁机构。仲裁制度已遍及经济和民事法律关系的许多领域，成为我国法律制度的重要组成部分。但是仲裁制度本身存在的问题已明显地

不适应发展社会主义市场经济的要求。一是在《仲裁法》制定之前，虽然有许多的法律法规对仲裁作了规定，但是，没有形成统一规范的法律制度，其仲裁范围、程序以及机构的设立等都是相互孤立、各自为政、处于分散混乱的状态。二是原有的仲裁制度分国内仲裁和涉外仲裁两部分，国内仲裁的性质属于行政仲裁，其仲裁机构隶属于政府的某一部门，并实行部门管辖、级别管辖、地域管辖，仲裁员的职权和行政官员没有本质上的区别。而涉外管辖属民间仲裁，涉外仲裁机构下设于商会，属于社团性质。仲裁员办案是独立的，不受任何机关团体的干预。这种国内仲裁和涉外仲裁实行两种不同制度的做法，与建立统一的、符合国际惯例的市场经济秩序的改革目标是矛盾的。

《仲裁法》的制定实施，彻底改革了我国原有的仲裁制度，成为我国与国际上通行的仲裁制度接轨、解决经济纠纷的一部重要的法律。新仲裁制度有以下特点：

（1）仲裁范围：根据《仲裁法》第一条、第二条的规定只对经济纠纷（合同纠纷和其他财产纠纷）适用仲裁。第三条规定，有关婚姻、收养、监护、扶养、继承纠纷和依法应当由行政机关处理的行政争议不能仲裁。《仲裁法》一改过去按行业划分仲裁机构并没定仲裁范围的方式，规定了统一的仲裁范围，即平等主体之间的合同纠纷和其他财产权益纠纷可以仲裁，除此以外的纠纷均被排除在外，不再适用仲裁。特别规定了依法应由行政机关处理的行政纠纷不能仲裁。

（2）仲裁机构：按照《仲裁法》的规定，新的仲裁机构将一改旧的行政模式，不与任何行政机关发生隶属关系，同时也摆脱行业色彩，不搞层层设立，仲裁机构之间也没有隶属关系。因为，仲裁机构如依附于某一行政机关，其仲裁活动必然要受到该行政机关的职能倾向和利益倾向的干扰和制约，其公正性就难以保证。另外，仲裁的特点要求仲裁机构处于不偏不倚的地位。按《仲裁法》组建的仲裁机构属于自律性的社团组织，是保证其独立性的基本条件，由社会各界专家组成的仲裁机构管理层，有利于保持中立的地位。同时，仲裁机构又不同于一般的自律性社团组织，它担负着法律赋予的对民事纠纷的裁决权，并有强制力。

从仲裁法的特点可以看出边界地区水事纠纷不适用仲裁。部门、省（自治区、直辖市）之间的水事纠纷一般来讲都是属于行政纠纷。省际水事纠纷是由于省（自治区、直辖市）之间在水资源的开发利用和防治水害的过程中涉及两省间的利害关系而产生的矛盾。其行为主体是两省或其所属的市、县地方政府或有关主管部门。《水法》第三十五条规定，地区之间发生的水事纠纷应当本着互谅互让、团结协作的精神协商处理；协商不成的，由上一级人民政府处理。根据《仲裁法》的规定，依法应当由行政机关处理的行政争议不能仲裁。《水法》已规定地区之间发生的水事纠纷由上一级人民政府处理，也就不适用仲裁了。另外，部门之间的水事纠纷是因部门之间的职责交叉或因部门的利益而引发的矛盾，其行为主体是两个国家机关或政府的行政主管部门，这类纠纷也是行政纠纷，应当由两个行政机关或两个行政主管部门的共同上级进行处理。另外，从仲裁机构的设置和仲裁当事人自愿选择的原则等几个方面分析都可以得出边界水事纠纷不适用仲裁。

五、水事纠纷处理中的刑事责任、行政责任与民事责任

对违反水事纠纷处理规定的，《水法》第七十四条、第七十五条和第七十六条规定了应承担的法律责任。

（一）刑事责任或行政责任适用的行为

对在水事纠纷发生及其处理过程中煽动闹事、结伙斗殴、抢夺或者损坏公私财物、非法限制他人人身自由的违法行为，《水法》第七十四条规定"构成犯罪的，依照刑法的有关规定追究刑事责任；尚不够刑事处罚的，由公安机关依法给予治安管理处罚"。

对触犯刑律的违法行为，依照《刑法》关于妨害公务罪、煽动暴力抗拒法律实施罪、聚众扰乱社会秩序罪、聚众斗殴罪、抢夺罪、故意毁坏财物罪或者非法拘禁罪的规定，依法追究刑事责任。

如果水事纠纷发生地的当地政府和有关部门的工作人员不履行自己职责，玩忽职守，不采取防止扩大事态的切实措施，听任矛盾激化，甚至放任纵容过激行为，酿成聚众闹事、械斗事件，情节严重，造成重大损失的，可按照《水法》第六十四条的规定追究刑事责任或者给予行政处分。

（二）行政处分适用的行为

《水法》第七十五条规定："不同行政区域之间发生水事纠纷，有下列行为之一的，对负有责任的主管人员和其他直接责任人员依法给予行政处分：（一）拒不执行水量分配方案和水量调度预案的；（二）拒不服从水量统一调度的；（三）拒不执行上一级人民政府的裁决；（四）在水事纠纷解决前，未经各方达成协议或者上一级人民政府批准，单方面改变水的现状的"。

（三）民事责任适用的行为

《水法》第七十六条规定"取水、截（蓄）水、排水，损害公共利益或者他人合法权益的，依法承担民事责任"，即损害公共利益或者他人合法权益的应当停止侵害，并承担赔偿损失等民事责任。

六、两种处理水事纠纷机制的差异与实务运用

（一）法条分析：《水法》第五十六条与第五十七条的立法比较

我国《水法》第五十六条规定：不同行政区域之间发生水事纠纷的，应当

协商处理；协商不成的，由上一级人民政府裁决，有关各方必须遵照执行；在水事纠纷解决前，未经各方达成协议或者共同的上一级人民政府批准，在行政区域交界线两侧一定范围内，任何一方不得修建排水、阻水、取水和截（蓄）水工程，不得单方面改变水的现状。《水法》第五十七条规定：单位之间、个人之间、单位与个人之间发生的水事纠纷，应当协商解决；当事人不愿协商或者协商不成的，可以申请县级以上地方人民政府或者其授权的部门调解，也可以直接向人民法院提起民事诉讼；县级以上地方人民政府或者其授权的部门调解不成的，当事人可以向人民法院提起民事诉讼；在水事纠纷解决前，当事人不得单方面改变现状。

对此两法条所规定的裁决和调解程序比较如下：

（1）纠纷双方范围大小。前者可能发生在乡镇之间、县市之间、市地之间、省区之间，共4类；后者可能发生在单位之间、个人之间、单位与个人之间，共3类。

（2）纠纷解决可能适用的程序情形多少。前者可能出现协商有效得以解决、协商不成经裁决解决，共2种；后者可能出现协商有效得以解决、协商不成调解解决、协商不成诉讼解决、不经协商调解解决、不经协商诉讼解决、直接诉讼解决、协商不成进而调解不成最后诉讼解决，共7种。

（3）协商环节是否必经。尽管都表述"应当协商"，但前者为强制性，后者为引导性（后者前文指出"应当协商"，后文则指出"不愿协商"，不能认为这是相互矛盾的规定，而是强调了法的引导功能，是立法亮点）。

（4）有权处理机关的级别高低。前者处理只能是上级人民政府，因为行政区域中乡镇为最基层，因此，事实上只有县级以上人民政府有裁决权；后者处理可以是有管辖权的县级以上人民政府，也可以由此政府授权其所属部门，被授权部门主要是水行政主管部门，也可能因为水事务的复杂性授权土地、环保、卫生等共同参与。

（5）行为效力不同。调解结果不具有最终效力；不管是哪级政府的裁决，结果均为终局。因此，存在县级政府的裁决为终局裁决的情况，说明县级政府行政权的效力可比司法权，反映了社会经济发展中行政权的扩张之势。

（二）实务分析：乡级政府的水事纠纷处理职权在立法上的演变

案件发生后，当地乡政府和县政府均参与了案件处理，他们在做出处理决定时没有明确所依据的法律规定。事实上，他们的一些行为与2002年《水法》关于水事纠纷处理的规定不相符合。通过对此案的考察和分析，目的在于能够辨别乡政府和县政府的哪些做法与《水法》冲突，进而反思《水法》关于水事纠纷处理制度的合理性和科学性。

案情及审理：上诉人上饶县尊桥乡岛山村民委员会张家村民小组因不服上

饶县人民政府水事纠纷行政处理决定一案，不服上饶市中级人民法院〔2000〕饶行初字第5号行政判决，向本院提起上诉。本院依法组成合议庭，公开开庭审理了本案，上诉人上饶县尊桥乡岛山村民委员会张家村民小组（以下简称张家）诉讼代表人张景星及其委托代理人孙致华，被上诉人上饶县人民政府（以下简称上饶县政府）法定代表人赵东亮的委托代理人於民华，上饶县尊桥乡岛山村民委员会肖家村民小组（以下简称肖家）诉讼代表人肖耀省及其委托代理人肖军、陈鸿万到庭参加了诉讼。本案现已审理终结。

经审理查明，张家与肖家是两个相邻的村民小组，它们背靠着一座名叫"洋历坑"的小山，山上有多处地下泉水眼，其中以处于肖家享有山林所有权山场的"牛眼睛"泉水眼地势最高，水量充沛。几处泉水汇集成一条水沟，流至山下张家的水田里，张家约12.8亩水田靠此水灌溉。肖家有54户人家，265人。村内有两口水井，长期以来是肖家村民的饮用水。由于人口增加，住房增多，家禽的养殖，两口水井水质受到污染，村民的健康受到威胁。2000年6月初，肖家村民自筹资金15000元，决定到千米以外的"牛眼睛"泉水引水，建设自来水工程。张家村民知道此事后，认为会影响其农田灌溉，表示反对，并在肖家施工时前去阻拦，由此引发水事纠纷。此后，上饶县尊桥乡人民政府多次召集双方代表协商处理，但未达成协议。为防止矛盾激化，尊桥乡政府作出了《关于岛山村肖家、张家用水纠纷的处理决定》，要求肖家必须立即停止并拆除在建引水工程，维护泉水原状；在用水纠纷未解决之前，"牛眼睛"泉水必须继续供农田灌溉。肖家不服该决定，一边向上饶县政府申请复议，一边继续施工。上饶县政府派有关部门到实地察看，上饶县环保局、上饶县卫生防疫站对肖家饮用水进行了抽样检查，认为确实存在较重污染。同年7月24日，上饶县政府作出了《关于尊桥乡岛山村肖家和张家村民小组水事纠纷上访的几点意见》，要求尊桥乡政府积极组织实施对肖家饮用水源污染的改造工程，改造后水质应达到饮用水标准，其改造费用由乡政府牵头，县有关部门协助造出工程预算，根据情况，分级负担。待水源污染改造完毕，肖家以水井距离厕所、猪栏太近，改造后水源质量难以保证和下半年水井水量小，不能维持正常饮用为由，再次上访。此时，肖家的引水工程已基本完成。为彻底解决张家、肖家用水纠纷，上饶县委、县政府组成了联合调查组。8月22日，上饶县委副书记占炳沛、上饶县政府副县长徐二毛带领县政府法制局、水电局、环保局、公安局等部门有关人员深入现场调查，实地察看了肖家的饮用水源、张家水田及山泉水源。经实地察看，调查人员发现张家水田在干旱季节，虽田面无水，但泥土仍湿润，禾苗长势良好，而灌溉水沟沿途几处严重渗漏。经水利技术人员测算，如果对灌溉水沟进行处理，消除渗漏，并调剂一部分"牛眼睛"泉水引至张家水田，完全可以保证一般年份的灌溉和饮用水需要。为此，上饶县委、上饶县政府作出了《关于对尊桥乡岛山村肖家和张家村民小组水事纠纷的处理决定》，主要内容是：①根据《中华人民共和国水法》第十四条和《江西省实施〈中华人民共和国水法〉办法》第三条的规定，对肖家的自来水工程，予以鼓励支持，同时决定；在肖家自来水引水源即"牛眼睛"处，另铺设一条同等口径的管道，进行分水，引流到张家水田；对水沟渗漏处用水泥砂石做拦水墙或铺管道，消除渗漏；所需经费由县政府承担。②撤销尊桥乡政府作出的《关于岛山村肖家、张家用水纠纷的处理决定》，原县政府下达给尊桥乡政府《关于对尊桥乡岛山村肖家和张家村民小组水事纠纷上访的几点意见》予以废止。

原审法院认为，肖家村民自筹资金，建设自来水工程，从"牛眼睛"处取水，使家家户户用上了纯净的山泉自来水，既解决了肖家村民的饮用水问题，又方便了群众生活，有益于村民身体健康；且肖家建设引水工程也符合法律规定，对肖家的引水工程应予以鼓励支持。因肖家引用的水是"牛眼睛"部分泉水，"牛眼睛"仍有多数泉水可用于灌溉；张家的12.8亩农田并不完全靠"牛眼睛"一处泉水灌溉；且上饶县政府决定出资从"牛眼睛"处另铺设一条与肖家引水管道同等口径的管道进行分水，引流到张家水田，并对灌溉水沟渗漏处进行技术处理，以消除渗漏。只要措施得力，确实落实到位，是可以解决张家水田灌溉问题的。故肖家的引水工程对张家的农田灌溉不会有大的影响。上饶县政府的处理决定经过认真考察与科学论证，既尊重了历史，又面对了现实，既解决了肖家饮用水问题，又兼顾了张家的农田灌溉，有利于张家、肖家村民的生产和生活，有利于维护社会稳定，促进安定团结。上饶县政府的决定，符合法律规定，程序合法，应予支持。为此，依照《中华人民共和国行政诉讼法》第五十四条第（一）项之规定，判决维持上饶县政府2000年8月22日作出的《关于尊桥乡岛山村肖家和张家村民小组水事纠纷的处理决定》。案件受理费100元由张家承担。

上诉人张家上诉请求本院撤销原审判决，改判被上诉人上饶县政府对被上诉人肖家的违法行为重新作出处理决定，理由是：第一，原审判决认定事实不清，证据不足。从原判认定的事实不难看出，被上诉人肖家从一开始就强行引"牛眼睛"的泉水，擅建自来水工程，而其原饮用水仅存在生活污染问题，却又拒绝改造，原判以此事实得出肖家的行为"符合法律规定"错误。其认定"可以解决张家水田灌溉问题"也缺乏事实依据。第二，原审判决在对证据的采信上明显偏袒两被上诉人。第三，原审判决适用法律错误，被上诉人上饶县政府没有依法在规定的时间内答辩和提供证据，应视其为作出具体行政行为没有证据。

被上诉人上饶县政府答辩请求本院驳回上诉人的上诉，维持原判，理由是：第一，肖家引用少量生活用水，根据法律规定并经县水政部门认定，不需要办理申请用水许可，不存在擅自建自来水工程的问题。第二，上饶县政府处理决定的法律依据是《中华人民共和国水法》第十四条、《江西省实施〈中华人民共和国水法〉办法》第三条。"牛眼睛"泉水出自肖家责任山内，有山林权证为证。肖家多年未使用，并不等于放弃了使用权。难道说张家多年无偿使用肖家责任山的小股泉眼流水，现在就成了合法权益？第三，上诉人称"牛眼睛"的泉水口已被肖家用于自来水工程而全部封闭，无水流到张家的"洋历坑"农田不符合事实，上饶县政府处理决定的主要内容就是分水。第四，上诉人称"原审判决在对证据的采信上明显偏袒两被上诉人"，只能证明其缺乏法律知识。肖家请人拍摄张家早稻丰收的纪录片等证据，法庭也未采纳。第五，上饶县政府已在本案审理前向法庭阐明将逾期提供证据的理由，不存在原审判决在认定上饶县政府提供的证据上适用法律错误的问题。

被上诉人肖家答辩认为：第一，原审判决认定事实清楚，证据充分。肖家在自有的责任山地表上引出一股山泉水作为生活饮用水不存在违法性，肖家建自来水工程也没有影响上诉人张家的部分农田灌溉。上饶县政府对本案的处理也是慎重的。第二，原审判决对证据的采信是科学的，根本不存在偏袒谁的问题。第三，原审判决适用法律正确。为此，请求本院依法维持原判，驳回上诉人的上诉。

以上事实被上诉人上诉状；被上诉人答辩状；各方当事人陈述；肖家山林权证；上饶县水政监察大队出具的说明肖家不需要申请取水许可的证明；上饶县卫生防疫站检验报告书；上饶地区卫生防疫站卫生检测结果报告单及卫生监督意见书；上饶县尊桥乡政府《关于岛山村肖家、张家用水纠纷的处理决定》；上饶县政府下发尊桥乡政府《关于对尊桥乡岛山村肖家和张家村民小组水事纠纷上访的几点意见》；县政府 2000 年 8 月 22 日 "处理岛山村肖、张用水纠纷会议记录"；肖家村民小组《申请复议书》；上饶县政府向上饶地委、行署作出的《关于尊桥乡岛山村肖家和张家水事纠纷调处情况的汇报》；张家 "洋历坑"田亩册；上饶县政府法制局於民华，上饶县水电局鲁国华、张学仪、林观银、刘国平，上饶县环保局张康才、郑朝辉、余六南，上饶县公安局李恩良署名对 2000 年 8 月 22 日现场勘察进行说明的《关于对肖家、张家用水纠纷的现场测定意见》以及郑增权有关说明林观银为水利工程师的证言等证据所证实。

分析：肖家村民因原有水源污染，自筹资金修建自来水工程，从"牛眼睛"泉水引水用于生活饮用，根据《中华人民共和国水法》第三十二条、国务院《取水许可制度实施办法》第三条的规定，不需要申请取水许可，张家以赣府发〔1994〕57 号《江西省人民政府批转省水利厅〈关于在全省进行取水登记和发证工作意见〉的通知》中的有关规定及证人郑增权说明该工程需要申请取水许可的证言对此提出异议理由不成立。张家靠"牛眼睛"泉水灌溉的农田，确因引水工程受到一定影响，但其提出证明农田受到影响程度的证据均由本村村民提供或是未经法院许可而录制的视听资料，不予采信。肖家提供的未经法院许可而录制的说明张家农田未受影响的视听资料，亦不予采信。上饶县政府在对因肖家引水工程受到一定影响的农田灌溉问题进行科学论证提出解决方案，并决定由政府出资予以实施的情况下，对肖家的自来水工程予以支持，符合《中华人民共和国水法》第十四条"开发利用水资源，应当首先满足城乡居民生活用水，统筹兼顾农业、工业用水和航运需要"的规定，且有利于生产，有利于生活，有利于社会的安定团结。张家一定要以换田方式来作为补救措施理由不充分。上饶县政府逾期向法院提供答辩状及其作出被诉具体行政行为的证据和依据并非无正当理由，张家认为应视其为作出具体行政行为没有证据不能成立。原审判决认定事实清楚，适用法律正确。因此，依照《中华人民共和国行政诉讼法》第六十一条第（一）项的规定，二审法院作出判决如下：驳回上诉，维持原判。本案二审诉讼费100元，由上诉人上饶县尊桥乡岛山村民委员会张家村民小组承担。

参 考 文 献

［1］ 姜明安. 行政法与行政诉讼法［M］. 北京：法律出版社，2011.

［2］ 应松年. 行政法学新论［M］. 北京：中国方正出版社，2004.

［3］ 姜明安. 行政程序研究［M］. 北京：北京大学出版社，2007.

［4］ 韩洪建. 水法学基础［M］. 北京：中国水利水电出版社，2004.

［5］ 左顺荣，徐铭. 浅议流域性湖泊水行政处罚的管辖［J］. 水利发展研究，2007，（1）：
30－32.

［6］ 曹康泰. 行政处罚法教程［M］. 北京：中国法制出版社，2011.

［7］ 胡建淼. 行政强制［M］. 北京：法律出版社，2002.

［8］ 傅士成. 行政强制研究［M］. 北京：法律出版社，2001.

［9］ 莫于川. 行政指导要论［M］. 北京：人民法院出版社，2002.

［10］ 章剑生. 行政监督研究［M］. 北京：人民出版社，2001.

［11］ 郑传坤，青维富. 行政执法责任制理论与实践及对策研究［M］. 北京：中国法制出
版社，2003.

［12］ 傅思明. 中国依法行政理论与实践［M］. 北京：中国检察院出版社，2002.

［13］ 冯兆云，沈海澄. 水行政处罚听证程序的完善［J］. 江苏水利，2005（10）：34.

［14］ 荣蜀华. 试论责令改正在水务执法中的运用［J］. 上海水务，2009，25（2）：47－
49，52.

［15］ 吴开贵. 水行政执法罚没处理的财产保全措施［J］. 水利发展研究，2009（7）：56－
57，60.

［16］ 相志明，陈习富. 水行政执法自由裁量权存在的问题及对策［J］. 治淮，2007
（12）：49.

［17］ 沈海澄. 浅析水行政处罚自由裁量权的适用与规制［J］. 中国水利，2009（10）：59－
60.

［18］ 陈奕江. 水行政处罚听证程序初探［J］. 中国水利，2007（12）：46－48.

［19］ 樊艳枫. 处罚违反区域水资源统一管理行为适用法律法规探析［J］. 新疆水利，
2007（6）：24－28.

［20］ 左顺荣. 从非法采砂看共同水事违法行为处罚的困惑与对策［J］. 中国水利，
2009（20）：43－44.

［21］ 左顺荣. 水行政处罚案件的立案［J］. 治淮，2005（4）：11－12.

［22］ 高向阳，晏浩纹，汤云，等. "雇佣关系"实施水行政处罚的法律思考［J］. 中国水
利，2011（20）：40－42.

［23］ 钱江华. 浅析《行政强制法》对水行政强制的影响［J］. 江苏水利，2012（1）：
33－35.

［24］ 姚向阳. 论水行政主管部门实施强制执行的方式［J］. 水利发展研究，2011，
11（4）：53－54.

[25] 陈越峰. 防汛与人身自由 [J]. 行政法学研究，2010 (1)：79.

[26] 陆毅，张振. 推动"四项联合联动"打造执法巡查新机制 [J]. 中国水利，2016 (21)：30-31.

[27] 王国永. 刍议与行政权不匹配的行政执法人员管理制度 [J]. 行政论坛，2013 (5)：77-82.

[28] 孙国华，朱景文. 法理学 [M]. 北京：中国人民大学出版社，1999.

[29] 杨心宇. 法理学研究：基础与前沿 [M]. 上海：复旦大学出版社，2002.

[30] 高其才，江兴国，曾尔恕，等. 法理学 法制史 宪法基础课堂笔记 [M]. 北京：中国人民公安大学出版社，2003.

[31] 罗豪才. 行政法学 [M]. 北京：北京大学出版社，1996.

[32] 胡锦光，莫于川. 行政法学与行政诉讼法概论 [M]. 北京：中国人民大学出版社，2002.

[33] 杨小君. 行政处罚研究 [M]. 北京：法律出版社，2002.

[34] 李飞. 中华人民共和国行政许可法释解 [M]. 北京：群众出版社，2003.

[35] 乔晓阳，张世诚. 中华人民共和国行政许可法释义 [M]. 北京：中国长安出版社，中国言实出版社，2003.

[36] 应松年，袁曙宏. 走向法制政府 [M]. 北京：法律出版社，2001.

[37] 高铭暄，等. 在中南海和大会堂讲法制（二）[M]. 北京：商务印刷馆，2002.

[38] 水利部政策法规司，水法研究会. 中华人民共和国水法讲话 [M]. 北京：中国水利水电出版社，2002.

[39] 曹康泰. 中华人民共和国水法导读 [M]. 北京：中国法律出版社，2003.

[40] 水利部政策法规司，水利部普法办公室. 全国水利系统"四五"普法通用教材 [M]. 重庆：重庆出版社，2003.

[41] 汪恕诚. 资源水利：人与自然和谐相处 [M]. 北京：中国水利水电出版社，2003.

[42] 吕振勇. 水法教程 [M]. 太原：山西人民出版社，1988.

[43] 任顺平，张松，薛建民. 水法学概论 [M]. 郑州：黄河水利出版社，1999.

[44] 柯礼聘. 中国水法与水管理 [M]. 北京：中国水利水电出版社，1998.

[45] 章柏岗，刘星. 实用水政学 [M]. 南昌：江西人民出版社，1993.

[46] 成建国. 水资源规划与水政水务管理实务全书 [M]. 北京：中国环境科学出版社，2001.

[47] 吴季松. 现代水资源管理概论 [M]. 北京：中国水利水电出版社，2002.

[48] 钱曙铭，裘江海. 水政监察实务 [M]. 北京：中国水利水电出版社，2000.

[49] 水利辉煌 50 年编纂委员会. 水利辉煌 50 年 [M]. 北京：中国水利水电出版社，1999.

[50] 王仰之. 水的世界 [M]. 北京：地质出版社，1984.

[51] 张隽，范智. 以法为器呵护河湖健康生命 [N]. 中国水利报，2018-8-28.

[52] 李树田，高树德. 水行政管理与法律实务 [M]. 北京：人民法院出版社，1997.

[53] 胡宝林，湛中乐. 环境行政法 [M]. 北京：中国人事出版社，1993.

[54] 牛崇桓. 水土保持监督管理 [M]. 北京：中国水利水电出版社，2018.

[55] 刘广义，张绪从. 国家公务员行为规范 [M]. 杭州：浙江人民出版社，1997.

[56] 廖耀通，陈庚寅. 水事案例选编 [M]. 北京：法律出版社，1994.

[57] 黄锡生. 水权制度研究 [M]. 北京：科学出版社，2005.

[58] 崔建远. 水工程与水权 [J]. 法律科学-西北政法学院学报，2003 (1)：65-72.

[59] 曹明德. 论我国水资源有偿使用制度 [J]. 中国法学，2004 (1)：97-106.

[60] 蔡守秋. 从环境资源法理角度看河湖管理的行政作为 [J]. 中国水利，2014，(3)：12-13.

[61] 李国英. 维持黄河健康生命 [M]. 郑州：黄河水利出版社，2005.

[62] 王志坚，赵玲，李崇兴. 程序违法必然导致执法行为无效 [N]. 中国水利报，2005-11-10.

[63] 李崇兴，岳恒. 取水办法，"迟到"的背后 [N]. 中国水利报，2006-7-28.

[64] 冯建维，姚勇，李崇兴. 交了水费还要缴水资源费吗？[N]. 中国水利报，2006-4-7.

[65] 谢震新，蔡文梅，李崇兴. 越权审批　批出"尴尬堤坝" [N]. 中国水利报，2006-6-23.

[66] 王永强、陈金木. 行洪滩地植树该处罚谁？[N]. 中国水利报，2006-9-1.

[67] 夏军，刘晓洁，李浩，等. 海河流域与墨累-达令流域管理比较研究 [J]. 资源科学，2009，31 (9)：1454-1460.

[68] 李曦，熊向阳，雷海章. 我国现代水权制度建立的体制障碍分析与改革构想 [J]. 水利发展研究，2002，2 (4)：1-4.

[69] 长江水利委员会长江河道采砂管理局.《〈长江河道采砂管理条例〉后评估报告》摘登 [J]. 中国水利，2008，(8)：5-9，18.

[70] 李国英. 黄河答问录 [M]. 郑州：黄河水利出版社，2009.

[71] L.S. 安德森，杨国炜. 中国流域综合管理可行框架的近期进展 [J]. 人民长江，2009，40 (8)：63-65.

[72] 应松年. 公务员法 [M]. 北京：法律出版社，2010.

[73] 沈岿. 行政自我规制与行政法治：一个初步考察 [J]. 行政法学研究，2011 (3)：12-17，72.

[74] 崔卓兰，刘福元. 论行政自由裁量权的内部控制 [J]. 中国法学，2009 (4)：73-84.

[75] 莫纪宏. 法治化的最低制度性要求 [N]. 检察日报，2013-5-23 (6).

[76] 罗豪才，湛中乐. 行政法学 [M]. 北京：北京大学出版社，2006.

[77] 王青斌. 论执法保障与行政执法能力的提高 [J]. 行政法学研究，2012 (1)：51-56.

[78] 李强. 厘清权责方能遏制临时工乱象 [N]. 人民日报，2012-3-1 (9).

后　记

水利是经济社会发展的重要支撑和保障，与人民群众美好生活息息相关。随着新时代的到来和经济社会的持续快速发展，我国水资源形势将发生深刻的变化。水利内涵不断丰富、水利功能逐步拓展、水利领域更加广泛，传统任务与新兴使命叠加，现实需要与长远需求交织，水利事业将面临一系列新的挑战，迎来新一轮大发展的机遇。但目前我国一些地方还存在较严重的水污染、水安全、水生态等问题，缺水的生活之苦、少水的生产之苦、无水的生态之苦、滥水的发展之苦交织在一起。这不仅揭示出当前我国治水的主要矛盾已经从改变自然、征服自然转向调整人的行为、纠正人的错误行为，而且是我国社会主要矛盾变化在治水领域的具体体现，更是我国水利改革发展水平和发展阶段的客观反映。

水的社会属性，引出了水的社会和文化命题，这些命题就是社会科学需要研究和回答的问题。如今，人类社会的水危机越来越多地表现为社会问题，因此，通过社会科学研究去认识水危机问题的深层次原因，从人类社会中寻求解决之道、制定科学的水资源管理战略、实现水危机的综合治理等，已受到了国际社会的广泛重视。社会科学对化解当代水危机、实现水资源的可持续利用有着不可替代的作用。这种危机的特征越来越显示出它的社会属性，大量水问题的产生与人类社会直接相关，单纯的技术手段已经不能够从根本上化解这种危机，亟待社会科学的参与去维持人类对水的记忆，总结历史经验，探索问题的根源，提出化解矛盾的对策，指出水资源可持续利用的路径。因此，社会科学对水问题的研究是必不可少的。

当前，我国治水的主要矛盾已经从人民群众对除水害兴水利的需求与水利工程能力不足之间的矛盾，转化为人民群众对水资源水生态水环境的需求与水利行业监管能力不足之间的矛盾。因此，以紧跟时代的理论自觉，坚持我国国情、水情及新时代水利所处的历史方位，运用马克思主义立场、观点、方法，分析新老水问题和治水的地位、作用，做出符合我国水利改革发展内在逻辑的战略判断，是每个水利工作者不可推卸的使命、责任和担当。

"现代水治理丛书"充分体现了华北水利水电大学社会科学工作者的家国情怀、责任、担当和使命，从社会主义制度优势的角度研究现代水治理的内在逻辑、水利行业强监管的前沿问题、水行政法治的理论与实践、城市水生态文化、生态水利可持续发展等，具有一定的理论价值和现实意义。在丛书交稿之际，研究团队成员苦思冥想、不懈奋战的心慢慢沉静下来，不再有冲锋搏杀般的焦虑与紧张，但也没有多少胜利后的轻松和喜悦，因为汉口超警、九江超警、鄱阳湖告急等长江流域汛情依然牵动着每个水利人的心。水治理是一个巨大的系统工程，需要一代又一代有志之士为之不懈努力！

因编写时间仓促、作者水平有限，书中难免存在纰漏和缺憾之处，敬请读者给予批评指正。

何楠

2020 年 8 月 2 日